特高压交流变电站

运维技术

国网浙江省电力有限公司　组编

中国电力出版社
CHINA ELECTRIC POWER PRESS

内 容 提 要

　　本书共分十章，主要介绍了特高压相关基本情况、特高压变电站一次设备结构原理及二次设备配置及保护动作逻辑、特高压变电站倒闸操作及设备巡视、特高压变电站事故处理原则及方法、特高压变电站主要设备及二次回路典型异常及故障分析处理、特高压变电站消防系统、特高压变电站运维一体化仿真事故案例分析。

　　本书可作为特高压变电站运维人员岗位培训及专业培训用书，也可作为相关专业人员及大中专学生的参考用书。

图书在版编目（CIP）数据

特高压交流变电站运维技术/国网浙江省电力有限公司组编 . —北京：中国电力出版社，2020.10
ISBN 978-7-5198-4563-6

Ⅰ.①特…　Ⅱ.①国…　Ⅲ.①特高压输电—变电所—电力系统运行　Ⅳ.①TM63

中国版本图书馆 CIP 数据核字（2020）第 068271 号

出版发行：中国电力出版社
地　　址：北京市东城区北京站西街 19 号（邮政编码 100005）
网　　址：http：//www.cepp.sgcc.com.cn
责任编辑：孙　芳
责任校对：黄　蓓　常燕昆
装帧设计：王红柳
责任印制：吴　迪

印　　刷：北京天宇星印刷厂
版　　次：2020 年 10 月第一版
印　　次：2020 年 10 月北京第一次印刷
开　　本：787 毫米×1092 毫米　16 开本
印　　张：22.5
字　　数：443 千字
印　　数：0001—1500 册
定　　价：98.00 元

前　言

根据规划，国家电网公司将建成"五纵五横"特高压交流网架和 27 回特高压直流输电工程，并具备 4.5 亿 kW 电力大范围配置能力。目前，中国特高压输电技术已投入商业运行多年，并处于国际领先水平，巴西美丽山项目代表着特高压输电技术正在走向全世界。

随着特高压电网的不断发展，特高压变电站（换流站）在运数量不断增多，特高压变电站（换流站）的运行维护工作就显得格外重要，对特高压变电站（换流站）运维人员的技术技能水平也提出了新的更高的要求。本书的编写，是基于对特高压变电运维人员岗位能力的分析调研和对已经开展的特高压系列专项培训的教学总结，旨在帮助特高压交流变电站运维人员更好地分析处理在现场工作中遇到的常见典型问题，从而提升其专业技术、技能和综合素质，为特高压电网的安全稳定运行和检修维护提供有力支撑。

本书共分十章，第一章介绍特高压基本情况；第二、三章介绍特高压变电站一次设备结构原理及二次设备配置及保护动作逻辑；第四章介绍特高压变电站设备巡视及倒闸操作；第五章介绍特高压变电站事故处理原则及方法；第六～八章介绍特高压变电站主要设备及二次回路典型异常及故障分析处理；第九章介绍特高压变电站消防系统；第十章介绍特高压变电站运维一体化仿真事故案例分析。

本书由具有丰富现场运维经验的技术技能专家和丰富教学经验的专业培训师编写，其中第一章由周立辉、王文廷、姚晖编写，第二章由林军浩、李飞雁编写；第三、八章由顾用地、章晓锘、张小亮编写；第四、五章由吴展锋、严红滨、孙尧编写；第六、七章由冯洋、孙尧、李飞雁编写；第九章由边红涛编写；第十章由程兴民、王文廷、张海梁编写。全书由国网浙江省电力有限公司周立辉、王文廷、张小亮统稿。

本书在编写过程中，得到了国家电网公司系统相关单位及人员的大力支持，在此一并致以衷心的感谢。由于编写人员水平有限，书中错误和不足之处在所难免，恳请专家和读者批评指正。

编者

2020 年 8 月

目　录

特高压交流变电站

运维技术

第一章 概　述

我国特高压交直流混合电网是指在超高压交流电网的基础上采用了 1000kV 交流和 ±800kV 及以上直流特高压并联输电的输电网，单线交流可输送自然功率 5180～8000MW（500kV885MW），单线直流可输送自然功率 8000～12 000MW。交直流特高压电网的建成投运，在保护生态环境，提高能源输送能力，满足大规模、远距离、高效率电能传输，保障电网安全运行，提升社会综合效益等方面具有十分重大的意义。

自 1985 年 8 月前苏联建成第一条 1150kV 特高压输电线路以来，世界上除美国、前苏联、日本外，还有意大利、巴西、加拿大等国参与过特高压输电技术研究。目前只有中国已投入商业运行，处于国际领先水平。"十三五"特高压电网规划如图 1-1 所示。

- ● 特高压变电站
- ● ±800kV 直流换流站
- ● ±1100kV 直流换流站
- ─ 特高压交流线路
- ─ ±800kV 特高压直流线路
- ─ ±1100kV 特高压直流线路

图 1-1 "十三五"特高压电网规划

随着特高压输电线路的不断投入运行，特高压变电站（换流站）在运数量不断增多，其运行维护工作就显得格外重要，对运维人员的技能水平提出了新的、更高的要求。

发展特高压电网的主要目标是：

（1）大容量、远距离地从发电中心向负荷中心输送电能；

（2）实现超高压电网之间的强互联，形成坚强互联电网，更有效地利用发电资源，提高互联电网可靠性和稳定性；

（3）在已有的、强大的超高压电网之上覆盖一个特高压输电网，把送端和受端之间的大容量输电任务从超高压输电转移到特高压输电上完成，减少超高压输电网损，提高电网安全性。

第一节　我国特高压输电技术发展现状

国家电网公司早在 20 世纪 90 年代初就开始研究特高压交流输电技术。2004 年明确提出加快建设特高压交直流电网为核心的战略目标。2009 年我国自主设计、建设的第一条交流特高压输电线路正式投运。到 2020 年国家电网公司将建成"五纵五横"特高压网络，合计 27 项特高压输电工程，具备 4.5 亿 kW 的跨省输送能力。巴西美丽山特高压直流输电项目是该项目的海外首秀，更代表着我国特高压输电技术正在走向全世界。

一、国网公司已投运的交流特高压输电工程

国家电网公司以特高压交流试验示范工程为起点，正在以整体、快速的原则推进特高压电网建设。计划在 2020 年前后，基本形成覆盖华北、华中、华东地区的特高压电网，实现"西电东送，南北互济"，同时给特高压直流输电提供坚强的电网支撑。

截至 2017 年底，国家电网公司已正式投运特高压交流输电线路 10 条，投运特高压交流变电站 26 座（包括开关站 1 座），串补站 1 座。国家电网在运在建特高压交流输电工程如图 1-2 所示。

图 1-2　国家电网在运在建特高压交流输电工程

（1）特高压交流试验示范工程概况。晋东南-南阳-荆门特高压输电工程是中国第一个特高压交流输变电工程，也是世界上第一个以 1000kV 额定电压长期商业运行的特高压工程。

工程于 2006 年 8 月核准，同年底开工建设，2008 年 12 月全面竣工，2009 年 1 月 6

日正式投入商业运行，中国特高压电网建设之路由此开启。2011年12月16日扩建工程投入运行，将这条电力"高速路"的"车道"拓宽近一倍。

（2）皖电东送特高压交流工程概况。1000kV淮南—浙北—上海（皖电东送）特高压交流工程是我国特高压交流输电技术再创新的示范工程。工程首次在特高压实施了同塔双回输电技术，全线使用钢管塔，并在特高压变电站应用了63kA组合电器。

工程起于安徽淮南变电站，经芜湖变电站、浙北变电站，止于上海沪西变电站，线路全长656km，是安徽淮南大型煤电基地电力外送的重要通道。工程于2011年9月开工建设，2013年9月25日正式投运。

（3）浙福特高压交流工程概况。浙北—福州特高压输变电工程于2013年3月18日获国家发展和改革委员会批复核准。

工程起于湖州市安吉县浙北特高压变电站（已建），经浙中、浙南特高压变电站，止于福州特高压变电站，线路全长约2×603km，工程于2014年12月26日正式投入运行。

（4）锡盟—山东特高压交流工程概况。锡盟—山东特高压交流工程是我国华北地区首个特高压交流输变电项目，国务院大气污染防治行动计划之一。工程途经内蒙古、河北、天津和山东四个省市，新建锡盟、北京东、济南3座特高压交流变电站和承德串补站，工程于2016年7月31日正式投运。

（5）淮南—南京—上海特高压交流工程概况。该工程是国务院大气污染防治行动计划之一，华东特高压骨干网架的重要组成部分。皖电东送江苏北环工程正式投运，2017年4月3日长江北岸段投运，同年9月22日长江南岸段投运，苏通长江大桥过江段［气体绝缘金属封闭输电线路（gas-insulated transmission lines，GIL）］已于2019年建成投运，并构成世界上首个特高压交流环网。

工程新建江苏南京、泰州、苏州三个特高压交流变电站，该工程的投运标志着华东电网特高压交流骨干网架基本形成。

（6）蒙西—天津南特高压交流工程概况。2016年11月24日，蒙西—天津南特高压交流输变电工程正式投入运行。该工程也是国务院大气污染防治行动计划之一，肩负晋北煤电、风电的联合外送任务。工程起于内蒙古准格尔蒙西站，经晋北变电站、北京西变电站到天津南变电站，全程2×608km。

（7）榆横—潍坊特高压交流工程概况。榆横—潍坊特高压交流工程全长2×1059.3km，是迄今为止输电距离最长的特高压交流输变电工程，工程对促进陕西、山西能源基地开发，落实国家大气污染防治行动计划具有十分重大的意义。工程新建晋中、石家庄、潍坊3座特高压交流变电站和榆横开关站，扩建济南变电站，于2017年8月14日正式投运。

（8）锡盟—胜利特高压交流工程概况。在锡盟北部新建特高压胜利站，扩建锡盟站，与锡盟—山东特高压交流工程相联，工程于 2016 年 1 月核准，4 月 29 日开工建设，2017 年 7 月 2 日建成投运。工程投运对提高内蒙古煤电外送能力，改善区域性大气环境质量，具有重大意义。

（9）上海庙—山东直流配套临沂一站一线特高压交流工程概况。临沂一站一线工程是上海庙—临沂特高压直流工程的配套接入系统工程。工程新建 1000kV 交流特高压临沂站，2017 年 12 月 9 日正式投入运行，是山东特高压骨干网架的重要组成部分，山东—河北环网工程的重要输电节点。

（10）扎鲁特—青州直流配套潍坊一站一线特高压交流工程概况。潍坊一站一线工程是扎鲁特—青州特高压直流工程的配套接入系统工程。工程扩建 1000kV 交流特高压潍坊站，2017 年 10 月 30 日正式投入运行。工程有力地保障了扎鲁特直流电力的及时送出，保障了山东电网的可靠供电。

二、国网已经投运（即将投运）的特高压直流输电线路

随着大功率电力电子技术的不断成熟，高压、特高压直流输电系统在大容量、远距离输送方面的经济性、稳定性和灵活性等优势日益突出。自国家电网公司 2011 年第一个特高压直流工程投运以来，截至目前，已建成投运 10 条特高压直流输电线路，将大量西部地区能源输送至东部负荷中心，有效解决了西部水电、风电、光伏等清洁能源开发、输送和消费的问题，产生了巨大的经济和社会效益。

（1）向上工程。2011 年 7 月 8 日正式投运，西南水电基地向家坝—四川宜宾复龙—上海奉贤，输电能力达 640 万 kW。

（2）锦苏工程。2012 年 12 月 12 日正式投运，四川锦屏—江苏苏南，承担着雅砻江流域官地的锦屏一、二级水电站和四川丰水期富余水电的送出任务，输电能力 720 万 kW。

（3）哈郑工程。2014 年 1 月 27 日正式投运，哈密南—郑州，是西北地区大型火电、风电基地电力打捆送出的首个特高压工程，输电能力 800 万 kW。

（4）溪浙工程。2014 年 7 月 3 日正式投运，西南水电基地溪洛渡—浙江武义，单回 800 万 kW 输电容量。

（5）灵绍工程。国家大气污染防治行动计划之一，宁夏宁东—浙江绍兴，宁夏煤电打捆太阳能、风电，输电能力达 800 万 kW，2016 年 8 月 21 日正式投运。

（6）酒泉—湖南工程。目前运行中的输电距离最长的特高压工程，全长 2383km，新能源送出通道，2017 年 3 月 10 日正式投运。

（7）晋北—江苏工程。国家大气污染防治行动计划之一，山西晋北—江苏南京，山西火电、风电联合外送，2017 年 6 月 30 日正式投运。

（8）锡盟—泰州工程。国家大气污染防治行动计划之一，内蒙古锡盟—江苏泰州，首次将直流输电容量提升到 1000 万 kW，2017 年 9 月 30 日正式投运。

（9）上海庙—山东工程。国家大气污染防治行动计划之一，内蒙古上海庙—山东临沂，2017 年 12 月 25 日建成投运，这也标志着国网公司承建的纳入国家大气污染防治行动计划的"四直四交"八项特高压工程全部建成投运。

（10）扎鲁特—青州工程。内蒙古扎鲁特—山东青州，2017 年 12 月 31 日正式投运，该工程仅用一年时间就完成了从立项到竣工投运，创造了特高压直流工程建设新纪录，极大程度缓解了东北地区窝电问题，促进东北地区风电消纳。

（11）准东—皖南工程。首个±1100kV 特高压直流输电工程，新疆昌吉—安徽宣城，是目前世界上电压等级最高、输送容量最大、输送距离最远、技术水平最先进的在建特高压工程，全长 3324kW，输送容量 1200 万 kW，计划 2018 年建成投运。

2018 年，国家电网公司继续推动特高压电网常态化建设，除在建特高压交流苏通 GIL 综合管廊工程、北京西—石家庄工程、山东—河北环网工程、蒙西—晋中工程、特高压直流准东—皖南工程、雅中—南昌工程和青海—河南工程等特高压工程外，国家能源局计划在今明两年内再核准开工七项特高压输变电工程，即推动张北—雄安、南阳—荆门—长沙两大特高压交流项目以及青海—河南、陕北—湖北、雅中—江西、白鹤滩—江苏、白鹤滩—浙江五大特高压直流项目建设。

此外，青海—河南特高压直流工程，还将配套建设驻马店—南阳、驻马店—武汉特高压交流工程；陕北—湖北特高压直流工程，将配套建设荆门—武汉特高压交流工程；雅中—江西特高压直流工程，将配套建设南昌—武汉、南昌—长沙特高压交流工程，进一步推动特高压电网建设。

第二节　特高压交流输电基本知识

特高压电网是指由特高压骨干网架，超高压、高压交流输电网，配电网，高压直流输电系统共同构成的分层、分区，结构清晰的大电网。具有显著的输电优势和技术优点。

一、特高压输电的优势

我国社会经济正处于快速发展阶段，对电能的需求也日益增长。发展特高压输电技术，不仅可以为我国经济社会可持续发展提供稳定可靠电力供应，还为大规模开发利用清洁能源提供重要技术保障。特高压输电的优势主要表现在以下几个方面：

（1）可以满足大规模、远距离、高效率的电力输送。

我国能源资源与负荷中心逆向分布特征明显，能源资源大部分集中在西部、北部地区，负荷中心集中在中东部、东南部地区，大型能源基地与负荷中心的距离可达 1000～3000km。因此，要保障大型能源基地的集约开发和电力可靠送出，需要大力发展具有输送容量大、距离远、效率高的特高压输电技术。

（2）有利于改善环境质量。采用特高压输电，可以推动清洁能源的集约化开发和高效利用，将我国西南地区的水电、西北和北部地区的风电、太阳能发电等清洁能源大规模、远距离输送到东中部、东南部负荷中心，实现"电从远方来，来的是清洁电"，减少能源消耗及污染物排放，具有显著的环境效益。

（3）有利于提高电网运行的安全性。采用强交强直的特高压交直流混合电网输电，可大幅降低特高压直流系统故障情况下 500kV 电网潮流转移能力不足、无功电压支撑弱等问题对电网的影响，减少电网大面积停电风险，并为下一级电网分层、分区创造条件，解决短路电流超标等限制电网发展的问题，提高电网运行的灵活性和可靠性。

（4）有利于提高社会综合效益。相对于高压、超高压输电，采用特高压输电能够大量节省输电走廊，显著提高单位走廊宽度的输送容量，节约宝贵的土地资源，提高资源的整体利用效率，带来重大的社会和经济效益。

二、特高压交流输电的主要技术优点

（1）提高输送容量和输送距离。随着电网区域的扩大，电能的输送容量和输送距离也不断增大。电力输电线路的自然功率与输电线路电压的平方成正比，与输电线路阻抗成反比。1000kV 输电线路相对于 500kV 线路来说，电压提高了 1 倍，而线路阻抗更低，因此，输送自然功率至少提升 4 倍以上，更适合远距离、大容量输送电能。

（2）提高电能传输的经济性。对于输送相同的功率来说，输电线路的功率损耗与输电电压平方成反比，与电阻成正比。也就是说电压越高，损耗越低；同时，1000kV 特高压交流输电线路每公里电阻约为 500kV 线路的 30%，因此，采用特高压交流输电能明显地降低输电线路的功率损耗。

（3）节省线路走廊。根据上述分析，一回 1150kV 输电线路可替代 5～6 回 500kV 线路。在输送同等容量基础下，需要的走廊通道将大大减少，这对于土地利用率要求较高的中东部、东南部地区来说，具备十分重要的意义。

（4）有利于改善电网结构。在已有的、强大的超高压电网之上覆盖一个特高压输电网，可以简化电力系统网络结构，有效实现下一级电网的分层分区运行，减少电磁环网对电力系统的影响，减少电网故障率。

三、特高压交流输电系统内部过电压及限制措施

电力系统内部过电压是指电力系统由于断路器操作、故障或其他原因，使系统参数发生变化，引起电网内部电磁能量的振荡转化或传递所造成的电压升高。内部过电压可分为操作过电压和暂时过电压两大类。其中，暂时过电压又分为工频过电压和谐振过电压。

1. 操作过电压及潜供电流的影响

在特高压系统中，常见的是合闸（包括重合闸）和分闸两种类型的操作过电压。当发生空载线路合闸（包括故障线路后的重合闸），切除空载变压器、电抗器以及发生断路器无故障三相跳闸时均会产生操作过电压。《1000kV特高压交流输变电工程过电压和绝缘配合》要求，1000kV线路沿线相对地操作过电压不宜大于1.7（标幺值），站内相对地操作过电压不宜大于1.6（标幺值），相对相操作过电压不宜大于2.9（标幺值）。限制操作过电压的主要措施有：

(1) 采用性能优越的金属氧化物避雷器；

(2) 加装合闸电阻的断路器；

(3) 带分闸电阻的隔离开关。

限制潜供电流采取的主要措施有：

(1) 并联电抗器中性点经小电抗接地；

(2) 使用快速接地刀闸。

2. 工频过电压的影响

在特高压输电线路空载运行或线路末端三相断开或单相故障后非全相断开时，线路上将产生很高的工频过电压。1000kV交流特高压线路充电无功功率为400~500Mvar/百千米，为超高压线路的5倍，因此，特高压线路产生的工频过电压会比超高压线路高很多。限制工频过电压的主要措施有：

(1) 固定高压并联电抗器或采用可控电抗补偿。

(2) 加装低压无功补偿设备。

(3) 线路两侧联动跳闸。

3. 特快速暂态过电压的影响

GIS设备断路器、隔离开关或接地刀闸操作及发生短路故障时会产生特快速暂态过电压（very fast transient overvoltage，VFTO），其频率远高于雷电过电压。尤其是隔离开关的操作是产生VFTO的主要原因。隔离开关操作过程中，由于其动静触头移动速度较慢，会引起触头多次的预击穿或重击穿，每次击穿负载侧短线均产生残余电压，重复累计直至操作结束。限制VFTO的主要措施有：

(1) 隔离开关装设阻尼电阻；

(2) 主变压器入口前加装并联电容。

4. 电磁环境的影响

特高压输电线路电磁环境的影响主要考虑工频电场、工频磁场、无线电干扰、可听噪声四个指标。

8

工频电场是指按 50Hz 或 60Hz 随时间正弦变化的电荷产生的电场，工频磁场是指交流输变电设备在工频电压下产生的磁场，《输电线路电磁辐射环境影响评价技术规范》要求工频电场不高于 4kV/m。工频磁场不高于 100μT。常用措施有增大导线高度、减少导线相距、减少分裂导线数目、调整导线布置等。

输电线路在运行过程中会产生电晕放电，电晕放电会产生高频脉冲电流，其中高次谐波会造成无线电干扰，同时会产生一系列化学反应，造成电晕损失。电压等级越高，电晕放电越明显，可听噪声应控制在 50dB 以内。常用措施有采用分裂导线、增大导线截面等。

第三节　特高压交流变电站运维管理要求

特高压变电站是特高压电网的重要节点，特高压变电站的运行维护直接关系特高压电网的安全稳定运行。国家电网有限公司十分重视特高压变电站的运行维护工作，多次下发专项文件，指导特高压变电站运行管理维护工作。

一、特高压交流变电站运维工作要求

根据特高压交流变电站的运行特点，运维管理工作要围绕一个目标，做好三项工作，抓住六项重点，避免六类事件，达到十八项目标要求。

（一）一个目标

一个目标：不断提高设备运行可靠性。

（二）三项工作

三项工作：设备运维到位；迅速正确处理设备异常；防患于未然。

（三）六项重点

六项重点：抓设备运行管理；抓设备检修维护；抓故障应急管理；抓备品备件管理；抓隐患排查治理；抓人才队伍建设。

（四）避免六类事件

避免六项事件：避免因设备巡视、检测不到位而造成的设备损坏事故和停运；避免因检修维护工作漏项和质量不到位而造成的设备损坏和停运；避免因处理不当而造成的故障或事故扩大；避免因备品备件问题而导致的长期停运；避免因同一原因重复发生停运和设备损坏；避免人员责任和管理责任事故。

（五）十八项目标要求

1. 设备运行状态管理工作要求

开展以"日对比、周分析、月总结"为特点的设备运行状态管理工作，每月形成设备管理月报。

（1）认真开展"日对比"，及时发现设备状态参数的微小变化；

（2）坚持不懈的开展"周分析"和"月总结"，研究设备状态参数的变化规律，掌握设备状态变化趋势；

（3）不放过设备状态的任一微小异常，及时组织进行分析和评估，正确处理设备问题。

2. 设备检修维护工作要求

（1）严格按照相关标准、规定和厂家设备手册要求开展定期检查和维护工作，制定定期维护工作清单，确保检查维护项目齐全到位；

（2）高度重视年度检修工作，充分利用停电机会进行全面检查处理。精心策划，提前 30 天审定检修方案，确保常规检修项目、特殊检修项目、隐患治理项目、技改项目不漏项，确保责任落实到人，工作准备到位；

（3）加强检修维护质量和工艺控制，特别要注意设备接头接触不良、过热、端子松动等问题，避免检修后被迫临停消缺。

3. 故障应急处理工作要求

（1）及时报送信息。主设备故障或其他可能威胁特高压交流系统安全运行的异常发生时，运维单位在 30min 内将事件简要情况报告省公司和国网设备部。

（2）快速到岗到位。故障发生后，运维单位检修人员在 1h 内到达现场。根据重要程度，运维单位领导、省公司和国网设备部人员按要求到现场。

（3）尽快组织处理。原则上，二次设备故障处理应在 12h 内完成；一次设备故障处理要在 12h 内组织抢修队伍和工器具到现场；特别复杂的问题，应 24h 内组织厂家、技术监督单位及专家到现场分析。

4. 备品备件管理工作要求

（1）进口设备、专用设备、故障率高设备、制造或者运输周期长的设备及其他可能导致长期停运的设备要足额配置；

（2）备品备件使用后，应按照应急处理原则立即启动补充工作，尽快补充到位；

（3）对备品备件按照运行设备进行管理，严格按标准存放，定期进行检查、维护和试验，确保完好可用。

5. 设备隐患排查治理工作要求

（1）深入开展设备隐患排查，特别要做好按照"十八项"反事故措施的逐项排查和结合其他站问题的同类隐患排查；

（2）严格落实隐患治理要求，确保措施落实到位，在某个站发生的问题，其他站都能得到同步治理；

（3）建立隐患排查常态机制，形成把隐患排查理念融入日常工作的良好习惯，主动发现和治理隐患。

6. 队伍建设工作要求

（1）完善专业管理体系，充实运维队伍，建立扁平化的管理机制，实行运维一体化和设备主人制，做到职责明确，责任到位；

（2）高度重视特高压交流运维人才的培养，完善激励和选拔机制，拓宽发展通道，营造积极向上的氛围，激发员工的工作积极性和学习热情；

（3）实行目标培训，确定重点培养对象，确定目标岗位，制定专项计划，定期进行考核，有序进行培养。

二、特高压交流变电站精益化管理

变电站精益化管理指对设备验收、运维、检测、检修、反措执行等运检管理全过程进行精益评价，持续提升设备健康程度和运检管理水平。精益化管理评价目的是强化变电专业管理，以评价促落实，建立设备隐患排查治理常态机制，推动各项制度标准和反事故措施有效落实，为大修、技改项目决策提供依据。

根据国网五通《变电评价管理规定》要求，变电评价周期为三年，每座变电站三年内开展一次精益化评价，每年评价变电站数量为管辖范围内变电站总数的1/3。特高压变电站作为一类变电站，以三年为一个周期，开展变电站精益化评价工作。国网公司设备部每年对省公司管辖一类变电站抽查考核的数量不少于一座，对二、三、四类变电站进行抽查。对每年评价前12名授予变电站精益化管理红旗站称号，并将结果纳入年度运检绩效和同业对标考核。

为进一步提升特高压交流变电站精益化管理水平，夯实运检管理基础，完善设备状态评估和隐患排查治理机制，推动精益化评价工作"日常化、全员化"，强化设备主人理念，提升设备本质安全，各特高压站必须建立精益化管理评价长效机制，确保特高压站满足精益化管理要求。

各运维单位宜成立运维、检修多专业协同的精益化工作组，明确工作网络成员，人数按照开关类、三变类、辅助类、运检管理类专业分工，以至少5人/站为宜，将精益化管理工作要求融入到日常运维检修工作中。工作组根据精益化评价细则要求对变电站设备逐台进行评价打分并建立台账，逐条列出每台设备存在的问题，并制定对策及整改方案，可以不停电整改的全部完成整改，需停电配合的结合年度检修工作完成整改。

工作组职责主要包括：

（1）指导精益化自评价工作开展。

（2）对精益化标准变电站建设情况进行检查、评价和通报。

（3）负责解读精益化评价细则并提供技术支持，对疑难问题提出解决措施。

特高压站设备评价应开展日对比、周分析、月总结。具体要求如下：

（1）日对比是指每日对规定的设备巡视、在线监测、带电检测数据进行对比，及时察觉状态量的微小变化，进而采取特殊预防处理措施。

（2）周分析是指每周对规定的设备巡视、在线监测、带电检测数据进行趋势分析，及时掌握设备运行状态变化趋势，提前采取针对性措施。

（3）月总结是指每月对规定的设备巡视、在线监测、带电检测、检修试验等数据进行全面分析，并和历史数据进行对比，进而对设备健康状况做出评价。月总结包括设备管理月报和月度设备状态分析评价报告。

三、特高压交流变电站标准化管理

国家电网公司《变电运维管理规定》对运维班管理、生产准备、规程管理、设备巡视、倒闸操作、故障及异常处理、工作票管理、缺陷管理、设备维护、专项工作、辅助设施管理、运维分析、运维记录及台账、档案资料、仪器仪表及工器具、人员培训、检查与考核等方面做出了详细的规定。对运维班岗位职责规定如下：

（一）班长岗位责任

（1）班长是本班安全第一责任人，全面负责本班工作；

（2）组织本班的业务学习，落实全班人员的岗位责任制；

（3）组织本班安全活动，开展危险点分析和预控等工作；

（4）主持本班异常、故障和运行分析会；

（5）定期巡视所辖变电站的设备，掌握生产运行状况，核实设备缺陷，督促消缺；

（6）负责编制本班运维计划，检查、督促两票执行、设备维护、设备巡视和文明生产等工作；

（7）负责大型停、送电工作和复杂操作的准备和执行工作；

（8）做好新、改、扩建工程的生产准备，组织或参与设备验收。

（二）副班长（安全员）岗位责任

（1）协助班长开展班组管理工作；

（2）负责安全管理，制定安全活动计划并组织实施；

（3）负责安全工器具、备品备件、安全设施及安防、消防、防汛、辅助设施管理。

（三）专业工程师岗位责任

（1）协助班长开展班组管理工作；

（2）专业工程师是全班的技术负责人；

（3）组织编写、修订现场运行专用规程、典型操作票、故障处理应急预案等技术资料；

（4）编制本班培训计划，完成本班人员的技术培训工作；

（5）负责技术资料管理。

（四）运维工岗位责任

（1）按照班长（副班长）安排开展工作；

（2）接受调控命令，填写或审核操作票，正确执行倒闸操作；

（3）做好设备巡视维护工作，及时发现、核实、跟踪、处理设备缺陷，同时做好记录；

（4）遇有设备的事故及异常运行，及时向调控及相关部门汇报，接受、执行调控命令，对设备的异常及事故进行处理，同时做好记录；

（5）审查和受理工作票，办理工作许可、终结等手续，并参加验收工作；

（6）负责填写各类运维记录。

四、特高压交流站的运维筹备工作要求

新建特高压变电站生产准备任务主要包括：运维单位明确、人员配置、人员培训、规程编制、工器具及仪器仪表、办公与生活设施购置、工程前期参与、验收及设备台账信息录入等。

（一）运维单位设立要求

（1）新建特高压交流变电站的生产准备和运行维护工作，原则上由所属省公司负责；

（2）相应省公司应在 1 个月内组织启动和开展各项生产准备工作，编制生产准备工作方案并报国网公司设备部审批。

（二）组织机构及人员配置要求

（1）省检修公司应按照国网公司、省公司要求，在项目核准后 3 个月内确定新建特高压交流变电站运行维护组织机构，配备必需的生产及管理人员；

（2）特高压交流变电站运维人员配置，按照国网公司标准执行；

（3）筹备负责人及相关管理人员应在三个月内到位，在六个月内应确定所有运维人员并分批到位，在设备安装、调试前全部运维人员应进驻现场。

（三）人员培训要求

（1）省检修公司应结合工程情况制定培训计划，并认真组织实施；

（2）工程建设期间要根据设备的安装进程，参加施工单位的安装调试，熟悉设备的构造及安装方法，掌握调试方法；

（3）要选择其他特高压交流变电站进行现场实习，无特高压交流变电站工作经验的要安排不少于 1 个月的现场学习；

（4）具备条件时，在新设备投产前应安排在仿真模拟培训系统上进行实际运行操作训练；

（5）对采用新设备、新技术的特高压工程，应有重点地组织集中培训和学习。

（四）变电站筹备相关要求

（1）运维单位应在建设过程中及时接收和妥善保管工程建设单位移交的专用工器具、备品备件及设备技术资料。应填写好移交清单，并签字备案。

（2）工程投运前一个月，运维单位应配备足够数量的仪器仪表、工器具、安全工器具、备品备件等。运维班应做好检验、入库工作，建立实物资产台账。

（3）工程投运前一周，运维单位组织完成变电站现场运行专用规程的编写、审核与发布，相关生产管理制度、规范、规程、标准配备齐全。

（4）工程投运前一周，运维班应将设备台账、主接线图等信息按照要求录入电力生产管理系统（power production management system，PMS)。在变电站投运前一周完成设备标志牌、相序牌、警示牌的制作和安装。

（5）运维单位应根据公司《验收通用管理规定及细则》开展验收工作。

（6）工程竣工资料应在工程竣工后 3 个月内完成移交。工程竣工资料移交后，根据竣工图纸对信息系统数据进行修订完善。

特高压交流变电站
运维技术

第二章

特高压变电站一次设备结构原理

特高压变电站一次设备具有容量大、承受高电压或大电流、绝缘要求水平高等特点。本章主要讲述了 1000kV GIS 设备的主要技术参数、气室划分与盆式绝缘子、GIS 设备内部结构；1000kV 主变压器主要技术参数、主要特点、变压器组成与接线原理、内部结构和冷却方式；1000kV 并联电抗器主要技术参数、主要特点、内部结构、噪声控制，并简单介绍了可控电抗器的发展情况；让运行维护人员初步了解特高压变电站的主要一次设备。

第一节　1000kV GIS 设备

一、主要技术参数

交流气体绝缘全封闭组合电器（简称 GIS 组合电器）由断路器、隔离开关、接地开关、快速接地开关、电流互感器、电压互感器、母线、避雷器等元件组成，采用 SF_6 气体作为绝缘介质，另外还包括伸缩节、汇控柜、支架等附件设备。GIS 结构布置如图 2-1 所示。

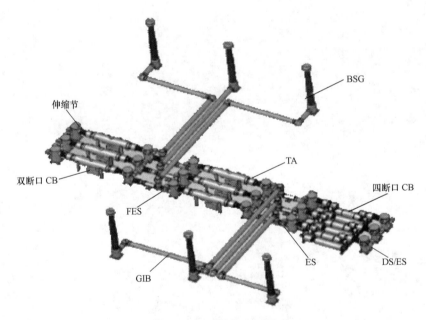

图 2-1　GIS 结构布置图

CB—断路器；DS/ES—隔离开关/接地开关；TA—电流互感器；FES—快速接地开关；GIB—分支母线；BSG—套管

1000kV 特高压 GIS 设备基本参数如下：

（1）断路器。

1）额定电压：1100kV；

2）额定电流：6300A；

3）额定频率：50Hz；

4）额定工频耐受电压（1min有效值）：1100kV（相对地）、（1100＋635）kV（断口间）；

5）雷电冲击耐受电压（峰值）：2400kV（相对地）；（2400＋900）kV（断口间）；

6）操作冲击耐受电压（峰值）：1800kV（相对地）；（1675＋900）kV（断口间）；

7）额定短路开断电流：63kA；

8）额定峰值耐受电流：170kA；

9）额定短时耐受电流：63kA；

10）额定短路持续时间：2s；

11）额定线路充电开断电流：1200A；

12）合闸电阻：600Ω（仅线路断路器配置）；

13）合闸电阻提前接入时间：8～11ms；

14）断口数：2/4；

15）操作机构：氮气储能液压机构；

16）总重量：约30t，SF_6 气体约1t。

（2）隔离开关。

1）额定电压：1100kV；

2）额定电流：6300A；

3）额定频率：50Hz；

4）额定工频耐受电压（1min有效值）：1100kV（相对地）、（1100＋635）kV（断口间）；

5）雷电冲击耐受电压（峰值）：2400kV（相对地）、（2400＋900）kV（断口间）；

6）操作冲击耐受电压（峰值）：1800kV（相对地）、（1675＋900）kV（断口间）；

7）额定峰值耐受电流：170kA；

8）额定短时耐受电流：63kA；

9）额定短路持续时间：2s；

10）额定开合容性电流：2A；

11）额定开合感性电流：1A；

12）额定母线转换电流：1600A；

13）分合闸电阻：500Ω。

（3）接地开关。

1）额定电压：1100kV；

2）额定频率：50Hz；

3) 额定工频耐受电压（1min 有效值）：1100kV（相对地）。

4) 雷电冲击耐受电压（峰值）：2400kV（相对地）；

5) 操作冲击耐受电压（峰值）：1800kV（相对地）；

6) 额定峰值耐受电流：170kA；

7) 额定短时耐受电流：63kA；

8) 额定短路持续时间：2s。

（4）电流互感器。

1) 额定电压：1100kV；

2) 额定电流：6300A；

3) 额定频率：50Hz；

4) 额定工频耐受电压（1min 有效值）：1100kV（相对地）；

5) 雷电冲击耐受电压（峰值）：2400kV（相对地）；

6) 操作冲击耐受电压（峰值）：1800kV（相对地）；

7) 额定峰值耐受电流：170kA；

8) 额定短时耐受电流：63kA；

9) 额定短路持续时间：2s；

10) 额定一次电流：3000～6000A（TPY/5P）、1500～3000～6000A（0.2/0/2S）；

11) 额定二次电流：1A；

12) 二次线圈额定容量：10VA、20VA、10VA、5VA；

13) 二次线圈准确级次：TPY；5P；0.2；0.2S。

（5）母线电磁式电压互感器。

1) 额定电压：1100kV；

2) 额定频率：50Hz；

3) 额定工频耐受电压（5min 有效值）：1100kV（相对地）；

4) 雷电冲击耐受电压（峰值）：2400kV（相对地）；

5) 操作冲击耐受电压（峰值）：1800kV（相对地）；

6) 额定一次电压：$1000/\sqrt{3}$ kV；

7) 额定二次电压：$0.1/\sqrt{3}$ kV、$0.1/\sqrt{3}$ kV、$0.1/\sqrt{3}$ kV、0.1 kV；

8) 二次线圈额定容量：15VA、15VA、15VA、15VA；

9) 二次线圈准确级次：0.2、0.5/3P、0.5/3P、3P；

（6）母线氧化锌避雷器。

1) 额定电压：1100kV；

2) 额定频率：50Hz；

3）系统标称电压：1000kV；

4）系统标称电流：20kA；

5）系统持续运行电压：638kV；

6）直流 8mA 电压：≥1114kV；

7）雷电冲击标称电流下残压：≤1620kV。

（7）母线。

1）额定电压：1100kV；

2）额定电流：8000A；

3）额定频率：50Hz；

4）额定工频耐受电压（1min 有效值）：1100kV（相对地）；

5）雷电冲击耐受电压（峰值）：2400kV（相对地）；

6）操作冲击耐受电压（峰值）：1800kV（相对地）；

7）额定峰值耐受电流：170kA；

8）额定短时耐受电流：63kA；

9）额定短路持续时间：2s。

（8）套管。

1）额定电压：1100kV；

2）额定电流：6300A；

3）额定频率：50Hz；

4）额定工频耐受电压（1min 有效值）：1100kV（相对地）；

5）雷电冲击耐受电压（峰值）：2400kV（相对地）；

6）操作冲击耐受电压（峰值）：1800kV（相对地）；

7）额定峰值耐受电流：170kA；

8）额定短时耐受电流：63kA；

9）额定短路持续时间：2s；

10）爬电距离：40 500mm。

GIS 与传统敞开式配电装置相比主要有以下 5 个方面的优点：

（1）GIS 设备占地面积小、体积小，重量轻、元件全部密封不受环境干扰；

（2）断路器操作机构无油化，无气化，具有高度运行可靠性；

（3）GIS 采用整体运输，安装方便，周期短，安装费用较低；检修工作量小，时间短；

（4）优越的开断性能——断路器采用新的灭弧原理为基础的自能灭弧室（自能热膨胀加上辅助压气装置的混合式结构），充分利用了电弧自身的能量；

（5）损耗少、噪声低——GIS外壳上的感应磁场很小，因此涡流损耗很小，减少了电能的损耗。弹簧操动机构的采用，使得操作噪声很低。

二、气室划分与盆式绝缘子

（一）气室划分

GIS设备中，电气设备或部件全部封闭在接地的金属外壳中，在其内部充有一定压力的SF_6绝缘气体，因此气室的分布和气室内SF_6气体的运行情况是变电站运维人员的关注重点。

GIS设备气室的划分需要考虑设备制造条件，现场安全，运行巡视、日常检修和应急抢修的需要，目前现行国内的GIS设备的气室划分原则如下：

（1）采用GIS的变电站，其同一分段的同侧GIS母线原则上一次建成。如计划扩建母线，宜在扩建接口处预装一个内有隔离开关（配置有就地工作电源）或可拆卸导体的独立隔室。如计划扩建出线间隔，宜将母线隔离开关、接地开关与就地工作电源一次建成。

（2）主母线隔室的长度设置应充分考虑检修维护的便捷，550kV GIS的单个主母线隔室的SF_6气体总量不宜超过300kg。

（3）550kV及以上GIS母线隔离开关不宜采用与母线共隔室的设计结构。

（4）为便于试验和检修，GIS的避雷器和电压互感器应设置独立的隔离开关或隔离断口。架空进线的线路避雷器和线路电压互感器宜采用外装结构。

（5）由于1000kV GIS气室较大，一般技术合同要求最大单个气室应满足8h完成SF_6气体回收条件。

如图2-2所示，GIS设备中断路器、隔离开关、接地开关（含短母线）、电流互感器（含伸缩节）、电压互感器及套管等部件均为单独气室。

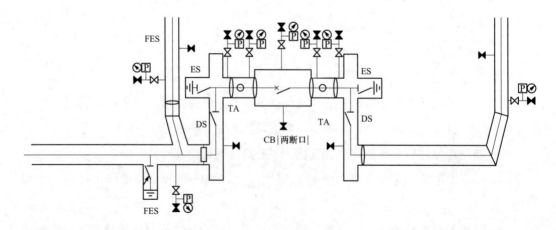

图2-2　间隔气室图

（二）盆式绝缘子

盆式绝缘子是 GIS 设备重要的绝缘部件，用来对 GIS 中的高电压导体进行支撑固定，使之对地绝缘。盆式绝缘子分为隔盆［隔板型，图 2-3（a）］和通盆［支撑型，图 2-3（b）］两种，其中隔盆还起到分隔气室的作用。

(a)　　　　　　　　　　　　　　　　(b)

图 2-3　盆式绝缘子结构图

(a) 隔盆；(b) 通盆

盆式绝缘子由嵌件（铝材）、外法兰（铝材）和环氧树脂浇筑件三大部分组成，主要有气密性、电气绝缘性能、机械强度性能等指标。

对于盆式绝缘子的设置、制造和安装，主要有以下要求：

（1）盆式绝缘子不宜水平布置。尽量避免盆式绝缘子水平布置，尤其是避免凹面朝上，重点是断路器、隔离开关、接地开关等具有插接式运动磨损部件的气室下部，避免触头动作产生的金属屑造成运行中的 GIS 放电。

（2）充气口宜避开绝缘件（盆式绝缘子）位置，避免充气口位置距绝缘件太近，充气过程中带入异物附着在绝缘件表面。

（3）制造阶段应严格执行中心嵌件的处理工艺。中心嵌件使用前应采用超声波清洗，如有表面涂覆，需制定严格的涂覆措施，涂覆完成后仔细检查表面有无气泡、杂质，并确认涂覆厚度满足工艺要求。

（4）应确保原材料和生产浇筑各环节的洁净度，避免环氧树脂、填料、固化剂等原材料混入杂质，避免清模、装模、浇筑、固化、脱膜等各环节引入异物。

（5）制造厂应设置合理的固化时间和固化温度，并严格执行，避免绝缘件内应力过大。

（6）制造厂应严格对盆式绝缘子逐支进行 X 射线探伤和工频耐压、局部放电试验。

（7）盆式绝缘子应无裂缝、气孔、夹杂等缺陷。对盆式绝缘子应逐支进行工频耐压、局部放电试验，局放值应不大于 3pC，试验工装应尽可能等效盆式绝缘子在产品中的电场分布。建议对盆式绝缘子开展抽样试验。建议每个工程至少抽样三支盆式绝缘子进行水压破坏试验,考核产品批量质量稳定性,试验方法参考 GB 7674—2008《额定电压 72.5kV 及以上气体绝缘金属封闭开关设备》;对每批次的随炉样块进行密度和玻璃化温度检查,确认产品工艺和性能,应满足制造厂工艺文件和相关标准的要求。如在抽检过程中发现不符合要求的情况,建议扩大检测比例。

1000kV GIS 用盆式绝缘子应按照 Q/GDW 11127—2013《110kV 气体绝缘金属封闭开关设备用盆式绝缘子技术规范》的要求开展抽样试验。

(8) 安装调试阶段应避免吊装时盆式绝缘子受到磕碰,法兰对接时,应采用定位杆先导的方式,并且采用力矩扳手对称均衡紧固法兰对接面螺栓,避免受力不均导致盆式绝缘子开裂。

三、GIS 设备内部结构

(一) 断路器

1000kV GIS 断路器由主断口、电阻断口、分压电容、电阻、支撑绝缘件、连接机构、液压泵及基座组成。主断口、电阻断口是断路器的核心部分、操动机构接到操作指令后,经连接机构传送至主断口、电阻断口执行,使主回路和电阻回路接通或断开。主断口包括触头、导电部分、灭弧介质和灭弧室等,安放在绝缘支撑件上,使带电部分与地绝缘,绝缘支撑件安装在基座上。

断路器分为双断口断路器和四断口断路器两种结构,由于原理相似,本小节以双断口短路器为例进行分析,对四断口断路器进行简单的介绍。

1. 本体结构

1000kV GIS 断路器单相结构如图 2-4 所示,由断路器本体,灭弧室、液压机构构成。

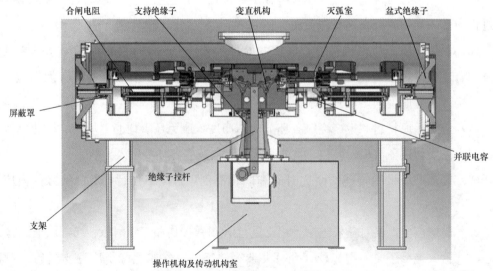

图 2-4 双断口断路器内部结构示意图

2. 灭弧室

灭弧室置于充 SF_6 气体的罐体内，断口主要分主断口和电阻断口，两个主断口水平串联布置，两个电阻断口分别布置在两个主断口的正下方，主断口两侧是电阻体单元。

灭弧室内左右各装有分压电容与主断口并联，有效改善了电压分担。

3. 液压机构

1000kV GIS 采用氮气储能液压传动机构。该机构是利用液压油作为动力传递介质，利用储压器中的氮气能量间接驱动断路器主断口和电阻断口。

合闸位置示意图如图 2-5 所示。

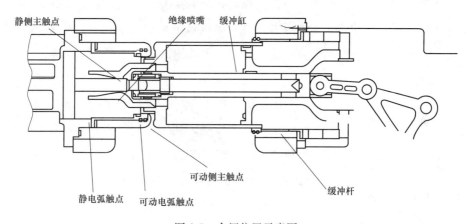

图 2-5　合闸位置示意图

4. 灭弧原理

主断口由动触点和静触点构成，动触头分可动侧主触头和可动侧电弧触头，静触头分静侧主触头和静电弧触头。可动侧主触头和静侧主触头合称主触头，可动侧电弧触头和静电弧触头合称弧触点。

在开断时，主触点先分离，弧触点后分离，有效的保护了主触点。

动触点侧设计有由压气缸和压气活塞组成的压气室，动触头向分闸方向驱动时，SF_6 气体被压缩，通过喷口喷出高压 SF_6 气体灭弧。

灭弧过程如图 2-6 和图 2-7 所示，分闸时压气缸内的 SF_6 气体被压缩，当动、静触点

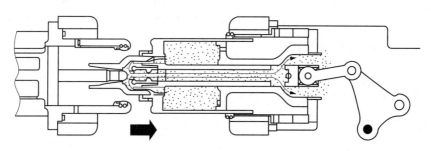

图 2-6　分闸过程示意图

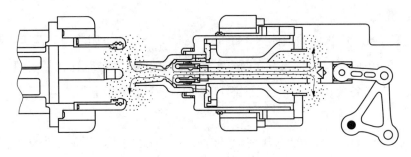

图 2-7　分闸完毕示意图

分开时，在弧触点和静触点间产生电弧，在动、静触点开距未达到所需要距离时，由于电弧堵塞喷口，压气缸的 SF_6 气体压力升高，当电弧电流过零瞬间，压气缸的 SF_6 气体吹向电弧，当断口的绝缘距离达到一定距离时，电弧熄灭，断路器分闸完毕。

5. 分合闸原理

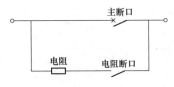

图 2-8　合闸电阻结构示意图

在主断口并联合闸电阻，电阻动、静触点提前与主断口 8~11ms 接触，利用合闸电阻将电网的部分能量吸收和转化成热能，以达到削弱电磁振荡、限制过电压的目的。合闸电阻结构示意图如图 2-8 所示。

（1）分闸过程（见图 2-9）。

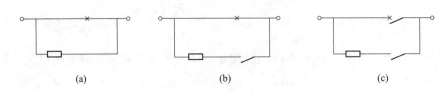

| (a) | (b) | (c) |

图 2-9　分闸过程示意图

(a) 合闸位置；(b) 分闸过程；(c) 分闸位置

1）分闸时主断口：首先主触点脱离接触，然后弧触头脱离接触。若断路器处于运行，会在弧触点之间产生电弧，按断路器的灭弧原理进行灭弧。

2）分闸时电阻断口：电阻断口提前于主断口一定时间断开，电阻体在分闸过程中没有电流通过。

（2）合闸过程（见图 2-10）。

1）合闸时电阻断口：电阻断口动静触点提前与主断口 8~11ms 动、静触点接触。

2）合闸时主断口：动弧触点先插入静弧触点，紧接着动主触头再插入静主触点，主导电回路接通，主断口合闸过程完成。

6. 液压操动机构结构

液压操动机构由油压泵、电动机构成的压力发生装置结构，单向阀、溢流阀、截止

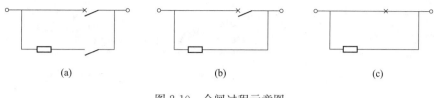

图 2-10 合闸过程示意图

（a）分闸位置；（b）电阻投入位置；（c）合闸位置

阀、油压表、压力开关构成的压力控制装置结构，储压筒、高压配管、驱动断口的浸油型液压操作器构成。液压操动机构液压系统图如图 2-11 所示。

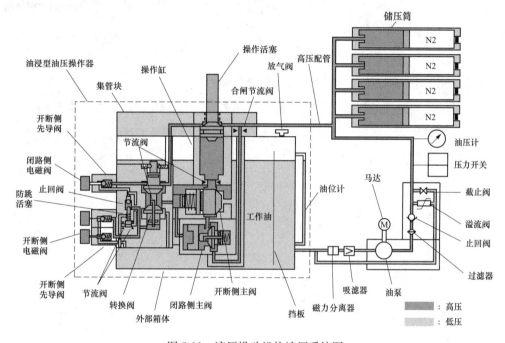

图 2-11 液压操动机构液压系统图

液压操动机构中，各阀体的连接采用了无配管的阀体直接连接方式，不易发生漏油。除了控制阀之外全部阀门都收纳至外部箱体中，通过油浸还具有防锈效果。

液压操动机构为液压自由分闸方式，即在合闸动作过程中在接收到分闸指令等的异常动作指令时必须优先完成分闸动作的操作方式。

7. 1000kV GIS 四断口断路器简介

四断口断路器与双断口断路器相比较而言，增加了断口数量，对操作机构也提出了更高的要求。1000kV GIS 设备用四断口断路器组成示意图如图 2-12 所示。

断路器由主断口和合闸电阻开关（电阻断口）两部分组成，合闸电阻开关与主断口并联，在主断口合闸完成后，合闸电阻开关通过主传动拐臂机构室内的脱扣装置瞬间脱扣，实现合后即分，运行更安全。

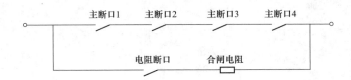

图 2-12　1000kV GIS 设备用四断口断路器组成示意图

液压弹簧操动机构直接驱动灭弧室，并通过传动装置驱动合闸电阻开关。

（二）隔离开关、接地开关

隔离开关、接地开关由导电部分、支撑绝缘部分、传动元件、基座和操动机构五部分组成。1000kV GIS 隔离开关、接地开关每相为单独气室，隔离开关配有弹簧机构，接地开关配有电动机构。

为限制电流开合时产生的过电压，隔离开关内装设分合闸电阻。对具有切合母线转换电流的隔离开关，增设电阻增加了断口的开断能力。

隔离开关按照内部结构可分为两种形式：一种是隔接组合开关，即隔离开关、接地开关共在一个筒体中；另外一种是单独的隔离开关，隔离开关筒体内不含接地开关。具体内部结构如图 2-13 所示。

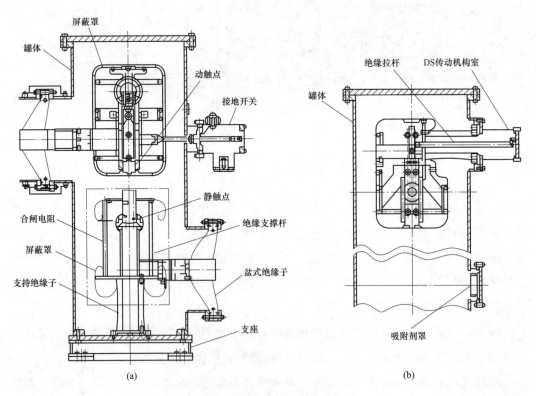

图 2-13　带电阻隔离开关结构

（a）隔离接地组合开关；（b）隔离开关

在隔离开关上安装了电动弹簧操动机构，电动弹簧操动机构的驱动力通过主轴直接传到本体，带动触点实现分合。同时还可以通过操作手柄对隔离开关进行手动操作。

在接到分合闸的指令后，操动机构内的弹簧在数秒内储能，弹簧释放能量的同时驱动动触头，完成开或合动作。

母线隔离开关中增设了控制重燃弧产生过电压的电阻体，电阻体安装在绝缘体、屏蔽罩和导体之间。

带电阻隔离开关结构说明如图 2-14 和图 2-15 所示。

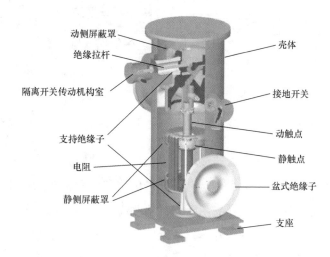

图 2-14　带电阻隔离开关结构说明图

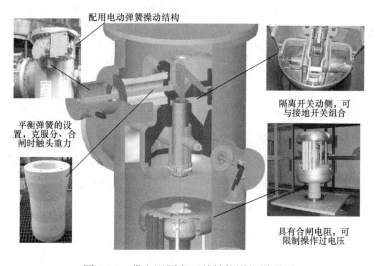

图 2-15　带电阻隔离开关结构详细说明图

隔离开关从合闸状态开始分断到中间状态时，由于主触点绝缘性能强，电弧触点绝缘弱，重燃电弧发生在电弧触点，静触点管壁上的电阻在回路中串联，降低了产生多次重燃的概率，也就降低了陡波过电压的倍数。合闸时的次序相反，电阻也是在完全关合前接入，降低了产生多次重燃的概率。

带电阻隔离开关分闸灭弧原理如图 2-16 所示。

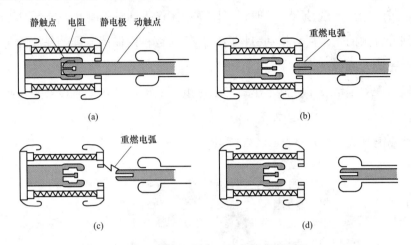

图 2-16　带电阻隔离开关分闸灭弧原理

（a）分闸前状态；（b）重燃电弧产生；（c）重燃电弧熄灭；（d）分闸后状态

接地开关分为两类，一种为快速接地开关，采用电动弹簧机构驱动运行，一种为检修接地开关，采用电动机构驱动运行，电动弹簧机构和电动机构均可手动操作。通常情况下，在线路侧需配备快速接地开关，断路器两侧需配备检修用接地开关。快速接地开关具有关合短路电流的能力，可以开合电磁感应电流和静电感应电流。

（三）电流互感器

1000kV GIS 采用贯穿式电流互感器，电流互感器采用内置穿心式结构。每只电流互感器内可装 4～5 组二次绕组，二次绕组分为暂态保护、测量、计量三种。

电流互感器一次绕组为穿心式，一次侧仅有一匝。每个绕组有三个抽头，均放置在金属壳体内，壳体内充额定压力的 SF_6 气体，主绝缘是 SF_6 气体和绝缘子。

（四）电压互感器

采用电磁式电压互感器，通过盆式绝缘子与 GIS 主设备连接，可垂直或水平安装。由盆式绝缘子、压力容器（壳体）、一/二次绕组、铁芯、SF_6 阀门、屏蔽罩、连接导体、出线端子箱、防爆装置等主要部件构成，以 SF_6 气体作为绝缘介质。

（五）避雷器

避雷器主体结构采取水平放置，高压从中间导入的方式，内部由绝缘筒、电阻片组、均压屏蔽系统、浇筑绝缘支撑件、弹簧、盆式绝缘子、梅花触点等元件组成，中间由浇筑绝缘支撑件调整和支撑电阻片组，以使结构简洁、利于散热和提高耐震能力；内部电场分布采用同轴圆结构，利于电场分布。

（六）母线

1. 母线结构

GIS 母线常见的布置形式可分为集中布置和分散布置、低布置和高布置、单层布置和双层布置，特高压母线布置常见的是集中低布置形式，母线采用分相结构。

母线根据用途可分为主母线和分支母线，主母线用于 GIS 本体设备之间的电气连接，分支母线用于与 GIS 以外设备的电气连接，根据设计主接线要求进行设置。

母线主要由外壳、内导和绝缘支撑三大类零件组成，以及直筒母线、转角接头和波纹管三种类型母线部件，直筒母线根据绝缘支撑方式不同有盆式支撑和绝缘台支撑两种结构。转角接头分为直角三通转角和可变换角度的斜转角两种典型结构。伸缩节按功能分为装配调整用和温度补偿用，将在下文中详细介绍。

根据工程的需要，母线被分成若干个气室，用盆式绝缘子进行分隔。母线外壳均采用铝合金材料，抗腐蚀性好，并且无涡流损耗，导电部分为导电率很高的铝合金导体。

为了防止由于安装误差、热胀冷缩或基础变形造成设备损坏，常在母线筒之间配置伸缩节。

2. 伸缩节作用及分类

伸缩节是在轴向可以适当伸缩变形，径向允许有限位移的一种连接壳体，在 GIS 用母线中用于补偿 GIS 零部件的误差积累、装配以及基础等原因造成的尺寸偏差，补偿不同基础大板之间由于基础沉降而造成 GIS 壳体的位移，补偿由于热胀冷缩造成的 GIS 壳体位移。在 GIS 中应用的最多的是波纹管伸缩节，也有一些利用压缩弹簧和滑动密封组合的伸缩节。

GIS 壳体内充有一定压力的 SF$_6$ 气体，在壳体的盲端会产生向外的推力，这个推力称为盲板力。在伸缩节选用时必须考虑盲板力的作用。

伸缩节按功能分为装配调整用伸缩节和温度补偿用伸缩节，温度补偿伸缩节有压力平衡型、自平衡型和偏角补偿型。

3. 常用伸缩节的典型结构和使用特点

（1）普通型伸缩节。普通型伸缩节的外形如图 2-17 所示。主要通过波纹管的柔性变形，补偿 GIS 壳体在装配过程中的产生的轴向尺寸偏差和有限的径向偏差。这种类型的波纹管可以在短时间内具有较大的压缩量，可以作为 GIS 设备检修时的解体单元。

普通型伸缩节安装时通过放松锁紧螺母，根据需要调整轴向尺寸，为保证产品运行的可靠性，尺寸的调整必须在波纹管的允许范围内。完成后 GIS 充气前必须锁紧外侧锁紧螺母，依靠拉杆限制轴向尺寸，防止充气后盲板力造成母线位移变形。

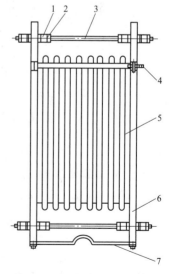

图 2-17　普通型伸缩节
1—螺母；2—薄螺母；3—拉杆；
4—刻度尺；5—波纹管；
6—法兰；7—短接线

29

（2）压力平衡型伸缩节。压力平衡型伸缩节外观如图 2-18 所示，拉杆位置增加了碟簧用于抵消设备充气后产生的盲板力，安装完成后将锁紧螺纹调节到适当的位置，这样在设备运行中，波纹管的变形可以吸收母线的热胀冷缩变形。

压力平衡型伸缩节主要用于补偿 GIS 壳体受到环境温度变化，内导温升等因素的影响引起的热胀冷缩变形，也可以补偿壳体在装配过程轴向产生的尺寸偏差和径向产生的有限偏差，还可以作为 GIS 设备检修时的解体单元，可以用于隔离振动的传递。

压力平衡型伸缩节变形时需要同时克服弹簧压力，因此其整体刚度比普通型波纹管大很多，使用此类波纹管时必须充分考虑母线热胀冷缩变形时作用在支架和基础上的应力。

（3）自平衡型伸缩节。自平衡型伸缩节外形如图 2-19 所示，这种伸缩节由三段直径不同的波纹管组成，位于两端的称为工作波纹管，中间的称为平衡波纹管。

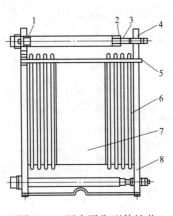

图 2-18　压力平衡型伸缩节

1—碟簧；2—螺母；3—薄螺母；

4—拉杆；5—刻度尺；6—波纹管；

7—法兰；8—短接线

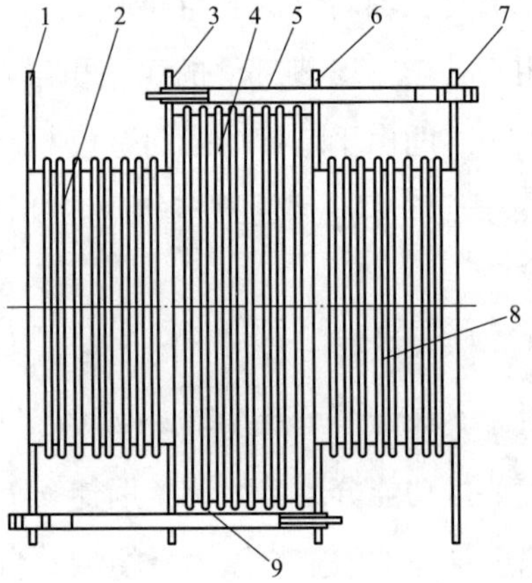

图 2-19　自平衡型伸缩节

1—法兰 A；2—波纹管 A；3—法兰 B；

4—波纹管 B；5—拉杆 A；6—法兰 C；

7—法兰 D；8—波纹管 C；9—拉杆 B

自平衡型伸缩节是依靠自身的设计结构达到平衡盲板力的目的。其原理是法兰 A 受到的盲板力与法兰 C 相平衡，在拉杆 B 的固定下，不能相对移动；法兰 B 受到盲板力与法兰 D 相平衡，在拉杆 A 的固定下，不能相对移动。从而实现伸缩节自身盲板力的平衡。

自平衡型伸缩节由于没有外加受力元件，波纹管自身刚度较小，对支架和基础的强度要求低。但是这种伸缩节体积和自重较大，波纹管中间的两个法兰靠拉杆支撑，由于波纹管的径向刚度很小，两个法兰的重量会使波纹管下沉产生变形，影响 GIS 设备绝缘性能。

（4）偏角补偿型伸缩节。偏角补偿型伸缩节外形如图 2-20 所示，由两个波纹管和一段母线组成，一圈拉杆将整个伸缩节连为一体，用于平衡波纹管所受盲板力。

偏角补偿型伸缩节利用波纹管允许径向有限位移的特性，补偿与伸缩节夹角 90°母线的装配误差和热胀冷缩。这种伸缩节补偿量由径向偏角允许量和伸缩节长度决定，增加中间壳体的长度可得到较大的补偿量。由于波纹管所受盲板力与伸缩节方向垂直，因此可以不考虑盲板力对这种伸缩节热胀冷缩补偿性能的影响。

在工程中常利用这种伸缩节组成 U 形结构进行长母线的补偿，如图 2-21 所示。由于偏角补偿伸缩节单只补偿量大，运行时作用在支架和基础上的应力小，结构简单可靠，因此在布置空间允许的情况下，通常推荐使用这种类型的伸缩节。

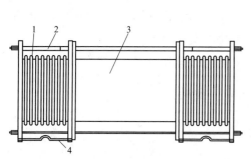

图 2-20　偏角补偿型伸缩节
1—波纹管；2—拉杆；3—壳体；4—短接线

图 2-21　偏角补偿伸缩节（U 形结构）

4. 伸缩节选用需考虑的因素

GIS 设备伸缩节的设置需根据环境温度，母线长度和伸缩节调整量合理确定温度补偿伸缩节的数量和设置位置，在确保可靠的前提下兼顾经济性。

GIS 伸缩节设置考虑的因素：安装时因尺寸误差积累需要的补偿量；检修时需要的解体面；基础的分割缝，不同基础的沉降；与变压器油气套管的连接面；由于温度变化引起的热胀冷缩变形量。

根据理论分析，温度补偿伸缩节数量的计算公式为

$$伸缩节数量 = K \Delta L / \Delta L_b$$

式中：K 为安全系数；ΔL 为补偿伸缩量；ΔL_b 为伸缩节运行变形量。

根据上面的计算公式得到的是理论需要的伸缩节数量，工程中还要根据 GIS 母线的整体结构和土建基础沉降的影响因素最终确定伸缩节的实际用量和布置位置。

5. 母线支撑结构

GIS 母线支撑结构需要承受母线运行时所有可能的工作荷载，包括设备的荷载、地

震作用力、风荷载和短路电流作用力等。其中设备荷载包括自重、内压作用和温差作用产生的应力，属于持续荷载，地震、风和短路电流荷载属于偶然荷载。

母线支撑结构的设置与伸缩节的设置需要综合考虑，为使伸缩节发挥热胀冷缩的补偿作用，需要同时使用滑动和固定两种母线支撑。

支撑结构的设置主要考虑以下原则：每个温度补偿伸缩节两侧补偿范围内必须有且只有一组母线固定支架，用于限制母线段的热胀冷缩在伸缩节的补偿范围内；固定支撑强度要满足温度补偿伸缩节变形需要，必须能够提供在极限条件加母线壳体热胀冷缩使温度补偿伸缩节变形时所需的支撑反力；母线端部固定支撑需要提高强度。这是由于盲板力的作用，母线端部固定支撑需要承受更大的荷载；滑动支撑的允许滑动距离需要与温度补偿伸缩节变形相匹配。

（七）套管

1000kV 套管主要包括顶部屏蔽装配、U 形接线端子、瓷套管、中心导体、内屏蔽、吸附剂、绝缘支撑筒、套管支撑筒等元件。

第二节　1000kV 主变压器

一、主要技术参数

（1）型号：ODFPS-1000000/1000。

（2）户外、单相、自耦、三线圈、无载调压变压器，采用主变压器外单独设立调压补偿变压器的组合方式。

（3）额定容量：1000000/1000000/334000kVA。

（4）额定电压：$1050/\sqrt{3}/(520/\sqrt{3}\pm4\times1.25\%)/110kV$。

（5）额定电流：1650/3322/3036A。

（6）系统最高运行电压：1000kV/550kV/126kV。

（7）高中压侧系统中性点接地方式：中性点直接接地。

（8）调压方式：中性点无励磁变磁通调压。

（9）三相联结组标号：YNa0d11。

（10）标称短路阻抗（以高压绕组额定容量 1000MVA 为基准），高压—中压：18%、高压—低压：62%、中压—低压：40%。

（11）冷却方式：自耦变压器：强迫油循环风冷（OFAF）、调压变压器：自然油循环冷却（ONAN）；

（12）内绝缘水平：内绝缘水平如表 2-1 所示。

表 2-1   内绝缘水平

电压	额定短时工频耐受电压（kV）(5min 方均根值)	额定操作冲击耐受电压（相对地）峰值（kV）	额定雷电冲击耐受电压（kV）（峰值）	
			全波	截波
高压	1000	1800	2250	2400
中压	630	1175	1550	1675
中性点	140		325	
低压	275		650	750

（13）温升限值：绕组为 65K、绕组热点为 78K、顶层油为 55K、金属结构和铁芯为 80K、油箱表面及结构件表面为 80K。

（14）空载损耗：200kW。

（15）高—中额定分接运行时的负载损耗：1490kW。

（16）效率：99.83%。

（17）噪声水平：75dB。

二、主要特点

相比较常规的 500kV 变压器，1000kV 变压器的主要特点有：中性点变磁通调压方式、低压侧补偿、分箱结构。

（1）中性点变磁通调压方式。自耦变压器的调压方式按调压绕组的接线位置可分为线端调压和中性点调压。

采用线端调压时，在中压侧线端调压时低压侧电压基本不受影响。这种调压方式简单可靠，但是变压器中压侧额定电流大、引线粗、大量引线的绝缘处理难度大，高场强区域范围较大，因而中压侧线端往往成为变压器绝缘的薄弱点。1000kV 变压器中压系统电压为 500kV，如采用线端调压方式，调压装置的绝缘水平要求很高，其可靠性无法保证，因此难以采用中压侧线端调压方式。

采用中性点调压，则调压绕组和调压装置的电压低、绝缘要求低、制造工艺易实现，而且因调压装置连接在公共绕组回路内，分接抽头电流较小，使得分接开关易制造，整体造价较低，在特高压主变压器中均采用该调压方式。

（2）低压侧补偿。由于采用中性点调压，各分接位置的匝电势和铁芯磁通密度将发生变化，也就形成了变磁通调压。该调压模式下，其低压输出电压将随分接位置的变化而变化。该调压方式如果调整分接位置，则三侧电压均要随之变化，有可能使得低压侧电流波动过大而无法使用，可以通过低压侧加补偿绕组来解决。

（3）分箱结构。1000kV 变压器采用了主体部分和调压补偿部分分体布置的结构，分别置于独立油箱中，形成自耦变压器和调压补偿变压器。

采用主体变压器和调压变压器分箱的结构一方面是为了简化 1000kV 主体的结构，提高 1000kV 主体的安全性，另一方面是为了系统的长远考虑，在需要将无载调压改造为有载调压时，可仅对调压变压器进行改造，而主体可以在改造过程中继续单独运行，提高改造的灵活性。

三、变压器组成与接线原理

1. 变压器组成

如图 2-22 和图 2-23 所示，高压自耦变压器通过可卸式引线引出，高压套管布置在自耦变压器中间，中压套管布置在低压侧左端（以人面对于高压侧为准），高压、中压绕组末端出线套管（1X）布置于高压侧右端。低压绕组套管（1a，1x）布置于变压器低压侧右端。

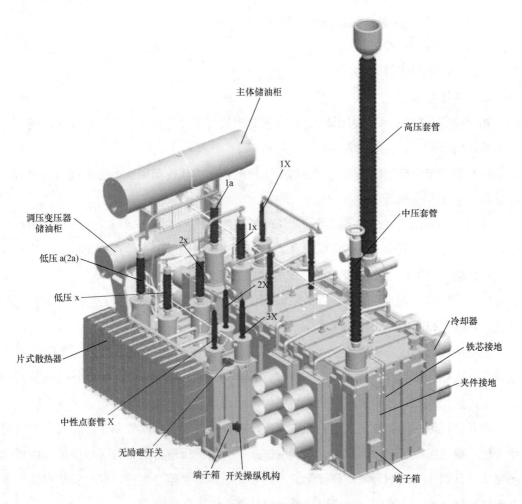

图 2-22　特高压变压器的外观结构图

调压变压器和补偿变压器的铁芯和器身独立布置于同一个油箱中。

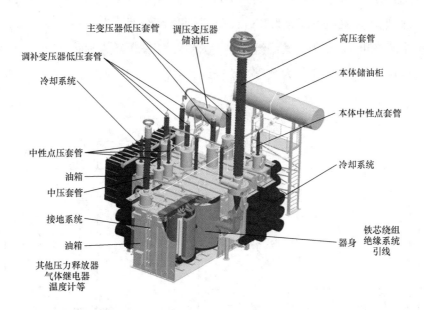

图 2-23 特高压变压器的内观结构图

低压出线套管（2a、2x、x）布置于油箱右侧，中性点出线套管（2x、3x、x）布置于油箱左侧。

自耦变压器（主体）储油柜、调压变压器储油柜布置于变压器右侧。

无载调压开关布置与调压变压器油箱左侧。

自耦变压器和调压变压器之间通过管母连接，当调压变压器退出运行后，自耦变压器可以单独运行。

2. 接线原理

1000kV 变压器接线原理如图 2-24 所示。

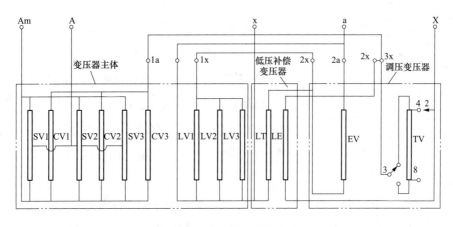

图 2-24 接线原理图

主变压器高压侧为 A-X，中压侧为 Am-X，低压侧为 1a-1x。调压变压器为 3X-X，补偿变压器的低压励磁绕组部分为 2X-X，低压补偿绕组部分为 2x-x。

SV 为串联绕组，CV 为公共绕组，LV 为低压绕组，EV 为励磁绕组，TV 为调压绕组，LE 为低压励磁绕组，LT 为低压补偿绕组。简化的结构原理图如图 2-25 所示。

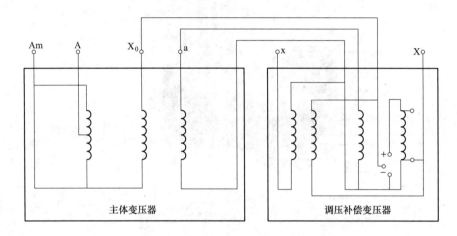

图 2-25　简化的结构原理图

3. 调压补偿原理

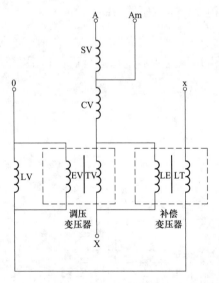

图 2-26　调压原理图

1000kV 主变压器调压原理如图 2-26 所示，图中，SV 为串联绕组，CV 为公共绕组，LV 为低压绕组，EV 为励磁绕组，TV 为调压绕组，LE 为低压励磁绕组，LT 为低压补偿绕组。

自耦变压器和调压变压器之间通过管母连接，高压侧和低压侧之间没有磁的联系，只有电的联系。串联绕组（SV）和公共绕组（CV）这两个绕组之间既有磁的联系又有电的联系，构成自耦变压器；低压绕组与公共绕组和串联绕组之间只有磁的耦合；低压励磁绕组和低压绕组并联，为调压变压器提供励磁电源；低压励磁绕组和调压绕组并联，为补偿绕组提供励磁电源；调压绕组和公共绕组相串联起到调压的作用；低压补偿绕组和低压绕组相串联起到稳定低压侧电压的作用。

由于自耦（主体）变压器有 1 个铁芯，调压变压器中有 2 个铁芯，根据匝电动势计算公式 $e = 4.44 f \Phi_m$，当 f 一定时，匝电动势和铁芯磁通成正比。因此，这 7 个绕组的电磁耦合关系如下：SV、CV、LV 有电磁耦合，SV、CV 每匝绕组的感应电动势相同；

TV、EV 有电磁耦合，每匝绕组感应电动势相同；LE、LT 有电磁耦合，每匝绕组感应电动势相同。

1000kV 主变压器这 7 个绕组的匝数如下：N_{SV} 为 854；N_{CV} 为 854；N_{LV} 为 310；N_{EV} 为 649；N_{LE} 为 460；N_{LT} 为 86；N_{TV} 为 $\pm 45 \times 4$，1～9 分接等差递减。

根据图中的电磁耦合关系，由变压器感应电动势 $U=4.44nf\Phi_m=ne$，可以列出

$$\begin{bmatrix} N_{LV} & -N_{EV} & 0 \\ 0 & N_{TV} & -N_{LE} \\ N_{SV}+N_{CV} & N_{TV} & 0 \end{bmatrix} \begin{bmatrix} e_1 \\ e_2 \\ e_3 \end{bmatrix} = \begin{bmatrix} 0 \\ 0 \\ 1.05 \times 10^6/\sqrt{3} \end{bmatrix} \tag{2-1}$$

式中：e_1、e_2、e_3 分别为 SV、EV、LE 中每匝电动势；$1.05 \times 10^6/\sqrt{3}$ 为高压侧额定电压。

高、中、低压侧相电压 U_h、U_m、U_l 的计算式为

$$\begin{bmatrix} N_{SV}+N_{CV} & N_{TV} & 0 \\ N_{CV} & N_{TV} & 0 \\ N_{LV} & 0 & N_{LT} \end{bmatrix} \begin{bmatrix} e_1 \\ e_2 \\ e_3 \end{bmatrix} = \begin{bmatrix} U_h \\ U_m \\ U_l \end{bmatrix} \tag{2-2}$$

SV、TV、EV 中的磁通量计算式为

$$\Phi_1 = e_1(4.44f), \quad \Phi_2 = e_2(4.44f), \quad \Phi_3 = e_3(4.44f)$$

式中：f 为系统频率。

根据变压器工作原理 $E=4.44nf\Phi_m$（E 为公共绕组感应的电动势），忽略励磁电流时其值约等于加在公共绕组上的电源电压。

对变压器补偿校验计算如下（以调压变压器在第一分接头和第九分接头为例）：

如调压变压器在第一分接头（$N_{TV}=180$），中压侧系统电压为 550kV（额定电压为 551kV），则通过式（2-1）、式（2-2）可分别计算出高压侧电压及补偿前、后的低压侧电压。

$$854 \times e_1 + 180 \times e_2 = 550 \times 103/\sqrt{3} \tag{2-3}$$

$$310 \times e_1 - 649 \times e_2 = 0 \tag{2-4}$$

$$180 \times e_2 - 460 \times e_3 = 0 \tag{2-5}$$

联解式（2-3）～式（2-5）可得每匝线圈的电动势为：$e_1=337.8V$，$e_2=161.4V$，$e_3=63.1V$。

高压侧相电压为：$U_h = 854 \times 2 \times 337.8 + 180 \times 161.4 = 606kV$，线电压为：1049.592kV。

低压侧未补偿前电压为：$310 \times 337.8 = 104.7kV$；电压偏差为：$110 - 104.7 =$

5.3kV，可见电压偏差比较大；补偿电压为：$86×63.1＝5426.6V$；补偿后的低压侧电压为：$310×337.8＋86×63.1＝110.1kV$；电压偏差为：$110.1－110＝0.1kV$，可见经补偿后电压偏差很小。

调压绕组上的电压为：$161.4×180＝29\,052V$。

当调压变压器位于第九档，$N_{TV}＝-180$。中压侧系统电压为500kV（额定电压为498kV），则通过式（2-1）和式（2-2）可分别计算出高、低侧电压（补偿前、后）。

$$854×e_1－180×e_2＝500×103/\sqrt{3} \qquad (2\text{-}6)$$
$$310×e_1－649×e_2＝0 \qquad (2\text{-}7)$$
$$-180×e_2－460×e_3＝0 \qquad (2\text{-}8)$$

由式（2-6）～式（2-8）可得：$e_1＝375.9V$，$e_2＝179.5V$，$e_3＝-70.3V$。

高压侧电压为：$U_h＝854×2×375.9－180×179.5＝609.7（kV）$；线电压为：1056.0kV。

低压侧未补偿前电压为：$310×375.9＝116.5（kV）$。

电压偏差为：$110－116.5＝-6.5（kV）$。

补偿电压为：$-70.3×86＝-6.0（kV）$。

补偿后的电压为：$116.5－6.0＝110.5（kV）$。

电压偏差为：$110.5－110＝0.5（kV）$。

调压绕组上的电压为：$179.5×（-180）＝-32\,310（V）$。

从以上的分析计算可知，其调压原理为：当中压侧系统电压高于额定值（525kV）时，分接头在1～4档（随系统电压高低调整分接头位置）。因加在调压绕组上的电压与系统电压方向相同，则公共绕组上的电压降低。

由变压器工作原理 $e＝4.44fn\varPhi$，可知在铁芯中磁通量 $\varPhi$ 将降低，串联绕组 SV 感应的电压将降低，即使中压侧系统电压升高时，高压侧的感应电压基本不变。因铁芯中磁通量 $\varPhi$ 将降低，低压绕组感应电压降低，而补偿绕组感应出和低压绕组同方向的电压进行补偿，因此低压侧电压也基本保持在额定值。

当中压侧电压低于额定值时，分接头在6～9档，其极性端和档位在1～4时正好相反，加在调压绕组上的电压与系统电压方向相反。铁芯中的磁通量增加，公共绕组感应电动势升高，高压侧电压维持不变；低压绕组感应电压升高，而补偿绕组感应出和低压绕组反方向的电压进行补偿，因此低压侧电压也基本保持在额定值。

经其他分接头下计算得知，可实现中压侧的调节范围为±5%时，保证低压侧电压变化不超过±0.2kV，如表2-2和图2-27所示。

表 2-2　　　　　　　　　调压变压器不同档位下各侧电压数值　　　　　　（kV）

分接头	1	2	3	4	5	6	7	8	9
e_1(V)	338	342	346	351	355	359	364	369	374
e_2(V)	161	163	165	167	169	172	174	176	179
e_3(V)	63.1	47.9	32.4	16.3	0	−16.3	−34.0	−51.7	−69.9
U_h(kV)	606	606	606	606	606	606	606	606	606
U_m(kV)	318	314	311	307	303	299	295	291	287
U_1(kV)	110	110	110	110	110	110	110	110	110
Φ_1(T)	1.52	1.54	1.56	1.58	1.60	1.62	1.64	1.66	1.68
Φ_2(T)	0.727	0.735	0.745	0.754	0.763	0.773	0.783	0.793	0.804
Φ_3(T)	0.285	0.216	0.146	0.074	0	−0.076	−0.153	−0.233	−0.315

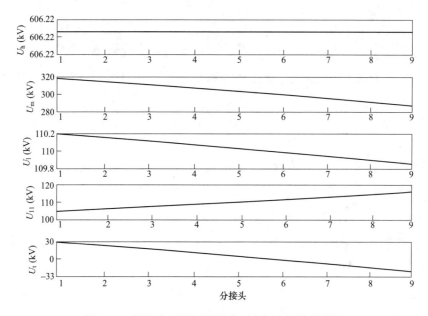

图 2-27　调压变压器不同档位下各侧电压值曲线图

表 2-2 是调压变压器在不同的档位下，高压侧电压、中压侧系统电压、低压侧电压、低压绕组电压、调压绕组电压（全为相电压）的数值表格。

中性点调压方式不仅具有调压绕组及调压装置绝缘水平较低的优点，同时因 TV 连接在 CV 中性端，调压开关承受的电压不高，分接抽头电流较小，由此使得分接开关易于制造，整体造价下降。因此，对于特高压变压器来说，采用中性点无励磁调压方式（有附加电压补偿）是较好的选择。

四、内部结构

以下分别讨论自耦变压器和调压补偿变压器的铁芯结构、绕组结构、绝缘结构、油箱结构等主要内部结构。

1. 自耦变压器铁芯结构

自耦变压器的铁芯采用单相五柱式，即三主柱带两旁柱，见图 2-28。三主柱各相绕组并联，从内向外依次套装低压绕组，公共绕组、串联绕组。

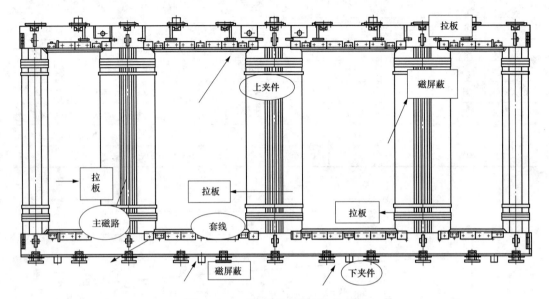

图 2-28　1000kV 变压器主体铁芯图

铁芯采用六级阶梯接缝，有效改善接缝处磁通量分布。较常规 2 级阶梯接缝，空载损耗可降低约为 8%。

2. 调压变压器和补偿变压器铁芯结构

调压变压器铁芯采用单相三柱式，即一主柱带两旁柱。低压补偿变压器铁芯采用口字形，即一主柱一旁柱。

调压变压器铁芯向外依次为励磁绕组、调压绕组。调压绕组通过主体低压绕组励磁调压，并连接调压开关。

3. 自耦变压器绕组结构

高压、中压、低压、励磁及低压励磁绕组采用内屏蔽连续式，高压绕组和中压绕组为四段屏结构。

4. 调压补偿变压器线圈结构

调压绕组、低压补偿绕组为双螺旋绕组。

5. 自耦变压器、调压补偿变压器的绝缘结构

1000kV 变压器主绝缘采用薄纸筒小油隙结构，它的基本特点是油体积减小时，油的耐压强度增大。

器身绝缘件是由电工纸板制成的块、筒、板组成，包括绕组端部护端圈和角环，以及为了改善电场在铁芯、铁轭处加装的屏蔽筒。

6. 自耦变压器引线结构

中压 500kV 引线采用铜管和铜棒作为电流载流导体，控制引线的温升，保证引线的电极形状和圆整度，并控制 500kV 引线对铁芯、夹件、油箱等各处的绝缘距离。控制引线局放和电气强度。

低压 110kV 引线采用铜管作为电流载流导体，保证引线的温升和电气强度。

中性点引线采用铜棒作为电流载流导体，保证引线的温升和电气强度。

7. 自耦变压器油箱结构

为保证产品的运输尺寸和运输强度，主体油箱采用筒式结构，板式加强铁上盖采用压弯结构，在内部进行加强，可以承受真空 13.3Pa、正压 0.1MPa 的强度试验。

为保证产品不出现渗漏油的现象，法兰连接面加工，开密封线槽，油箱箱沿加限位方钢，保证密封垫的弹性压缩量，使密封垫能有效密封。

为防止局部过热，降低损耗，油箱侧壁加装了磁屏蔽。并在油箱侧盖采用铜屏蔽，以避免油箱过热。

主体下部采用浇注式定位结构，上部采用层压木撑紧结构，保证运输和抗震能力。

8. 调压补偿变压器油箱结构

调压补偿变压器油箱采用平板筒式结构，可以承受真空 13.3Pa、正压 0.1MPa 的强度试验。下部采用浇注式定位结构，上部采用层压木撑紧结构。

五、1000kV 变压器的冷却方式

常规 500kV 自耦变压器冷却方式一般为 ODAF（强迫油导向循环强迫风冷）或 ONAN（油浸自冷）/ONAF（油浸强迫风冷）。

为了防止油流带电，1000kV 自耦变压器采用了 OFAF（强迫油循环强迫风冷）的冷却方式，与 ODAF 冷却方式相比，主要区别是冷却油不再通过油泵打入器身，而是从器身外部流通，器身中油的流动则是由温差作用形成，从而显著降低器身高场强区的油流速度，从根本上避免油流带电现象。同时在结构设计中，对于绕组端部等电极表面，采取加大导油面积等措施，改进油流状态，消除油流带电，提高变压器的运行可靠性。

为了确保 OFAF 冷却方式下产品能满足长期运行的要求，1000kV 变压器采取的控制温升的方法主要有以下几点：

（1）合理布置结构，保证油路设计合理、畅通；

（2）当绕组幅向尺寸过大时，在线饼中加散热油道，增大了绕组的散热面积；

（3）控制绕组内垫块恒压干燥后的厚度不小于规定值；

（4）绕组轴向方向放置内外导向，控制油流方向，避免出现死油区，能有效改善绕组冷却效果；

（5）根据漏磁场计算结果，合理调整安匝，使安匝尽可能趋于平衡，降低特殊部位处线饼的涡流损耗，进一步降低绕组的热点温升。

第三节　1000kV 高压并联电抗器

一、主要技术参数

（1）基本参数。高压并联电抗器基本参数如表 2-3 所示。

表 2-3　　　　　　　　　　1000kV 高压并联电抗器基本参数

型式	额定容量（Mvar）	额定电压（kV）	额定电抗（Ω）	损耗（kW）	联结方式	冷却方式
户外油浸单相	200	1100/$\sqrt{3}$	2016	≤400	三个单相联成丫接，经中性点电抗器接地	ONAN 或 ONAF
	240		1680	≤480		
	320		1260	≤600		

（2）绝缘水平。高压并联电抗器绝缘水平如表 2-4 所示。

表 2-4　　　　　　　　　　1000kV 高压并联电抗器绝缘水平表

绕组端子	额定操作冲击耐受电压（峰值）	额定雷电冲击耐受电压（峰值）		额定短时感应或外施耐受电压（方均根值）
		全波	截波	
高压端	1800	2250	2400	1000(5min)
中性点端	—	550		230(1min)
		750		325(1min)

并联电抗器高压线端的绝缘水平和特高压变压器相同，中性点电抗器的绝缘水平和 500kV 电抗器的中性点绝缘水平相当（500kV 电抗器的中性点 LI/AC 为 480/200kV）。

（3）1000kV 套管额定绝缘水平如表 2-5 所示。

表 2-5　　　　　　　　　　1000kV 套管额定绝缘水平（kV）

项目	额定雷电全波冲击耐受电压（峰值）		额定操作冲击耐受电压（峰值）	额定短时工频耐受电压（方均根值）
	全波	截波		
高压套管	2400	2760	1950	1200(5min)

（4）温升限值，105% 额定电压下连续运行时温升限值如表 2-6 所示。

表 2-6　　　　　　　　　　1000kV 高压电抗器温升限值

部位	温升限值（K）
顶层油	55
绕组（平均）	60
绕组热点	73
铁芯及金属结构件	80
油箱	80

（5）冷却方式。

200Mvar：空气自然冷却（ONAN）方式。

320Mvar/240Mvar：自然油循环风冷（ONAF）方式。

二、高压并联电抗器的主要特点及作用

1. 高压并联电抗器的主要特点

（1）铁芯结构。1000kV 大容量并联电抗器，由于运输条件限制，一般有两种结构选择：一种方式是采用一个多芯柱铁芯结构，采用多个绕组；另一种方式是将大容量一分为二，两个电抗器放置在同一油箱，两个电抗器绕组一般采用串联联结，两个相互独立的铁芯仍采用传统的单相带两旁轭的典型结构。

（2）绕组结构。传统的 500kV 及以下的单相并联电抗器绕组大多采用多层圆筒式结构。对于 1000kV 特高压并联电抗器，考虑产品运输条件的限制，采用两芯柱带两旁轭的铁芯结构形式，两组绕组串联。1000kV 特高压并联电抗器绕组采用插花纠结的饼式结构。

（3）引线结构。500kV 电抗器多采用高压套管从箱盖直插入电抗器油中方式，油中绝缘距离较大，无出线装置，费用低，但对 1000kV 特高压电抗器而言，为满足油箱运输尺寸的要求，采用了从箱壁侧面用进口成套出线装置引出的引线结构，以保证出线结构的绝缘可靠性。

2. 高压并联电抗器的作用

高压并联电抗器一般接在特高压输电线的首端与地和末端与地之间，起无功补偿作用，用来吸收线路的充电容性无功功率，调整运行电压。高压并联电抗器的主要功能有：

（1）抑制空载长距离输电线路引起的工频电压升高。输电线路具有电容、电感等分布参数特性，特高压输电线路一般均达数百千米，长距离线路的电容效应较 500kV 线路更加明显，由于容性无功功率使电压升高，使得线路的末端电压超过首端电压。

为了减弱因空载长距离输电线路引起的工频电压升高效应，常在长距离输电线路的首端、末端加装并联电抗器，依靠电抗器的感性无功功率来补偿线路上容性充电无功功率，从而达到抑制工频电压升高的目的。

（2）减少线路中传输的无功功率，降低线损。当线路上传输的功率不等于自然功率时，则沿线各点电压将偏离额定值，装设并联电抗器则可抑制线路电压的升高，同时减少线路中传输的无功功率，降低线损，提高传输效率。

（3）减少潜供电流，加速潜供电流的熄灭，提高重合闸的成功率。为了减少潜供电流，提高重合闸成功率，可以采取特高压线路高压并联电抗器中性点加小电抗，补偿输电线路相间和对地电容效应，加速潜供电流电弧熄灭，有利于提高单相重合闸的成

功率。

此外，加装并联电抗器还有限制操作过电压，降低工频稳态电压，减少同步电机带空载长线可能出线的自励磁现象等作用。

三、高压并联电抗器内部结构

电抗器铁芯结构分为双器身结构和两芯柱加两旁轭结构（四柱式）两种。

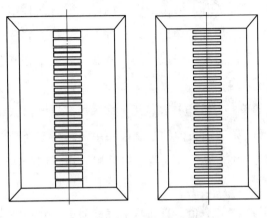

图 2-29　双器身结构示意图

（一）双器身结构（200Mvar）

双器身串联结构（见图 2-29），即在一个油箱内布置两个同样的器身，单个器身为单芯柱两旁柱的结构，双器身绕组串联，1100kV 引出线采用直接出线。

双器身串联结构的优缺点：

电抗器的铁芯结构采用双器身铁芯，磁路完全分开。单个铁芯的芯柱由多个铁芯饼和多个气隙分隔组成，两旁轭上端由小块硅钢片插接，利于旁轭的夹紧，这种结构在国内已经比较成熟。双器身结构使单个器身铁芯饼的压紧相对易于实现，以确保减小振动和降低噪声。饼式绕组示意如图 2-30 所示。

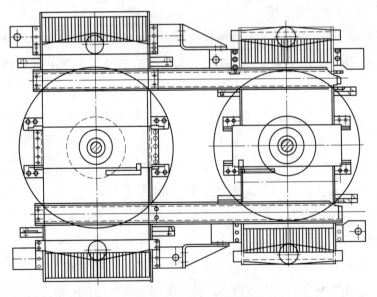

图 2-30　饼式绕组示意图

从绝缘方面来看，低端的电抗器本身就是一个 500kV 电抗器，只需解决高端电抗器的中部出线和端部的电场均匀化问题。而此方面在国内电抗器制造中已取得一定的经验，和特高压自耦变压器的串联绕组具有相同的绝缘结构。

但是，从耗材和运输方面来看，这种结构有其不利之处。

（二）两芯柱加两旁轭结构（四柱式）

两芯柱加两旁轭结构（四柱式），320、240Mvar 特高压并联电抗器器身排布如图 2-31 所示。

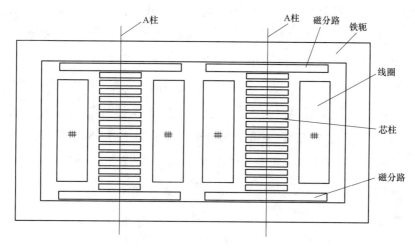

图 2-31 320、240Mvar 特高压并联电抗器器身排布图

铁芯芯柱由带气隙垫块的铁芯大饼叠装而成，两芯柱上套装的绕组也采用串联的方式连接，引出线采用成熟的出线装置，如图 2-32 所示。

双芯柱加两旁轭结构的优点是能减少整体重量，节省材料。采用双柱加两旁轭结构，合理分配主漏磁，有效控制漏磁分布，降低漏磁引起的杂散损耗并阻止发生局部过热。

（1）接线原理。1000kV 特高压并联电抗器由于电压高、容量大，产品在结构上采用两柱结构，两柱之间的连接方式主要有两种方式。

1）两柱先并后串的接线方式，A 柱端部出线通过铝管与 X 柱中部出线相连，X 柱两端出线连接后引出，如图 2-33 所示。

图 2-32 器身及出线结构图

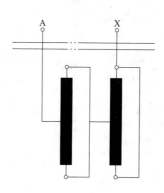

图 2-33 两柱先并后串

这种结构的优点是 X 柱两端部对轭的电压低,因此绕组端部结构和器身布置大为简化,使用的成型件数量少;缺点是引线结构和引线电场复杂。两柱间电位差为 50%,对长期运行来说可靠性更高。

2) 两柱先串后并的接线方式,A 柱端部出线通过铝管直接与 X 柱端部出线相连,X 柱中端直接引出。这种结构的优点是引线结构简单,引线电场简单,缺点是 X 柱两端部对轭的电压与 A 柱一样,使用成型件数量多,两柱间电位差为 100%,如图 2-34 所示。

对于长期运行来说,第一种结构的可靠性比第二种结构高。

(2) 结构介绍。根据接线原理,高压并联电抗器的 1000kV 引线及出线装置结构、两柱连线结构、中性点引出线结构是高压并联电抗器制造的关键结构,现简要介绍如下。

1) 1000kV 引线及出线装置结构。1000kV 出线从 A 柱中部出来后,直接进入出线装置,在器身出头处围屏上设置了数道成型件,与出线装置的成型件互相交错配合。所用的高压出线装置为进口的成熟结构产品,如图 2-35 所示。

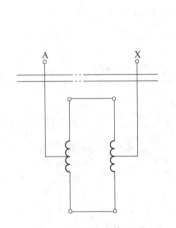

图 2-34 两柱先串后并

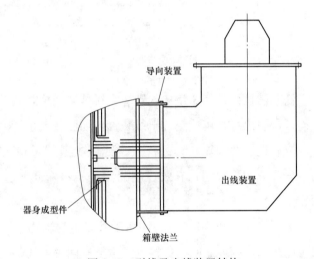

图 2-35 引线及出线装置结构

图 2-36 两柱连线结构

整个出线装置绝缘可靠,整体机械强度高,能够抵御运行中的振动和运输中的冲撞。

2) 两柱连线结构。由于绕组为中部出线,接线方式为两柱串联,因此两柱之间的连接方式见图 2-36 所示。A 柱上下出头并联后与 X 柱中部出头相连。为了保证连接的可靠,电极的均匀,两柱通过大直径的铝管相连,铝管外包绝缘皱纹纸,这样夹持牢固,电极光滑,可靠性高。

3) 中性点引出线结构。中性点引出线为 X 柱的上下端并联后的引出线,由于电压已经降为 110kV,因此连线比较简单,上下端部用铜绞线连接后直接引出，通过绝缘支架和导线夹紧，如图 2-37 所示。

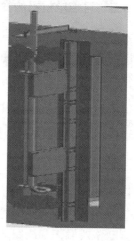

图 2-37　中性点引出线结构

四、噪声水平

高压并联电抗器往往布置在围墙附近，对厂界和站外声环境敏感建筑的噪声影响较大，已成为特高压变电站噪声控制的重点对象。

高压并联电抗器噪声主要由三方面原因产生：铁芯磁滞伸缩振动，绕组电磁力引起振动和冷却风扇运转。其中，铁芯和绕组噪声是电抗器噪声的主要部分，而冷却风扇噪声相对较小。电抗器铁芯的磁滞伸缩引起振动从而产生噪声的过程与变压器相同，但电抗器磁通密度较低，一般约 1.4T，较变压器磁通密度小，由此铁芯振动引起的噪声相对较小。

并联电抗器绕组产生的主磁通过铁芯柱与外框形成回路，由于主磁路经过高导磁的铁饼与低导磁的间隙，铁饼之间会产生使磁场能量变小趋势的电磁力，主磁路间隙材料在电磁力作用下变化，其频率是电流频率的 2 倍，因此电抗器噪声主要集中在频率为 100Hz 的低频段。

经计算可知，辐射声能正比于电流的四次方，随着电流的强弱变化而产生较大变化。对于运行中的并联电抗器，其电流变化较小，因此噪声变化较小。而对于不同电压等级的高压并联电抗器，其运行电压越大，流过绕组的电流越大，噪声也越大。

降低噪声的主要措施可分为内部控制措施和外部控制措施。

1. 内部控制措施

（1）选用高导磁激光刻痕磁性钢片和多级步进搭接结构，降低磁滞伸缩。

（2）采用先进工艺。例如，合理选用绑扎、压紧结构及加强绕组、引线的固定等，防止因电磁力振动引起的噪声。

（3）加强装配结构，防止因油箱谐振引起的噪声。例如，可以在铁芯垫脚与箱底间放置隔振橡胶垫，以及在油箱壁外侧槽形加强铁中间充满隔声材料、砂子或岩棉等。

（4）降低附件（风扇）噪声。例如，选用优质高效低噪声风扇，在风扇出口处加消音筒，减少风扇同时运行组数等。

2. 外部控制措施

外部噪声控制措施的目的是抑制噪声的空间传播，一方面可以将特高压并联电抗器放置在一个全封闭降噪外壳之内，降噪效果好，但存在造价高、实施难度大，且对设备散热带来不利影响的难题；另一方面可以采用非全封闭隔声间、外壳贴附吸音材料、增加隔音墙等措施，可在不同程度上改善噪声对环境的影响。

五、可控电抗器的发展

随着特高压电网的进一步发展，特高压线路无功功率的补偿度也应该随负荷的变化而进行调整，否则它将使线路损耗增大而造成受端过低，影响特高压线路的输电能力，使其达不到设计值。所以，理想的高压并联电抗器是可以随着线路潮流和电压自动调节电抗值的可控电抗器，这也是未来特高压电抗器的发展方向。

根据工作原理的不同，可控并联电抗器可分为高阻抗变压器分级式（stepped controllable shunt reactor，SCSR）、磁控式（magnetically controlled shunt reactor，MCSR）等多种类型。

与非可控的常规电抗器不同，可控电抗器可能经常运行在小容量以至空载状态，为抑制断路器操作和线路故障时突发产生的过电压和潜供电流，线路侧的可控电抗器必须具有瞬时恢复全容量运行状态的高速响应能力。

1. 高阻抗变压器型

SCSR 基于高阻抗变压器原理，将普通变压器做成100％的高阻抗，并将高阻抗电抗通过抽头分成 N 份，每一等分电抗由双向晶闸管和断路器并联组成的复合开关控制投入和切除。

应用与超/特高压输电线路的 SCSR 三相为 3 个单相变压器型的电抗器，高压侧三相绕组采用星型接线，中性点直接接地（可根据需要装设中性点小电抗）；低压侧采用星型接线，低压侧高阻抗电抗分成 3 份，对应控制 100％、75％、50％、25％共 4 组输入容量，以实现容量调节，低压侧中性点直接接地。

SCSR 的单相结构如图 2-38 所示。

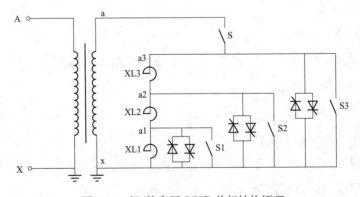

图 2-38　超/特高压 SCSR 单相结构原理

图 2-38 中 XL1、XL2、XL3 为低压侧电抗，由并接其两侧的双向晶闸管及断路器控制其投退。当设备运行时调节输出容量，需要退出相应电抗器，双向晶闸管快速导通，将对应电抗旁路，双向晶闸管导通后并接其两端的旁路断路器合闸，承担回路长期短路电流，双向晶闸管退出运行。

采用高阻抗变压器型可控电抗器有一定的优点，兼具电抗器本体和降压两个功能，降压的目的在于降低串接晶闸管的总体耐压及其串级数量。这种电抗器的独特之处还在于不产生涌流，双向晶闸管的动作时间不超过控制信号给出后的半个工频周期，故可满足上述快速补偿要求。此外，在高低压绕组之间增绕第 3 个低压绕组，它们结成三角形后可形成 3 次及以上奇倍数谐波电流的短路通道而不注入电网；而在每个低压绕组上接入相应的滤波器，则可以除去其他高次谐波电流。

高阻抗变压器型的缺点，一是有高低压两个绕组而增大造价，二是降压后的工作电流按变比增大并全部通过晶闸管，必须向直流阀站那样设置相应的散热控制装置，占地和运行维护工作量大。此外，部分漏磁通经侧部铁壳，部分则从垂直方向穿入上下铁轭而构成回路，局部发热严重导致总体装置温升高和振动大。

2. 磁控电抗器

磁控电抗器是在磁放大器的基础上发展起来的，其简化结构如图 2-39 所示。

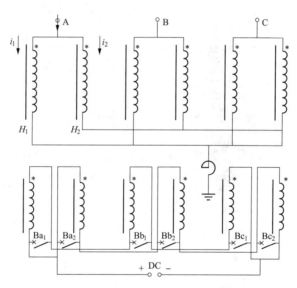

图 2-39　磁控电抗器原理图

工作绕组每相均由两个并联绕组组成，三相星型连接。工作绕组同名端并联接到系统高压侧，中性点经小电抗接地。控制绕组三角形连接，为零序谐波电流提供一个闭合回路。控制绕组的异名端并联接入整流器的输出侧。

超高压线路中磁控电抗器应具有快速响应能力，在断路器计划操作或者故障跳闸时，用旁路断路器（图 2-39 中的 Ba_1 和 Ba_2、Bb_1 和 Bb_2、Cc_1 和 Cc_2）将控制绕组短路，这样能迅速将磁控电抗器调节到高短路阻抗状态，起到抑制过电压和补偿潜供电流的作用。

磁控电抗器的容量取决于铁芯的饱和程度。改变整流器出入的直流控制电流，对铁芯分别起到增磁和去磁的作用，进而调节铁芯磁饱和度，即可达到平滑调节电抗器容量的目的。磁控电抗器工作在极限饱和状态时的输入电流如图 2-40 所示，磁控电抗器的输出电流可由式 $i = \dfrac{l}{2N}(H_1 + H_2)$ 确定，其中 l 为两铁芯的长度，N 为工作绕组匝数，H_1 和 H_2 分别为两铁芯的磁场强度。

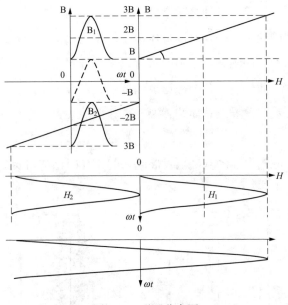

图 2-40　磁通分布图

　　磁控电抗器的主铁芯柱一分为二，每柱分别绕以上下两个相同匝数的绕组，它们的中间端部交叉连接，上下两段分别并联连接并在两侧绕组的中间部位抽头分压，各连一个产生单相整流的晶闸管，使在两个绕组中穿过闭合的大小和空间的直流磁通，而每个铁芯柱的某一段的截面积特别小，小磁通时不发生饱和而磁阻小，大磁通时则饱和而磁阻大，其磁阀作用如同电阻阀片，从而控制饱和度和主电抗的大小。显然，磁饱和现象会在绕组中产生影响的谐波电流，适当的参数设计可将其抑制到较低的水平。

　　磁控电抗器的特点为晶闸管两端只施加低电压，通过的只是不大的直流电流而非电抗器主电流，故其耐压和容量要求很低，控制和维护相对方便。但磁饱和现象和相应的漏磁会增大边缘芯柱和磁轭的涡流损耗，故抑制温升和振动亦为棘手问题。

　　由于晶闸管的可控整流电流通过两侧绕组的大电感而构成通道，而回路电阻又很小，则从一个控制电流值突然转移到另一数值所需的时间常数也就相应较大，故除非采取特殊的加速调节措施，一般认为难以满足超、特高压线路中的高速响应要求。

特高压交流变电站
运维技术

第三章

特高压变电站二次设备配置及保护动作逻辑

特高压交流变电站由于其重要性，站内二次设备的配置较 500kV 及以下电压等级变电站有所不同。本章主要阐述 1000kV 特高压变电站的保护配置及其整定原则，并结合发生在特高压变电站内的典型故障，详细分析了继电保护装置的动作逻辑及动作行为。

第一节　特高压变电站保护配置

特高压变电站的保护包括主变压器保护、线路保护、高压电抗器保护、断路器保护、母线保护、站用变压器保护等。特高压变电站继电保护配置应遵循双重化原则（断路器保护除外），选用安全可靠、运行成熟的保护设备，以保证变电站内一次设备的安全稳定运行。

一、主变压器保护配置

特高压变压器的结构较 500kV 变压器发生了较大变化，它由主体变压器和调压补偿变压器两部分组成。主变压器保护配置复杂，一般配有两套主体变压器电气量保护、一套主体变压器非电量（本体）保护、一套调压补偿变压器电气量保护和一套调压补偿变压器非电量（本体）保护。

1. 主变压器保护配置

差动保护双重化包括纵差速断保护、纵联差动保护、分侧差动保护、突变量差动保护。纵联差动保护是基于变压器磁平衡原理，并分别接入特高压主变压器三侧（1000kV 侧、500kV 侧、110kV 侧）每个断路器的分支电流，可以切除变压器各侧断路器之间的相间故障、接地故障及匝间故障，其保护范围如图 3-1 所示。分侧差动保护是基于电流

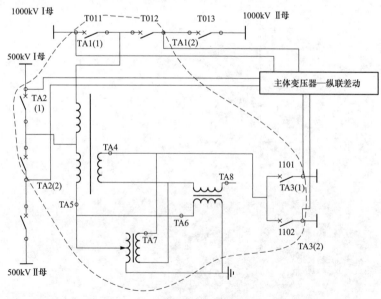

图 3-1　主体变压器纵联差动保护范围

基尔霍夫定律的电平衡，并分别接入高压侧（1000kV 侧）、中压侧（500kV 侧）每个断路器的分支电流和公共绕组套管电流，可以切除自耦变压器高压侧、中压侧断路器到公共绕组之间的各种相间故障、接地故障，其保护范围如图 3-2 所示。

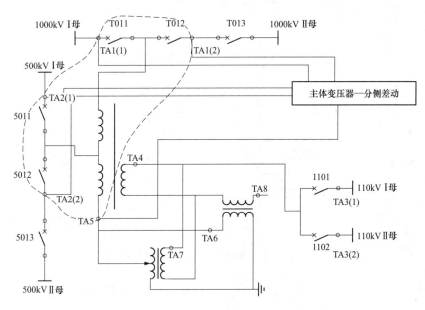

图 3-2　主体变压器分侧差动保护范围

单套非电量（本体）保护包括轻瓦斯保护、重瓦斯保护、压力释放保护、油温高保护、绕温高保护、压力突变保护、油位异常保护、冷却器全停保护等。主体变压器非电量保护中除重瓦斯保护和冷却器全停保护投跳闸外，其余保护均投信号状态。

后备保护双重化包括高压侧后备保护、中压侧后备保护、公共绕组后备保护、低压侧后备保护。

（1）高压侧后备保护：包括高压侧相间距离保护、高压侧接地距离保护、高压侧零序过流保护、高压侧过励磁保护、高压侧失灵联跳保护、高压侧过负荷告警。

（2）中压侧后备保护：包括中压侧相间距离保护、中压侧接地距离保护、中压侧零序过流保护、中压侧失灵联跳保护、中压侧过负荷告警。

（3）公共绕组后备保护：公共绕组过负荷告警。

（4）低压绕组后备保护：包括低压过流Ⅰ段（2 时限）、低压侧过负荷告警。

（5）低压 1（2）分支后备保护：包括低压过流Ⅰ段（2 时限）、低压侧失灵联跳保护、低压侧电压偏移告警。低压侧分支过流保护接入 110kV 断路器分支电流，其保护范围如图 3-3 所示。

2. 调压补偿变压器保护配置

差动保护双重化包括调压变压器差动保护（灵敏差动保护，有载调压时增加不灵敏差动保护）、补偿变压器差动保护。调压变压器差动保护可以切除调压变压器内部绕组

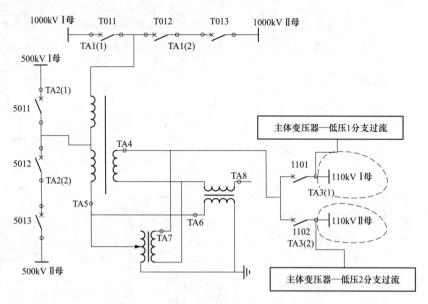

图 3-3　主体变压器分支过流保护范围

的所有故障和引线故障，其保护范围如图 3-4 所示。补偿变压器差动保护可以切除补偿变压器内部绕组的所有故障和引线故障，其保护范围如图 3-5 所示。

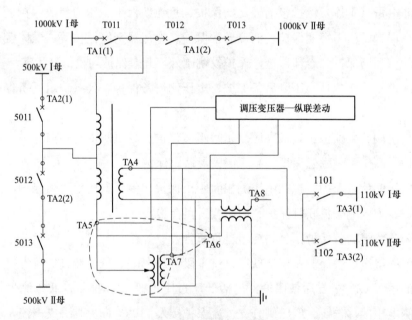

图 3-4　调压变压器差动保护范围

单套非电量（本体）保护：重瓦斯保护、轻瓦斯保护、压力释放保护、油温高保护、绕温高保护、压力突变保护、油位异常保护。调补变压器非电量（本体）保护中除重瓦斯保护投跳闸外，其余保护均投信号状态。

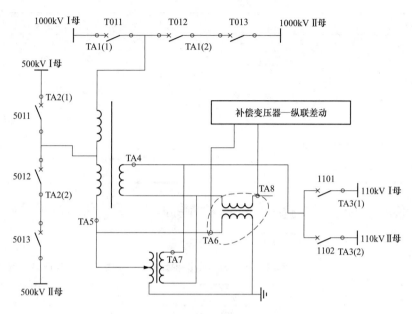

图 3-5　补偿变压器差动保护范围

特高压变压器各保护所接 TA 及断路器动作情况如表 3-1 所示。

表 3-1　　　特高压变压器保护 TA 接线对应关系（以特变电工沈阳变压器为例）

保护	保护类型	所接 TA	动作行为
主体变压器差动保护	纵差保护	TA1（1）/TA1（2） TA2（1）/TA2（2） TA3（1）/TA3（2）	跳三侧断路器
	差动速断保护		
	分侧差动保护	TA1（1）/TA1（2）、 TA2（1）/TA2（2）、TA5	
调压变压器保护	纵差保护	TA5、TA6、TA7	跳三侧断路器
补偿变压器保护	纵差保护	TA6、TA8	跳三侧断路器
高压侧后备保护	指向主变压器相间阻抗保护	TA1（1）/TA1（2）	跳三侧断路器
	指向母线相间阻抗保护		跳三侧断路器
	指向主变压器接地阻抗保护		跳三侧断路器
	指向母线接地阻抗保护		跳三侧断路器
	零序过流保护		跳三侧断路器
	过负荷保护		报警
中压侧后备保护	指向主变压器相间阻抗保护	TA2（1）/TA2（2）	跳三侧断路器
	指向母线相间阻抗保护		跳三侧断路器
	指向主变压器接地阻抗保护		跳三侧断路器
	指向母线接地阻抗保护		跳三侧断路器
	零序过流保护		跳三侧断路器
	过负荷保护		报警

续表

保护	保护类型	所接 TA	动作行为
低压侧后备保护	分支过流保护	TA3（1）/TA3（2）	t_1 延时跳 110kV 分支断路器，t_2 延时跳三侧
	分支过负荷保护		报警
	绕组过流保护	TA4	t_1 延时跳 110kV 所有分支断路器，t_2 延时跳三侧
	绕组过负荷保护		报警

特高压实际工程中，根据特高压变压器的结构和 TA 配置特点，保护配置如表 3-2～表 3-4 所示。

表 3-2　1000kV ×号主体变压器第×套电气量保护配置（以某站 2 号主变压器为例）

型号	保护名称		备注
PCS-978GC	主保护	纵联差动保护	
		差动速断保护	
		分侧差动保护	
		零序比例差动保护	
		工频变化量比率差动保护	
	高压侧后备保护	高压侧相间阻抗保护	只用相间阻抗 2 时限（2.0s）
		高压侧接地阻抗保护	只用接地阻抗 2 时限（2.0s）
		复压闭锁过流保护	停用
		高压侧零序方向过流保护	只用零序Ⅱ段（不带方向）
		过励磁保护	定时限报警，反时限跳闸
		高压侧失灵联跳保护	
		高压侧过负荷保护	报警
	中压侧后备保护	中压侧相间阻抗保护	只用相间阻抗 4 时限（2.0s）
		中压侧接地阻抗保护	只用接地阻抗 4 时限（2.0s）
		复压闭锁过流保护	停用
		中压侧零序方向过流保护	只用零序Ⅱ段（不带方向）
		中压侧失灵联跳保护	
		中压侧过负荷保护	报警
	低压侧后备保护	低压侧分支过流保护	1 时限跳分支断路器，2 时限跳主变压器三侧
		低压侧分支过负荷保护	报警
		低压侧绕组过流保护	1 时限跳所有分支断路器，2 时限跳主变压器三侧
		低压侧绕组过负荷保护	报警
		公共绕组零序过流保护	固定用自产零序电流
		公共绕组过负荷保护	报警
		复压闭锁过流保护	停用
		低压侧失灵联跳保护	

表 3-3　　　　1000kV×号主变压器非电量保护配置（以某站 2 号主变压器为例）

型号	保护名称	备注
PCS-974FG	主体变压器重瓦斯保护	跳闸
	冷却器全停保护	
	主体变压器轻瓦斯保护	报警
	主体变压器压力释放保护	
	主体变压器油温高跳闸保护	
	主体变压器油温高报警	
	主体变压器绕温高跳闸保护	
	主体变压器绕温高报警	
	主体变压器油位异常报警	
	主体变压器突发压力报警	

表 3-4　　　　1000kV ×号主变压器调补变压器第一套电气及非电量保护配置
（以某站 2 号主变压器为例）

型号	保护名称		备注
PCS-978C-UB	调压变压器差动保护	纵差差动差动保护	
		工频变化量比率差动保护	停用
	补偿变压器差动保护	纵差差动差动保护	
		工频变化量比率差动保护	停用
PCS-974FG	调补变压器本体保护	调补变压器重瓦斯保护	跳闸
		调补变压器轻瓦斯保护	报警
		调补变压器压力释放跳闸保护	
		调补变压器油温高跳闸保护	
		调补变压器油温高报警	
		调补变压器油位异常报警	

二、线路保护配置

目前特高压线路均采用纵联差动保护，它利用通道将本侧的电流信号传送到对侧，线路两侧根据差流大小判断故障属于区内还是区外，具有很好的选择性，能快速切除保护区内故障，其动作范围如图 3-6 所示。

1000kV 线路保护采用双重化配置，由于 1000kV 线路长，容升效应明显，每套除配置分相电流差动保护外，还配置了过电压及远方跳闸就地判别装置。

主保护双重化包括两套分相电流差动保护（包括分相电流差动保护和零序电流差动保护），保护采用双通道方案，均为复用 2M，要求本侧通道 A 与对侧通道 A 互联，本侧通道 B 与对侧通道 B 互联，在任一通道有且仅有一个通道故障时，不能影响线路分相电流差动保护的运行。

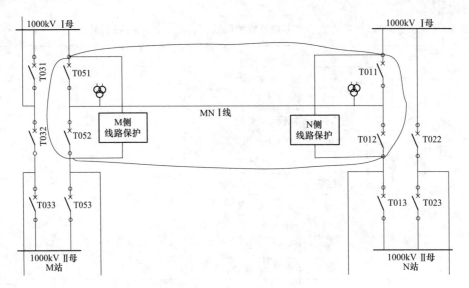

图 3-6　线路差动保护动作范围

后备保护包括距离保护和反时限方向零序保护。

（1）后备距离双重化：两套工频变化量距离元件构成快速Ⅰ段保护、两套三段式接地距离和相间距离。距离保护动作范围如图 3-7 所示。

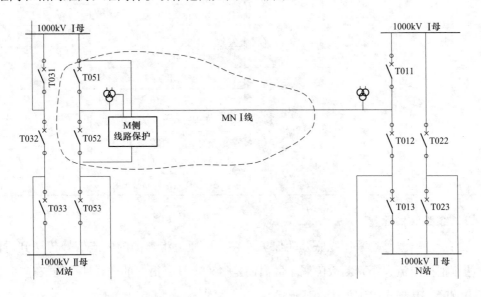

图 3-7　线路距离保护动作范围

（2）反时限方向零流双重化：包括两套反时限零序方向电流保护，其逻辑如图 3-8 所示。

过电压及远方跳闸就地判别装置双重化：线路各侧分别配置两套就地判别装置，保护采用低有功判据，收信逻辑采用"一取一"方式。线路各侧分别配置两套过电压保护，过电压保护仅在本侧断路器三相断开，检测到三相过电压（采用分相电压测量元

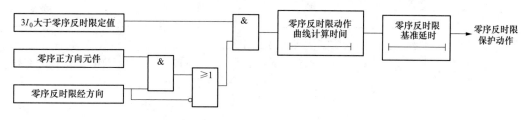

图 3-8 线路反时限零序方向保护逻辑

件）时，经延时远跳线路对侧断路器。

以某特高压工程为例，两套线路保护配置如表 3-5 和表 3-6 所示。

表 3-5　　　　　　　　　　　　第一套线路保护配置

型号	保护名称		备　注
PCS-931GMM-U 线路保护装置	主保护	分相电流差动保护	稳态Ⅱ段经 25ms 延时动作
		零序电流差动保护	经 40ms 延时动作
		工频变化量差动保护	
	后备保护	工频变化量距离保护	不依赖通道的快速距离保护
		三段相间距离保护	
		三段接地距离保护	
		距离保护加速动作	（1）手合于故障时，加速距离Ⅲ段，延时 25ms 动作； （2）重合于故障时，加速距离Ⅱ段（需经振荡闭锁元件开放），延时 25ms 动作
		零序过流加速动作	仅在手合时，零序电流大于零序过流加速段定值且零序电流保护控制字投入时，经 100ms 延时动作
		反时限零序方向过流保护	零序反时限时间 0.4s
PCS-925G 过电压及远方跳闸就地判别装置	过电压保护		本侧断路器三相断开，检测到三相均过电压，发远跳信号给对侧
	就地判别		收到对侧远跳信号经低有功判据后跳本侧断路器

表 3-6　　　　　　　　　　　　第二套线路保护配置

型号	保护名称		备　注
WXH-803A 线路保护装置	主保护	分相电流差动保护	
		零序电流差动保护	经 100ms 延时动作
		分相增量差动保护	
	后备保护	快速距离保护	不依赖通道的快速距离Ⅰ段保护
		三段相间距离保护	
		三段接地距离保护	

型号	保护名称		备　注
WXH-803A 线路保护装置	后备保护	距离保护加速动作	（1）手合于故障时，加速距离Ⅲ段，延时15ms动作； （2）重合于故障时，加速距离Ⅱ段（需经振荡闭锁元件开放），延时15ms动作
		零序过流加速动作	（1）手合于故障时，零序电流大于"零序过流加速段定值"且"零序电流保护"控制字投入时，经100ms延时动作； （2）重合于故障时（单重），延时60ms动作
		反时限零序方向过流保护	零序反时限时间0.4s
WGQ-871A 过电压及远方跳闸就地判别装置		过电压保护	本侧断路器三相断开，检测到三相均过电压，发远跳信号给对侧
		就地判别	收到对侧远跳信号经低有功判据后跳本侧断路器

三、高压电抗器保护配置

特高压电抗器容量大，与500kV系统相比，由于故障时短路电流非周期分量的衰减时间常数更大，于是对保护的灵敏度要求也提出了更高的要求。另外，由于1000kV线路高压电抗器无专用断路器，当高压电抗器发生故障时，为了切除故障，高压电抗器电气量保护或者非电量保护动作，除跳开本侧相应线路断路器外，还应发远跳命令跳线路对侧断路器。

根据Q/GDW11397—2015《1000kV继电保护配置及整定导则》，特高压系统1000kV高压电抗器应配置双重化的主、后备一体的高压电抗器电气量保护和一套非电量（本体）保护。1000kV高压电抗器保护动作范围如图3-9所示。

1000kV高压电抗器主保护双重化包括主电抗器差动保护、主电抗器零序差动保护和主电抗器匝间保护。主电抗器后备保护双重化包括主电抗器过流保护、主电抗器零序过流保护和主电抗器过负荷保护。单套非电量（本体）保护包括重瓦斯保护、轻瓦斯保护、压力释放保护、油温高保护、绕温高保护、压力突变保护、油位异常保护等。中性点电抗器后备保护包括中性点电抗器过流保护和中性点电抗器过负荷保护。中性点电抗器非电量保护包括重瓦斯保护、轻瓦斯保护、压力释放保护、油温高保护、油位异常保护等。

以某特高压工程为例，1000kV高压电抗器保护配置如表3-7所示。

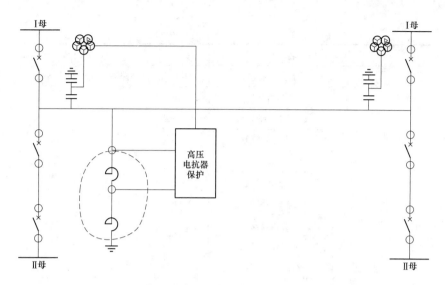

图 3-9　高压电抗器保护动作范围

表 3-7　　　　　　　　　　　**1000kV 高压电抗器保护配置**

型号	保护名称		备　注
第一套电抗器 电气量保护装置 WKB-801A	主保护	差动速断保护	跳本侧线路断路器，同时发远跳信号跳对侧线路断路器
		差动保护	
		零序电流差动保护	
		匝间保护	
	后备保护	主电抗器过流保护	采用主电抗器首端 TA 的三相电流，延时 2s 跳闸，同时发远跳
		主电抗器零序过流保护	用主电抗器首端 TA 的自产零序电流，延时 2s 跳闸，同时发远跳
		主电抗器过负荷保护	采用主电抗器首端 TA 的三相电流，延时 5s 报警
		小电抗器过流保护	采用主电抗器末端 TA 的自产零序电流，延时 5s 跳闸，同时发远跳
		小电抗器过负荷保护	采用主电抗器末端 TA 的自产零序电流，延时 10s 报警
第二套电抗器 电气量保护装置 SGR751	主保护	差动速断	跳本侧线路断路器，同时发远跳信号跳对侧线路断路器
		差动保护	
		零序差动保护	
		匝间保护	
	后备保护	主电抗器过流保护	采用主电抗器首端 TA 的三相电流，延时 2s 跳闸，同时发远跳信号
		主电抗器零序过流保护	用主电抗器首端 TA 的自产零序电流，延时 2s 跳闸，同时发远跳信号
		主电抗器过负荷保护	采用主电抗器首端 TA 的三相电流，延时 5s 报警
		小电抗器过流保护	采用主电抗器末端 TA 的自产零序电流，延时 5s 跳闸，同时发远跳信号
		小电抗器过负荷保护	采用主电抗器末端 TA 的自产零序电流，延时 10s 报警

续表

型号	保护名称		备　注
电抗器非电气量保护装置 PST1210U	主电抗器	重瓦斯保护跳闸	跳本侧线路断路器，同时发远跳信号
		冷却器全停	停用
		轻瓦斯保护发信	报警
		压力释放跳闸	报警
		油温高跳闸	报警
		油温高发信	报警
		绕温高跳闸	报警
		绕组超温发信	报警
		油位异常发信	报警
	小电抗	重瓦斯保护跳闸	跳本侧线路断路器，同时发远跳信号
		轻瓦斯保护发信	报警
		压力释放跳闸	报警
		油温高跳闸	报警
		油温高发信	报警
		油位异常发信	报警

四、断路器保护配置

特高压系统 1000kV 断路器均采用 3/2 断路器接线方式，根据 Q/GDW11397—2015《1000kV 继电保护配置及整定导则》，特高压系统 1000kV 断路器每台应配置一套独立、完整的断路器保护，每套断路器应单独组屏断路器保护包含重合闸、失灵、充电过流Ⅰ段、Ⅱ段和充电零序过流功能。1000kV 断路器保护典型配置如表 3-8 所示。

表 3-8　　　　　　　　　　　1000kV 断路器保护配置

型号	保护名称	备　注
WDLK-862A 断路器保护装置	跟跳本断路器	包括单相跟跳、两相跳闸跟跳三相以及三相跟跳
	失灵保护	瞬时重跳本断路器故障相，延时 200ms 跳相邻断路器，发远跳信号跳线路对侧断路器、联跳主变压器三侧或者跳开母线所有边断路器
	综合重合闸	为防止华东 1000kV 系统发生单相永久性故障可能导致三大特高压直流同时换相失败两次，华东仅用线路边断路器单相重合闸，时间统一整定为 1.3s
	充电过流保护	仅启动时临时投用，正常停用
	死区保护	停用
	三相不一致保护	停用，使用断路器本体三相不一致

1000kV 线路长，相间及相地电容大，1000kV 线路发生单相接地故障时，潜供电流大，恢复电压高，潜供电弧难以熄灭，对线路断路器单相自动重合闸的时间有较高要

求。另外，断路器失灵保护动作时，除跳开相邻断路器外，还应发远跳信号跳线路对侧断路器、联跳主变压器三侧或者跳开母线所有边断路器，才能切除故障。

1. 重合闸

（1）启动方式：

1）保护跳闸启动；

2）断路器位置启动。

（2）运行方式：

1）单相重合闸：单相故障单相跳闸单相重合闸，多相故障三相跳闸不重合闸；

2）三相重合闸：任何故障三相跳闸三相重合闸；

3）禁用重合闸：重合闸放电，禁止本装置重合，不沟通三跳；

4）停用重合闸：重合闸放电，禁止本装置重合，沟通三跳。

（3）充电条件（许继集团有限公司 WLDK-862A 为例）：

1）不满足重合闸放电条件；

2）断路器在合闸位置；

3）重合闸启动回路不动作。

（4）放电条件（许继集团有限公司 WLDK-862A 为例）：

1）重合闸为禁止重合闸、停用重合闸方式，立即放电；

2）单重方式时，有三相跳位或多相跳闸开入，立即放电；

3）收到外部闭锁重合闸信号时，立即放电；

4）合闸脉冲发出的同时，立即放电；

5）重合闸"充电"未满时，有跳位或跳闸开入，立即放电；

6）断路器压力不足，延时 200ms 过程中若无重合启动则放电；

7）失灵保护、死区保护、充电保护动作时立即放电；

8）收到外部"三相跳闸"开入立即放电；

9）装置开入自检告警；

10）收到任一相跳位持续 24s 后立即放电。

2. 断路器失灵保护

（1）瞬时跟跳本断路器对应相。

（2）延时跳本断路器三相。

（3）延时跳相邻断路器三相。

3. 充电过流保护

（1）充电过流保护Ⅰ段。

（2）充电过流保护Ⅱ段。

（3）充电零序过流。

4. 断路器本体保护

断路器采用本体三相不一致保护，当断路器出现非全相运行时，通常由三相不一致保护动作，跳开合闸相，解除断路器的非全相运行状态。断路器本体三相不一致保护原理图如图 3-10 所示。

其中：SOA、SOB、SOC 为断路器辅助触点；KT 为时间继电器；KM 为中间继电器；KS 为信号继电器；TQA、TQB、TQC 为跳闸线圈；LP 为跳闸连接片。

断路器发生非全相运行时，以 C 相跳开为例，断路器 C 相辅助触点中动断触点闭合，而 A、B 相动合触点闭合，三相不一致时间继电器 KT 励磁，经延时其动合接点闭合，在跳闸连接片投入的情况下，三相不一致跳闸中间继电器 KM 励磁，中间继电器 KM 动合接点闭合，断路器 A、B 相跳闸线圈励磁，断路器 A、B 相跳闸。

断路器三相不一致保护动作示意图如图 3-11 所示。

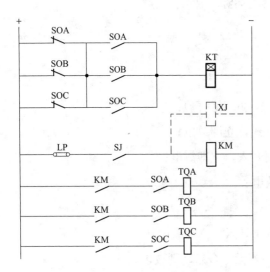

图 3-10　断路器三相不一致保护原理图

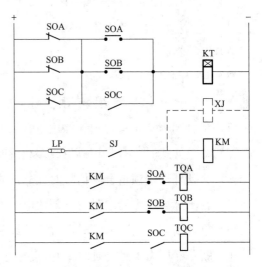

图 3-11　断路器三相不一致保护动作示意图

五、母线保护配置

1000kV 母线采用 3/2 断路器接线方式，主变压器低压侧母线采用单母线接线方式，根据 Q/GDW11397—2015《1000kV 继电保护配置及整定导则》，特高压系统母线保护应遵循以下原则。1000kV 母线保护范围如图 3-12 所示。

（1）1000kV 母线应配置双重化母线差动保护，每套母线差动保护应单独配屏。

（2）1000kV 主变压器低压侧母线保护应双重化配置，每套母线差动保护应单独配屏。

（3）边断路器失灵联跳本母线其他断路器应与母线保护共用出口。

（4）母线保护应设置灵敏的、不需整定的失灵开放电流元件并带一定裕度的固定延时，防止由于失灵开入异常等原因造成失灵联跳误动。

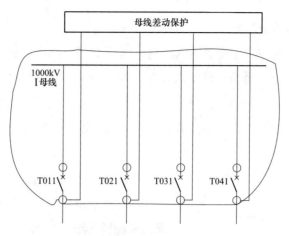

图 3-12 母线保护范围

以某特高压工程为例，母线差动保护的典型配置如表 3-9 所示。

表 3-9　　　　　　　　　　　特高压系统母线保护配置

电压等级	保护名称		备　注
1000kV 母线	第一套母线差动保护 WMH-800A	差动保护	包括比率制动差动和突变量比率差动保护
		断路器失灵 经母线差动跳闸	经灵敏的、不需整定的失灵电流判别元件并带 50ms 固定延时
		母联死区保护	停用
		母联失灵保护	
	第二套母线差动保护 BP-2CS-H	复式比率差动	经灵敏的、不需整定的电流判别元件并带 50ms 固定延时
		断路器失灵 经母线差动跳闸	
500kV 母线	第一套母线差动保护 WMH-800A	差动保护	包括比率制动差动和突变量比率差动保护
		断路器失灵 经母线差动跳闸	经灵敏的、不需整定的失灵电流判别元件并带 50ms 固定延时
		母联死区保护	停用
		母联失灵保护	
	第二套母线差动保护 BP-2CS-H	复式比率差动	经灵敏的、不需整定的电流判别元件并带 50ms 固定延时
		断路器失灵 经母线差动跳闸	
特高压主变压器低压侧 110kV 母线	第一套母线差动保护 CSC-150	差动保护	包括比率制动式差动和虚拟电流比相突变量保护，需经低电压和负序电压闭锁定值开放
		失灵保护	需经低电压和负序电压闭锁定值开放
		母联死区保护	停用
		母联失灵保护	
		母联充电保护	
	第二套母线差动保护 BP-2CS	复式比率差动	需经低电压和负序电压闭锁定值开放
		失灵保护	

65

六、站用变压器保护配置

特高压交流变电站中，主变压器低压侧电压是 110kV，站用变压器若直接采用一级降压方式 110/0.4kV，容易出现低压侧 380V 系统三相短路电流超标及选型较难的问题，因此目前国内特高压交流变电站主要采用 110/35(10)kV 高压站用变压器和 35(10)/0.4kV 低压站用变压器两级串联降压方式，高低压站用变压器之间经电缆连接，中间不接任何开断设备。

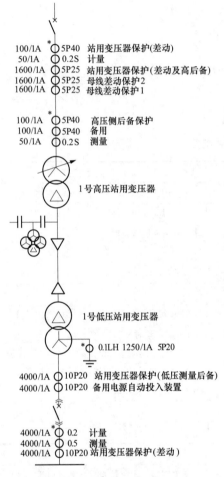

100/1A   5P40   站用变压器保护(差动)
50/1A   0.2S   计量
1600/1A   5P25   站用变压器保护(差动及高后备)
1600/1A   5P25   母线差动保护2
1600/1A   5P25   母线差动保护1

100/1A   5P40   高压侧后备保护
100/1A   5P40   备用
50/1A   0.2S   测量

1号高压站用变压器

1号低压站用变压器

0.1LH 1250/1A 5P20

4000/1A   10P20   站用变压器保护(低压测量后备)
4000/1A   10P20   备用电源自动投入装置

4000/1A   0.2   计量
4000/1A   0.5   测量
4000/1A   10P20   站用变压器保护(差动)

图 3-13 站用变压器保护配置

特高压站用变压器保护配置差动保护、高压侧后备保护和低压侧后备保护。其典型站用变压器保护配置如图 3-13 所示。差动保护不引入 35(10)kV 侧 TA，只用 110kV 侧和 0.4kV 侧 TA，两台串联变压器配置一套差动保护，差动保护不区分故障元件是高压站用变压器还是低压站用变压器，均瞬时动作于高低压侧断路器跳闸，切除故障。

因变压器额定运行电流较小而高压侧故障电流较大，高压侧采用双 TA，分别与低压侧的一组 TA 各组成一套差动保护。采用大变比 TA 那套差动保护，为避免整定值过小受零漂影响，故不配比率差动，只配差动速断，适用于区内严重故障的情况，选择的变比 1600/1；小变比 TA 用于比率差动保护，适用于区内轻微故障、匝间故障、高阻接地故障或其他故障等情况，选择的变比 100/1（200/1）。

高压侧后备保护若仅采用大变比 TA，则整定的定值较小，后备保护定值下限需调整，且对远后备保护定值小的保护，无法保证定值精度。因此，高压侧后备保护也采用双 TA 方案，接入大变比、小变比两组 TA，配置高定值及低定值两套过流保护。大变比的 TA 用于反应严重故障，小变比的 TA 用于反应轻微故障。大变比 TA 回路，串于差动保护高压侧大变比 TA 回路之后，变比为 1600/1；小变比 TA，取自高压站用变压器高压侧套管，变比为 100/1。另外，高压侧后备保护还配置过负荷保护，由于过负荷保护工作于额定负荷附近，不考虑故障情况，高压侧电流取自小变比 TA 三相电流。

低压侧后备保护配置了三段式零序过流保护作为变压器绕组、引线接地故障的后备保护或相邻元件接地故障的后备保护，电流固定取自低压侧零序 TA。另外，低压侧后备保护还配置本侧过负荷保护，用做本侧过负荷时，装置发告警信号，电流取自本侧 TA 二次侧三相电流。

以某特高压工程为例，站用变压器保护的典型配置如表 3-10 所示。

表 3-10 　　　　　　　　　　　　　　　站用变压器保护配置

型号	保护名称	备　　注
WBH-812A 差动保护装置	差动速断	高压侧采用双 TA，动作跳高压站用变压器高压侧断路器和低压站用变压器低压侧断路器
	比率差动	
WBH-813A/H 高压侧后备保护	复压过流保护	采用双 TA 方案，复压功能不用，只用过流 I 段、II 段
	过负荷保护	采用小变比 TA 三相电流，本侧过负荷时告警
WBH-813A/L 低压侧后备保护	零序过流保护	采用低压站用变压器中性点零序 TA
	过负荷保护	采用低压站用变压器低压侧套管 TA，本侧过负荷时告警

七、保护间的配合与联系

为更好的了解上述各保护间的配合关系，以某特高压站一个线路—变压器为例，其主接线图如图 3-14 所示。断路器保护与其他保护之间的配合关系如图 3-15 所示。

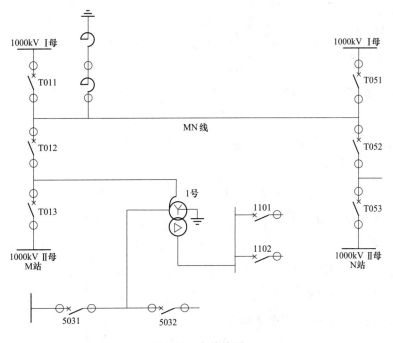

图 3-14　主接线图

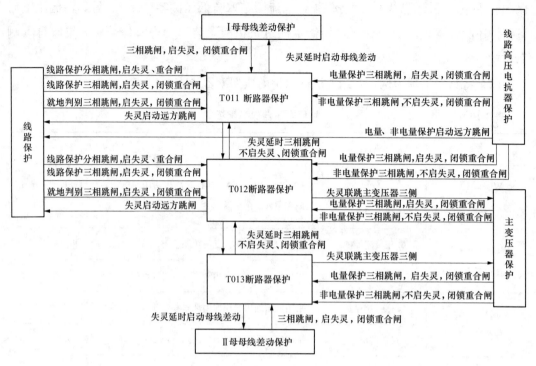

图 3-15　断路器保护与其他保护联系图

第二节　特高压保护整定原则

电网继电保护的整定应满足速动性、选择性和灵敏性的要求，如果由于电网运行方式、装置性能等原因，不能兼顾速动性或灵敏性要求时，应在整定时进行合理取舍。交流特高压保护整定应本着强化主保护，简化后备保护的原则，合理配置线路及元件的主、后备保护，保护整定可以适当进行简化。

一、变压器保护整定原则

1. 变压器差动保护

变压器差动保护的整定按变压器内部故障能快速切除，区外故障可靠不误动的原则进行。其启动电流定值一般取（0.2～0.6）I_e（I_e 为基准侧额定电流）。主体变压器差动保护投用差动速断、纵差差动保护和分侧差动保护，其中纵差保护基于磁平衡原理，差动回路中存在磁耦合关系，故投入差动保护二次谐波制动。分侧差动保护基于基尔霍夫电流定律的电平衡原理，差动回路中不存在磁耦合关系，故不受励磁涌流的影响且不经励磁涌流闭锁。另外，1000kV 主变压器保护 TA 断线不闭锁差动保护。

以某特高压站 2 号主变压器为例，其设备参数及差动保护定值如表 3-11 所示。

表 3-11 　　　　　某特高压站 2 号主变压器 PCS-978GC 设备参数及差动保护定值

序号	定值名称	整定值	序号	定值名称	整定值
设备参数定值					
1	定值区号	1	15	中压侧 1 分支 TA 一次值	4000A
2	被保护设备	××2T1	16	中压侧 1 分支 TA 二次值	1A
3	主变压器高中压侧额定容量	3000MVA	17	中压侧 2 分支 TA 一次值	4000A
4	主变压器低压侧额定容量	1002MVA	18	中压侧 2 分支 TA 二次值	1A
5	高压侧额定电压	1050kV	19	低压侧 1 分支 TA 一次值	3000A
6	中压侧额定电压	520kV	20	低压侧 1 分支 TA 二次值	1A
7	低压侧额定电压	110kV	21	低压侧 2 分支 TA 一次值	3000A
8	高压侧 TV 一次值	1000kV	22	低压侧 2 分支 TA 二次值	1A
9	中压侧 TV 一次值	500kV	23	低压侧套管 TA 一次值	4000A
10	低压侧 TV 一次值	110kV	24	低压侧套管 TA 二次值	1A
11	高压侧 1 分支 TA 一次值	3000A	25	公共绕组 TA 一次值	2500A
12	高压侧 1 分支 TA 二次值	1A	26	公共绕组 TA 二次值	1A
13	高压侧 2 分支 TA 一次值	3000A	27	中性点零序 TA 一次值	0A
14	高压侧 2 分支 TA 二次值	1A	28	中性点零序 TA 二次值	1A
差动保护定值					
1	差动速断电流定值	$4.0I_e$	6	纵差保护	1
2	差动保护启动电流定值	$0.4I_e$	7	分相差动保护	0
3	二次谐波制动系数	0.15	8	二次谐波制动	1
4	分侧差动启动电流定值	$0.6I_e$	9	分侧差动保护	1
5	差动速断	1	10	TA 断线闭锁差动保护	0

注 　TA 一次值整定为 0A，表示该分支无电流输入，二次谐波制动整定为 "1" 表示采用谐波原理识别涌流。

2. 阻抗后备保护

采用带偏移特性的阻抗保护，指向变压器的阻抗不伸出对侧母线，按主变压器高中压侧阻抗的 70％进行整定；阻抗后备保护作为变压器背后母线的后备保护，当与本侧出线配合困难时，允许部分失去选择性。时间定值应躲系统振荡周期并满足 GB 1094.5—2016《电力变压器　第 5 部分：承受短路的能力》中主变压器短路耐热能力电流的持续时间要求，统一取 2s。由于不伸出对侧母线，故对对侧出线保护无配合要求。另外，变压器低压侧故障没有灵敏度，不作为主变压器低压侧故障的后备保护。

指向母线侧的定值按保证母线金属性故障有足够灵敏度的原则进行整定。1000kV 侧按 1000kV 指向变压器侧阻抗的 10％整定；500kV 侧按 500kV 指向变压器侧阻抗的 20％整定。某特高压站 2 号主变压器阻抗保护定值如表 3-12 所示。

表 3-12　　　　某特高压站 2 号主变压器 PCS-978GC 阻抗保护定值

序号	定值名称	整定值	序号	定值名称	整定值
1000kV 距离保护定值					
1	指向主变压器相间阻抗定值	13.6Ω	5	指向主变压器接地阻抗定值	13.6Ω
2	指向母线相间阻抗定值	1.4Ω	6	指向母线接地阻抗定值	1.4Ω
3	相间阻抗 1 时限	1.5s	7	接地阻抗 1 时限	1.5s
4	相间阻抗 2 时限	2.0s	8	接地阻抗 2 时限	2.0s
1000kV 距离保护控制字					
1	相间阻抗 1 时限	0	3	接地阻抗 1 时限	0
2	相间阻抗 2 时限	1	4	接地阻抗 2 时限	1
500kV 距离保护定值					
1	指向主变压器相间阻抗定值	8.9Ω	7	指向主变压器接地阻抗定值	8.9Ω
2	指向母线相间阻抗定值	1.8Ω	8	指向母线接地阻抗定值	1.8Ω
3	相间阻抗 1 时限	1.5s	9	接地阻抗 1 时限	1.5s
4	相间阻抗 2 时限	1.5s	10	接地阻抗 2 时限	1.5s
5	相间阻抗 3 时限	1.5s	11	接地阻抗 3 时限	1.5s
6	相间阻抗 4 时限	2.0s	12	接地阻抗 4 时限	2.0s
500kV 距离保护控制字					
1	相间阻抗 1 时限	0	5	接地阻抗 1 时限	0
2	相间阻抗 2 时限	0	6	接地阻抗 2 时限	0
3	相间阻抗 3 时限	0	7	接地阻抗 3 时限	0
4	相间阻抗 4 时限	1	8	接地阻抗 4 时限	1

3. 零序过流保护

变压器主体变压器 1000kV 和 500kV 侧零序过流保护（无方向）作为变压器及出线的总后备保护，按本侧母线经 100Ω 高阻接地故障有灵敏度的原则进行整定，时间定值与本侧出线反时限方向零序电流保护配合。若两台及以上变压器并列运行，变压器的零序过流保护动作时间一般按相差一个 Δt(0.3～0.4s) 进行整定。1000kV 变压器主体变压器零序电流取一次值 450～600A，动作时间取 7.6～7.7s（第 2 台主变压器取 8.0s）。某特高压站 2 号主变压器阻抗保护定值如表 3-13 所示。

表 3-13　　　　某特高压站 2 号主变压器 PCS-978GC 零序过流保护定值

序号	定值名称	整定值	序号	定值名称	整定值
1000kV 零序过流保护定值					
1	零序过流 I 段定值	20A（不用）	3	零序过流 II 段定值	0.2A
2	零序过流 I 段时间	20s（不用）	4	零序过流 II 段时间	7.6s

序号	定值名称	整定值	序号	定值名称	整定值
		1000kV 零序过流保护控制字			
1	零序过流Ⅰ段	0	2	零序过流Ⅱ段	1
		500kV 零序过流保护定值			
1	零序过流Ⅰ段定值	20A（不用）	4	零序过流Ⅰ段 3 时限	20s（不用）
2	零序过流Ⅰ段 1 时限	20s（不用）	5	零序过流Ⅱ段定值	0.15A
3	零序过流Ⅰ段 2 时限	20s（不用）	6	零序过流Ⅱ段时间	7.6s
		500kV 零序过流保护控制字			
1	零序过流Ⅰ段 1 时限	0	3	零序过流Ⅰ段 3 时限	0
2	零序过流Ⅰ段 2 时限	0	4	零序过流Ⅱ段	1

4. 过励磁保护

为了防止过电压或者低频率运行工况对变压器造成损害，主变压器还配置过励磁保护。主变压器过励磁倍数可以用式（3-1）表示。额定运行时 $n=1$。不同过励磁倍数下，变压器允许运行的时间不同，图 3-16 是南瑞 PCS-978GC 变压器保护反时限过励磁保护定值示意图。

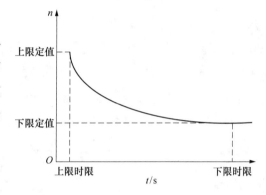

图 3-16　PCS-978GC 反时限过励磁保护定值示意图

$$n = \frac{U/U_{\mathrm{N}}}{f/f_{\mathrm{N}}} \qquad (3\text{-}1)$$

变压器主体变压器过励磁保护一般安装在变压器的非调压侧（1000kV 侧），取 1000kV 侧电压。过励磁保护包括定时限和反时限功能，过励磁保护定时限告警，通常整定为主体变压器额定电压（1050kV）的 1.06 倍，延时 5s 告警。反时限过励磁保护反时限特性分成 7 段，1 段通常整定为额定电压的 1.1 倍，其余各段倍数按级差 0.05 递增。动作时间根据变压器厂家提供的过励磁能力曲线相配合，特高压变压器反时限过励磁保护投跳闸。某特高压站 2 号主变压器阻抗保护定值如表 3-14 所示。

表 3-14　　　　　某特高压站 2 号主变压器 PCS-978GC 过励磁保护定值

序号	定值名称	整定值	序号	定值名称	整定值
		1000kV 零序过流保护定值			
1	过励磁告警定值	1.06	6	反时限过励磁 3 段时间	75s
2	过励磁告警时间	5s	7	反时限过励磁 4 段时间	15s
3	反时限过励磁 1 段倍数	1.1	8	反时限过励磁 5 段时间	8s
4	反时限过励磁 1 段时间	3600s	9	反时限过励磁 6 段时间	5s
5	反时限过励磁 2 段时间	1200s	10	反时限过励磁 7 段时间	2s

5.110kV 后备保护

变压器低压侧分支三相过流保护为变压器低压分支后备保护，变压器主体变压器110kV 侧有两个分支，110kV 各分支过流保护定值按考虑可靠躲过该分支的最大负荷电流的原则进行整定（按照低压侧设计额定容量的一半考虑），按变压器低压侧相间故障有灵敏度的原则进行校核。动作时间分两时限，当两个分支只有一个分支运行时，分支过流保护动作1时限1.5s跳该分支断路器，动作2时限2.0s跳主变压器三侧；当两个分支均运行时，分支过流保护动作1时限1.4s跳该分支断路器，动作2时限2.0s跳主变压器三侧。

变压器低压侧套管三相过流保护作为低压侧后备保护，变压器主体变压器110kV 绕组过流定值按可靠躲低压侧最大负荷电流的原则进行整定（按照低压侧设计额定全容量考虑），按变压器低压侧相间故障有灵敏度的原则进行校核，其中低压侧绕组过流元件采用低压绕组相电流转化为线电流计算。动作时间分两时限，当两个分支只有一个分支运行时，绕组过流保护动作1时限1.5s跳分支断路器，动作2时限2.0s跳主变压器三侧；当两个分支均运行时，绕组过流保护动作1时限1.7s跳分支断路器，动作2时限2.0s跳主变压器三侧。某特高压站2号主变压器阻抗保护定值如表3-15所示。

表 3-15　　　某特高压站 2 号主变压器 PCS-978GC 110kV 后备保护定值

序号	定值名称	整定值	序号	定值名称	整定值
110kV 分支 1 过流保护定值和控制字					
1	过流定值	$0.7I_e$	7	复压闭锁过流2时限	20s（不用）
2	过流1时限	1.4s	8	过流保护1时限	1
3	过流2时限	2.0s	9	过流保护2时限	1
4	低电压闭锁定值	70V（不用）	10	复压闭锁过流1时限	0
5	复压闭锁过流定值	$20I_e$（不用）	11	复压闭锁过流2时限	0
6	复压闭锁过流1时限	20s（不用）			
110kV 分支 2 过流保护定值和控制字					
1	过流定值	$0.7I_e$	7	复压闭锁过流2时限	20s（不用）
2	过流1时限	1.4s	8	过流保护1时限	1
3	过流2时限	2.0s	9	过流保护2时限	1
4	低电压闭锁定值	70V（不用）	10	复压闭锁过流1时限	0
5	复压闭锁过流定值	$20I_e$（不用）	11	复压闭锁过流2时限	0
6	复压闭锁过流1时限	20s（不用）			
110kV 绕组过流保护定值和控制字					
1	过流定值	$1.4I_e$	6	复压闭锁过流2时限	20s（不用）
2	过流1时限	1.7s	7	过流保护1时限	1
3	过流2时限	2.0s	8	过流保护2时限	1
4	复压闭锁过流定值	$20I_e$（不用）	9	复压闭锁过流1时限	0
5	复压闭锁过流1时限	20s（不用）	10	复压闭锁过流2时限	0

6. 调压补偿变压器整定

调压补偿变压器故障时，主体变压器的差动保护灵敏度不够，配置调补变压器差动保护作为调补变压器的主保护。调压变压器和补偿变压器只有纵差差动保护，不配置后备保护。调压变压器灵敏差动保护定值和补偿变压器差动保护定值按各变压器内部故障能快速切除，区外故障可靠不误动的原则整定。调压变压器和补偿变压器差动保护启动电流一般取 $0.5I_e$（I_e 为折算成最大容量时每档的额定电流）。补偿变压器差动保护所有档位定值均按照最大挡整定。调压变压器差动保护每档定值按照最大容量进行整定，每个运行挡位均有对应的一组定值区。

调压变压器差动保护和补偿变压器差动保护均投入 TA 断线闭锁差动保护，但是 TA 断线后，差动电流达到 $1.2I_e$ 时差动保护自动解锁开放跳闸出口。某特高压站 2 号主变压器调补变压器设备参数定值及补偿变压器差动保护定值、调压变压器差动保护定值如表 3-16 和表 3-17 所示。

表 3-16　某特高压站 2 号主变压器调补变压器 PCS-978C 设备参数及差动保护定值

序号	定值名称	整定值	序号	定值名称	整定值
设备参数定值					
1	定值区号	1~9	6	调压变压器 TA 一次额定电流	1000A
2	公共绕组 TA 一次额定电流	2500A	7	调压变压器 TA 二次额定电流	1A
3	公共绕组 TA 二次额定电流	1A	8	低压绕组 TA 一次额定电流	4000A
4	补偿变压器 TA 一次额定电流	1000A	9	低压绕组 TA 二次额定电流	1A
5	补偿变压器 TA 二次额定电流	1A	10	中间档位	5
补偿变压器差动保护定值（定值区 1~9 相同）					
1	变压器额定容量	50.32MVA	5	二次谐波制动系数	0.15
2	一次侧额定电压	53.24kV	6	纵差保护	1
3	二次侧额定电压	9.58kV	7	工频变化量差动保护	0
4	差动保护启动电流定值	$0.5I_e$	8	TA 断线闭锁差动保护	1

表 3-17　某特高压站 2 号主变压器调补变压器 PCS-978C 调压变压器差动保护定值

序号	定值名称	整定值	序号	定值名称	整定值
调压变压器差动保护定值（定值区 1~9 公共部分）					
1	差动保护启动电流定值	$0.5I_e$	4	工频变化量差动保护	0
2	二次谐波制动系数	0.15	5	TA 断线闭锁差动保护	1
3	纵差保护投入	1			
调压变压器差动保护定值（定值区 1）					
1	实际运行挡位	1	3	一次侧额定电压	53.25kV
2	变压器额定容量	170.89MVA	4	二次侧额定电压	200.30kV

序号	定值名称	整定值	序号	定值名称	整定值
调压变压器差动保护定值（定值区2）					
1	实际运行档位	2	3	一次侧额定电压	39.93kV
2	变压器额定容量	170.89MVA	4	二次侧额定电压	200.30kV
调压变压器差动保护定值（定值区3）					
1	实际运行档位	3	3	一次侧额定电压	26.62kV
2	变压器额定容量	170.89MVA	4	二次侧额定电压	200.30kV
调压变压器差动保护定值（定值区4）					
1	实际运行档位	4	3	一次侧额定电压	13.31kV
2	变压器额定容量	170.89MVA	4	二次侧额定电压	200.30kV
调压变压器差动保护定值（定值区5）					
1	实际运行档位	5	3	一次侧额定电压	0kV
2	变压器额定容量	170.89MVA	4	二次侧额定电压	200.30kV
调压变压器差动保护定值（定值区6）					
1	实际运行档位	6	3	一次侧额定电压	13.31kV
2	变压器额定容量	170.89MVA	4	二次侧额定电压	200.30kV
调压变压器差动保护定值（定值区7）					
1	实际运行档位	7	3	一次侧额定电压	26.62kV
2	变压器额定容量	170.89MVA	4	二次侧额定电压	200.30kV
调压变压器差动保护定值（定值区8）					
1	实际运行档位	8	3	一次侧额定电压	39.94kV
2	变压器额定容量	170.89MVA	4	二次侧额定电压	200.30kV
调压变压器差动保护定值（定值区9）					
1	实际运行档位	9	3	一次侧额定电压	53.24kV
2	变压器额定容量	170.89MVA	4	二次侧额定电压	200.30kV

注 调压变压器9档为最大容量，调压变压器各档参数定值均为折算到最大档位即9档后的参数定值。

目前国内特高压交流变电站中，除了上述的无载调压变压器外，还存在有载调压变压器，有载调压变压器有21档，在调压过程中，有载调档在档位切换的暂态过程中存在相邻两档短接的过程，但由于短接之间有过渡电阻存在，不会造成调压变压器产生差流，即相邻两档短接对差流的影响可以忽略，产生差流的原因主要是整定的定值与实际运行档位可能不同，造成差流越限。在正负最大档附近调档，由于邻近档位变比变化小，调档后引起的差流较小，不会引起差动误动，但是在中间档11档附近向其他档位调档时，由于变比变化大，调档后会引起更大的差流，可能引起差动保护误动。

为简化运行操作，有载调压过程中不进行保护装置切换定值区操作，与无载调压一致，仅在调档结束后将定值区切换至当前运行档位。由于保护无法获知调档过程中当前运行档位，如快速调多档的情况，因此增设不灵敏差动保护，此不灵敏差动保护可以躲开所有不改变极性的调档过程中发生的区外故障，且对区内故障有一定的灵敏度，有载调压不灵敏差动仅取调压绕组中间分接头位置对应档位的额定电流、电压（如对于有 21 档的调压变压器，取第 5 档或 17 档）。按 1.2 倍调压变压器额定电流整定。

有载调压变压器差动保护分灵敏差动保护和不灵敏差动保护。不灵敏差动保护仅在部分调压过程中通过硬压板投跳；当调压涉及 9～13 档（包括调压前、后，调压过程中），则调压前调压变压器灵敏差动保护和不灵敏差动保护均不投跳；当调压不涉及 9～13 档（包括调压前、后，调压过程中），则调压前退出调压变压器灵敏差动保护，投入不灵敏差动保护。调压结束后调压补偿变压器保护切换到相应的运行定值区，投入调压变压器灵敏差动保护，退出不灵敏差动保护。

二、线路保护整定原则

1. 纵联电流差动保护

1000kV 线路分相电流差动保护采用双通道方案，纵联差动保护线路两侧的一次动作电流定值必须一致，差动保护定值保证全线故障有灵敏度（线路 600Ω 高阻接地故障时，由差动保护的低值段或零序差动保护延时动作）。分相电流差动投入电容电流补偿功能，对线路暂态和稳态电容电流均加以补偿，在特高压交流电网建设初期，网架结构薄弱，TA 断线闭锁差动保护，而建设后期发生 TA 断线则不闭锁差动保护，但 TA 断线后线路电流差动定值应按躲线路正常运行负荷电流的原则进行整定。某特高压站 MN Ⅰ线 PCS-931GMM 线路保护电流差动保护定值如表 3-18 所示。

表 3-18　　某特高压站 MN Ⅰ 线 PCS-931GMM 线路保护电流差动保护定值

序号	定值名称	整定值	序号	定值名称	整定值
设备参数定值					
1	定值区号	1	4	TA 二次额定值	1A
2	被保护设备	MN Ⅰ线	5	TV 一次额定值	1000kV
3	TA 一次额定值	3000A	6	通道类型	1
电流差动保护定值					
1	变化量启动电流定值	0.10A	4	TA 断线差流定值	0.56A
2	零序启动电流定值	0.10A	5	本侧识别码	4012
3	差动动作电流定值	0.28A	6	对侧识别码	4013
电流差动保护控制字					
1	通道1差动保护	1	3	TA 断线闭锁差动	1
2	通道2差动保护	1	4	电流补偿	1

2. 距离保护

1000kV 特高压线路后备保护段的整定应遵循逐级配合原则，包括接地距离保护和相间距离保护，分别按照接地或相间金属性短路时有足够灵敏度来整定。

(1) 距离Ⅰ段：相间距离Ⅰ段定值按不大于80%被保护线路正序阻抗进行整定，接地距离Ⅰ段定值按不大于70%被保护线路正序阻抗进行整定，工频变化量或快速距离保护按不大于接地距离Ⅰ段定值进行整定，一般按照距离Ⅰ段的90%进行整定。另外，特高压同塔双回线具有较大零序互感，考虑零序互感的影响，接地距离Ⅰ段的可靠系数整定为0.45，相间距离Ⅰ段的可靠性系数整定为0.6。

(2) 距离Ⅱ段：距离Ⅱ段定值应保证本线路末端发生金属性短路有足够的灵敏度进行整定，并与相邻线路距离Ⅰ段配合。对于配合有困难时，采用不完全配合，即不能配合时与相邻线距离Ⅱ段配合。对于和距离Ⅱ段还不能配合的线路或和距离Ⅱ段配合时间过长的线路，采用和相邻线路纵联保护配合的原则，时间统一取0.8s。若1000kV线路距离Ⅱ段定值伸出对侧500kV母线，则对应的500kV系统定值需下整定限额。若500kV线路距离Ⅱ段定值伸出对侧主变压器1000kV母线，则距离Ⅱ段与1000kV线路的纵联保护配合。

(3) 距离Ⅲ段：相间、接地距离Ⅲ段应按可靠躲过本线最大事故过负荷时对应的最小负荷阻抗和系统振荡周期进行整定。距离Ⅲ段按与相邻线距离Ⅱ段配合，若与相邻线距离Ⅱ段配合有困难，则与相邻线距离Ⅲ段配合。若与相邻线距离Ⅲ段无法配合，则采取不完全配合。同时特高压线路均为长线路，投用负荷阻抗限制功能来可靠躲过负荷。

(4) 1000kV线路保护后备距离配合时间级差为0.3~0.4s。距离Ⅱ段最长延时不超过1.7s；距离Ⅲ段为可靠躲系统振荡，适当增大延时从2.0s开始，极差为0.3s。另外，某些1000kV线路需要可靠躲过0.4~0.45Hz的低频振荡，距离Ⅲ段时间取2.6s。某特高压站MN Ⅰ线PCS-931GMM线路保护距离保护定值如表3-19所示。

表3-19　　　　　某特高压站 MN Ⅰ线 PCS-931GMM 线路保护距离保护定值

序号	定值名称	整定值	序号	定值名称	整定值
距离保护定值					
1	线路正序阻抗定值	15.4Ω	11	接地距离Ⅲ段值	27.64Ω
2	线路正序灵敏角	88°	12	接地距离Ⅲ段时间	2.3s
3	线路零序阻抗定值	57.2	13	相间距离Ⅰ段定值	10.75
4	线路零序灵敏角	80°	14	相间距离Ⅱ段定值	23.03Ω
5	线路总长度	193.4km	15	相间距离Ⅱ段时间	0.8s
6	零序补偿系数	0.91	16	相间距离Ⅲ段定值	27.64Ω
7	工频变化量阻抗值	8.98Ω	17	相间距离Ⅲ段时间	2.3s
8	接地距离Ⅰ段定值	9.98Ω	18	负荷限制阻抗定值	21.4Ω
9	接地距离Ⅱ段定值	23.03Ω	19	接地距离偏移角	0°
10	接地距离Ⅱ段时间	0.8s	20	相间距离偏移角	0°

序号	定值名称	整定值	序号	定值名称	整定值
距离保护控制字					
1	振荡闭锁元件	1	4	距离保护Ⅰ段	1
2	负荷限制距离	1	5	距离保护Ⅱ段	1
3	工频变化量阻抗	1	6	距离保护Ⅲ段	1

3. 零序过流保护

1000kV 线路的零序电流保护采用反时限方向零序电流保护，而零序过流Ⅱ段和零序过流Ⅲ段均不采用。零序电流保护需保证 1000kV 线路经 600Ω 高阻接地时可靠切除故障。反时限零序电流保护按反时限曲线整定，全网 1000kV 线路的反时限零序电流采取统一的标准反时限曲线簇以便做到自然配合，起动值一般在 400A 左右。零序反时限最小时间与反时限零序电流固有时间是"串联"逻辑，其整定值应不小于 0.5s。零序反时限保护采用国际电工委员会 IEC 标准反时限曲线，计算式为

$$t(I_0) = \frac{0.14}{(I_0/I_p)^{0.02} - 1} T_p + T_0 \tag{3-2}$$

式中：T_p 为零序反时限时间；T_0 为零序反时限最小时间。

某特高压站 MN Ⅰ 线 PCS-931GMM 线路保护零序电流保护定值如表 3-20 所示。

表 3-20　　某特高压站 MN Ⅰ线 PCS-931GMM 线路保护零序电流保护定值

序号	定值名称	整定值	序号	定值名称	整定值
零序电流保护定值					
1	零序过流Ⅱ段定值	30A（不用）	5	零序过流加速段定值	0.2A
2	零序过流Ⅱ段时间	10s（不用）	6	零序反时限电流定值	0.1A
3	零序过流Ⅲ段定值	30A（不用）	7	零序反时限时间	0.4s
4	零序过流Ⅲ段时间	10s（不用）	8	零序反时限最小时间	0.5s
零序电流保护控制字					
1	零序电流保护	1	3	零序反时限	1
2	零序过流Ⅲ段经方向	0	4	零序过流反时限经方向	1

4. 过电压及远方跳闸就地判别保护

过电压保护、高压电抗器保护和断路器失灵保护动作均起动远方跳闸。远方跳闸利用线路保护中含有的远传功能，通过光纤通道将远方跳闸信号传送至对侧，由于 1000kV 线路均带高压电抗器，只能采用低有功功率判据，即收到远跳信号后，采用单相低有功功率低电流判据（计算低有功判据需 40ms 延时），满足就地判别逻辑后经延时动作跳对应断路器（延时时间整定为 30ms）。另外，为防止通道故障等原因误收对侧远跳信号，增加本侧启动才开放跳闸出口，减少误动。

1000kV 过电压保护反映系统的工频过电压，仅在本侧断路器三相断开时，检测到三相过电压，即 1.3 倍 CVT 额定电压（即 1000kV），经 0.5s 延时远跳线路对侧断路器。某特高压站 MN Ⅰ线 PCS-925G 远方跳闸就地判别及过电压保护定值如表 3-21 所示。

表 3-21　某特高压站 MN Ⅰ线 PCS-925G 远方跳闸就地判别及过电压保护定值

序号	定值名称	整定值	序号	定值名称	整定值
远方跳闸就地判别及过电压保护定值					
1	电流变化量定值	0.1A	7	低有功功率定值	1.5W
2	零序电流定值	0.5A（不用）	8	低功率因数角定值	70°（不用）
3	负序电流定值	0.5A（不用）	9	远跳经故障判据时间	0.03s
4	零序电压定值	57.7V（不用）	10	远跳不经故障判据时间	10s（不用）
5	负序电压定值	57.7V（不用）	11	过电压定值	75V
6	低电流定值	0.03A	12	过电压保护动作时间	0.5s
远方跳闸就地判别及过电压保护控制字					
1	故障电流电压	0	5	过电压保护跳本侧	0
2	低电流低有功功率	1	6	过电压远跳经跳位闭锁	1
3	低功率因数角	0	7	过电压三取一方式	0
4	远方跳闸不经故障判据	0	8	TV 断线转远跳无判据	0

三、高压电抗器保护整定原则

1. 差动保护

差动保护最小动作电流定值，应按可靠躲过电抗器额定负荷时的最大不平衡电流进行整定。在工程实用整定计算中可选取 $I_{op.min} = (0.2 \sim 0.5)I_e$。差动速断保护定值应可靠躲过线路非同期合闸产生的最大不平衡电流，一般可取 $(3 \sim 6)I_e$。

2. 后备保护

（1）主电抗过电流保护：主电抗过电流保护作为差动保护与匝间短路保护的后备保护，其保护定值应躲过暂态过程中电抗器可能产生的过电流，可按电抗器额定电流的 1.4 倍进行整定，延时 1.5 ~ 3s 动作。

（2）主电抗零序过电流保护：主电抗零序过电流保护应躲过空载投入时的零序励磁涌流和非全相运行时的零序电流，其电流定值可按电抗器额定电流的 1.35 倍进行整定，其时限一般与线路接地保护的后备段相配合，一般整定为 2s。

（3）主电抗过负荷保护：主电抗过负荷保护应躲过主电抗器额定电流，其电流定值可按电抗器额定电流的 1.1 倍进行整定，延时 5s。

（4）小电抗过流保护：中性点小电抗装设过电流保护，用于保护三相不对称等原因引起的中性点电抗器过电流问题。其电流定值一般按中性点小电抗持续运行额定电流的

5 倍进行整定，延时时间应可靠躲过线路非全相运行时间和电抗器空载投入时的励磁涌流衰减时间，一般为 5～10s。

（5）小电抗过负荷保护：中性点小电抗过负荷保护的定值一般按中性点小电抗持续运行额定电流的 1.2 倍进行整定，延时时间应可靠躲过线路非全相运行时间和电抗器空载投入时的励磁涌流衰减时间，一般为 5～10s。

1000kV 特高压线路高压电抗器保护采用免整定功能，投入高压电抗器差动、差动速断、零序差动、匝间保护、主电抗器过流和零序过流、中性点电抗器过流保护等功能，TA 断线闭锁差动保护，但是 TA 断线后，差动电流达到 $1.2I_e$ 时差动保护自动解锁开放跳闸出口。高压电抗器保护动作跳线路本侧断路器，并经远方跳闸回路跳对侧断路器，同时闭锁重合闸。某特高压站 MN Ⅰ 线高压电抗器 SGR751 高压电抗器保护定值如表 3-22 所示。

表 3-22　　某特高压站 MN Ⅰ 线高压电抗器 SGR751 高压电抗器保护定值

序号	定值名称	整定值	序号	定值名称	整定值
设备参数定值					
1	定值区号	1	7	电抗器首端 TA 二次值	1A
2	被保护设备	MN Ⅰ线高压电抗器	8	电抗器末端 TA 一次值	1000A
3	高压电抗器三相额定容量	720MVar	9	电抗器末端 TA 二次值	1A
4	高压电抗器额定电压	1100kV	10	中性点电抗一次阻抗值	711Ω
5	TV 一次值	1000kV	11	中性点电抗一次额定电流	30A
6	电抗器首端 TA 一次值	1000A			
保护定值（I_e 为主电抗器二次额定电流，I_{e2} 为中性点电抗二次额定电流）					
1	差动最小动作电流	$0.3I_e$	8	主电抗过负荷时间	5s
2	差动速断定值	$4I_e$	9	主电抗零序过流定值	$1.35I_e$
3	零序差动最小动作电流	$0.3I_e$	10	主电抗零序过流时间	2s
4	零序差动速断定值	$4I_e$	11	中性点电抗过电流定值	$5I_{e2}$
5	主电抗过流保护定值	$1.4I_e$	12	中性点电抗过电流时间	5s
6	主电抗过流保护时间	2s	13	中性点电抗过负荷定值	$1.2I_{e2}$
7	主电抗过负荷定值	$1.2I_e$	14	中性点电抗过负荷时间	10s
保护控制字					
1	差动速断	1	5	TA 断线闭锁差动保护	1
2	差动保护	1	6	主电抗过电流过负荷	1
3	零序差动保护	1	7	主电抗零序过流保护	1
4	匝间保护	1	8	中性点电抗过电流过负荷	1

四、断路器保护整定原则

1. 断路器失灵保护

1000kV 特高压断路器失灵保护对于线路断路器仅考虑一台断路器单相拒动，对于主变压器断路器仅考虑主变压器高、中压侧一台断路器单相拒动或低压侧一台断路器三相拒动。

（1）保护单相跳闸时，断路器失灵采取零负序电流判据（零序和负序电流"或"逻辑，再和相电流"与"逻辑，相电流只作为有流和无流的判据）；保护三相跳闸时，断路器失灵采取相电流（高定值）、零序和负序电流判据（相电流、零序和负序电流"或"逻辑）。

（2）断路器失灵保护零序电流定值按躲过最大零序不平衡电流且保护范围末端故障有足够灵敏度进行整定，灵敏系数大于1.3，一般断路器失灵零序电流整定为600A。

（3）断路器失灵保护负序电流定值按躲过最大负序不平衡电流且保护范围末端故障有足够灵敏度进行整定，灵敏系数大于1.3，一般断路器失灵负序电流整定为400A。

（4）断路器失灵保护相电流（高定值）按保证变压器中压侧和低压侧短路最小短路电流有灵敏度进行整定，并尽量躲过变压器额定负荷电流。一般断路器失灵保护相电流（高定值）整定为1200～1600A。

2. 重合闸

1000kV特高压断路器重合闸采用单相一次重合闸，采取时间上的配合以满足重合闸的先后顺序。1000kV断路器三相位置不对应（如运行中单相断路器偷跳）启动重合闸。

为保障复奉、锦苏、宾金三大特高压直流送电能力和电网安全稳定运行，根据国家电力调度控制中心相关要求，华东电网1000kV和500kV系统单相永久故障可能导致三大特高压直流同时换相失败两次的线路，其断路器重合闸时间改为1.3s。为此，明确国网华东电力调控分中心直调范围内1000kV及500kV线路相关断路器重合闸的投退原则如下：

（1）对于不完整串线路断路器。

1）串内两个断路器均运行时，若两个断路器的重合闸时间存在级差，则两个断路器的重合闸均可以投用；若两个断路器的重合闸时间不存在级差，则靠近Ⅰ母或Ⅱ母侧边断路器重合闸可以投用，另一个断路器的重合闸停用（若靠近Ⅰ母或Ⅱ母侧边断路器重合闸因故停用，则另一个断路器的重合闸可以投用）。

2）串内仅剩一个断路器运行时，该断路器的重合闸可以投用。

（2）对于线—线完整串断路器。

1）串内三个断路器均运行时，若中断路器与两个边断路器的重合闸时间均存在级差，三个断路器的重合闸均可以投用；若中断路器与任一边断路器的重合闸时间不存在级差，则中断路器重合闸停用，两个边断路器重合闸可以投用（当边断路器重合闸因故停用时，若中断路器重合闸时间与另一个边断路器重合闸时间存在级差，则该中断路器重合闸可以投用；若中断路器重合闸时间与另一个边断路器重合闸时间不存在级差，则该中断路器重合闸停用）。

2）串内仅边断路器停役时，若剩余两个断路器的重合闸时间存在级差，则两个断路器的重合闸均可以投用；若两个断路器的重合闸时间不存在级差，则边断路器重合闸可以投用，中断路器重合闸停用（若边断路器重合闸因故停用，则中断路器重合闸可以投用）。

3）串内仅中断路器停役或仅剩一个断路器运行时，则剩余断路器的重合闸均可以投用。

（3）对于线—变完整串断路器。

1）串内三个断路器均运行时，若中断路器与线路边断路器的重合闸时间存在级差，则中断路器与线路边断路器的重合闸均可以投用；若中断路器与线路边断路器的重合闸时间不存在级差，则线路边断路器重合闸可以投用，中断路器重合闸停用（若线路边断路器重合闸因故停用，则中断路器重合闸可以投用）。

2）串内仅线路边断路器停役时，则中断路器重合闸可以投用。

3）串内仅中断路器停役或仅线路边断路器运行时，则线路边断路器重合闸可以投用。

4）串内仅主变压器边断路器停役时，线路边断路器重合闸可以投用，中断路器重合闸停用。

5）串内仅中断路器运行时，其重合闸停用。

3. 断路器充电过流保护

断路器充电过流保护仅在新设备启动等临时情况下投入，正常情况下停用。

（1）线路断路器充电过流保护投Ⅰ段和Ⅱ段。过流Ⅰ段和Ⅱ段电流定值应保证保护范围末端故障有足够灵敏度并可靠躲线路充电电流，灵敏系数不小于1.5，过流Ⅰ段时间为（0～0.01）s，过流Ⅱ段时间为0.3s。

（2）主变压器断路器充电过流保护投Ⅰ段和Ⅱ段。过流Ⅰ段定值按断路器高、中压侧套管及引线故障有灵敏度整定，灵敏系数不小于1.5，时间为（0.01～0.2）s；过流Ⅱ段电流定值应保证本变压器低压侧故障有足够灵敏度整定，灵敏系数不小于1.5，时间为0.3～1.5s。

4. 断路器三相不一致保护

断路器三相不一致保护采用断路器本体的三相不一致保护，由现场运维单位负责，三相不一致保护时间要求按可靠躲过单相重合闸时间进行整定。与线路相关的断路器，三相不一致保护动作时间按可靠躲过单相重合闸时间进行整定，统一取2.5s。只与发电机—变压器组相关的断路器，其三相不一致保护时间可整定为0.5s。

某特高压站线路边断路器保护 WDLK-862 定值如表 3-23 所示。

表 3-23　　　　　　某特高压站线路边断路器保护 WDLK-862 保护定值

序号	定值名称	整定值	序号	定值名称	整定值
设备参数定值					
1	定值区号	1	4	TA 二次额定值	1A
2	被保护设备	T0××	5	TV 一次额定值	1000kV
3	TA 一次额定值	3000A			
保护定值					
1	变化量启动电流定值	0.1A	11	充电过流Ⅰ段时间	10s（不用）
2	零序启动电流定值	0.1A	12	充电过流Ⅱ段电流定值	20A（不用）
3	失灵保护相电流定值	0.2A	13	充电零序过流电流定值	20A（不用）
4	失灵保护零序电流定值	0.2A	14	充电过流Ⅱ段时间	10s（不用）
5	失灵保护负序电流定值	0.13A	15	单相重合闸时间	1.3s
6	低功率因数角	90°（不用）	16	三相重合闸时间	10s（不用）
7	失灵三跳本断断器时间	0.2s	17	同期合闸角	0°（不用）
8	失灵跳相邻断路器时间	0.2s	18	三跳失灵高定值	0.5A
9	死区保护时间	10s（不用）	19	三相不一致保护时间	10s（不用）
10	充电过流Ⅰ段电流定值	20A（不用）			
保护控制字					
1	断路器失灵保护	1	10	单相 TWJ 启动重合闸	1
2	跟跳本断路器	1	11	三相 TWJ 启动重合闸	0
3	死区保护	0	12	单相重合闸	1
4	充电过流保护Ⅰ段	0	13	三相重合闸	0
5	充电过流保护Ⅱ段	0	14	禁止重合闸	0
6	充电零序过流	0	15	停用重合闸	0
7	重合闸检同期方式	0	16	三相不一致保护	0
8	重合闸检无压方式	0	17	不一致经零负序电流	0
9	单相重合闸检线路有压	0	18	低功率因数元件	0

五、母线保护整定原则

1. 1000kV 母线差动保护

1000kV 母线保护差电流启动元件应保证正常小方式下母线故障有足够灵敏度，灵敏系数不小于 1.5。按可靠躲过区外故障最大不平衡电流和尽可能躲过任一元件电流回路断线时由于最大负荷电流引起的差电流进行整定。

1000kV 母线保护中 TA 断线应可靠闭锁母线差动保护。一般 TA 断线低告警定值整定为 10% I_N（I_N为 TA 二次额定电流）。闭锁电流定值是 TA 断线低告警定值的 1.5 倍，整定为 15% I_N。

1000kV 母线差动保护投入差动保护和失灵经母线差动跳闸，边断路器失灵保护跳对应母线所有边断路器的出口与母线差动保护公用出口，并经灵敏的、不需整定的电流判别元件并带 50ms 固定延时，以防止由于失灵误开入导致母线差动保护误动。

某特高压站 1000kV 母线差动保护 WMH-800A 定值如表 3-24 所示。

表 3-24　　　　　　　　某特高压站 1000kV 母线差动保护 WMH-800A 定值

序号	定值名称	整定值	序号	定值名称	整定值
设备参数定值					
1	支路 1 TA 一次值	3000A	11	支路 6 TA 一次值	3000A
2	支路 1 TA 二次值	1A	12	支路 6 TA 二次值	1A
3	支路 2 TA 一次值	3000A	13	支路 7 TA 一次值	0A
4	支路 2 TA 二次值	1A	14	支路 7 TA 二次值	1A
5	支路 3 TA 一次值	3000A	15	支路 8 TA 一次值	0A
6	支路 3 TA 二次值	1A	16	支路 8 TA 二次值	1A
7	支路 4 TA 一次值	0A	17	支路 9~12 TA 一次值	0A
8	支路 4 TA 二次值	1A	18	支路 9~12 TA 二次值	1A
9	支路 5 TA 一次值	3000A	19	基准 TA 一次值	3000A
10	支路 5 TA 二次值	1A	20	基准 TA 二次值	1A
母线差动保护定值					
1	差动保护启动电流定值	0.7A	3	TA 断线闭锁定值	0.15A
2	TA 断线告警定值	0.1A			
母线差动保护控制字					
1	差动保护	1	2	失灵经母线差动跳闸	1

注　本站 1000kV 有第 1、2、3、5、6 串，TA 一次值为 0，表示无对应串。

2. 110kV 母线差动保护

110kV 母线保护差电流起动元件应保证正常小方式下母线故障有足够灵敏度，灵敏系数不小于 2，并可靠躲过任一元件电流回路断线时由于负荷电流引起的最大差电流。

110kV 母线保护中 TA 断线应可靠闭锁母线差动保护。一般 TA 断线低告警定值整定为 10% I_N（I_N 为 TA 二次额定电流）；闭锁电流定值是 TA 断线低告警定值的 2 倍，整定为 20% I_N。

110kV 母线差动保护投入差动保护和失灵保护，差动保护和失灵保护均经复压闭锁，复压取低电压和负序电压构成或门逻辑，低电压闭锁元件按躲过最低运行电压进行整定，在故障切除后能可靠返回，并保证对母线故障有足够的灵敏度，一般可整定为母线电压的 60%～70%。负序电压闭锁元件按躲过正常运行最大不平衡电压进行整定，负序相电压可整定为 3～4V（二次值）。

110kV 失灵保护相电流判别元件的整定值，应保证母线所连支路末端发生金属性短路故障时有足够的灵敏度，灵敏系数大于 1.3，并尽可能躲过正常运行时的负荷电流。失灵负序电流应按躲过所有支路最大不平衡电流进行整定，并躲过断路器不同期合闸产生的负序电流。失灵保护动作时间应大于断路器动作时间和保护返回时间之和，再考虑一定的时间裕度，一般取 0.25s。

主变压器保护动作跳主变压器低压分支断路器时，若主变压器低压分支断路器失灵，可选择是否启动 110kV 母线差动保护的失灵功能，110kV 母线所接电抗器、电容器、站用变压器保护动作跳本断路器时，启动 110kV 母线差动保护相应支路的失灵保护。

另外，考虑到电力系统无功调节的原因，110kV 电抗器和电容器在正常运行条件下可能会被频繁投切，某些特高压站 110kV 电抗器和电容器配置了适合频繁操作的专用负荷断路器。此时 110kV 电抗器和电容器保护设置小电流和大电流定值，达到小电流定值时，110kV 电抗器和电容器保护动作跳本断路器，启动 110kV 母线差动保护相应支路的失灵保护。达到大电流定值时，110kV 电抗器和电容器保护动作跳主变压器低压分支断路器，启动 110kV 母线差动保护主变压器低压侧支路失灵保护。

110kV 母线、110kV 电抗器和电容器保护由各省市检修公司负责整定。另外，110kV 电抗器、电容器是否配置负荷断路器，整定单也有较大差异，此处不再列出典型整定单。

六、站用变压器保护整定原则

1. 差动保护

差动保护最小动作电流定值，应按可靠躲过变压器额定负载运行时的最大不平衡电流进行整定，差动速断保护定值应按可靠躲过变压器空载投入时产生的最大涌流电流进行整定。

2. 高压侧后备保护

（1）复压过流保护。过流Ⅰ段电流定值按照高压站用变压器 35kV 侧引线故障有灵敏度并躲过低压侧母线故障进行整定，一般取 6～8 倍额定电流，时间取 0.2～0.3s；过流Ⅱ段电流定值按照低压侧两相短路有足够灵敏度且能躲过最大负荷电流进行整定，灵敏度系数不小于 1.3，时间取 0.5s。另外，复压过流保护的复压功能不用，复压闭锁负序电压值取最小值，复压闭锁相间低电压值取最大值。

（2）过负荷保护。过负荷保护电流定值应躲过高压站用变压器高压侧额定电流，其电流定值可按高压侧额定电流的 1.05 倍进行整定，延时 5s。

3. 低压侧后备保护

（1）零序过流保护。低压侧零序过流保护定值按躲过正常运行时不平衡电流进行整定，一般取 0.5 倍低压站用变压器低压侧额定电流，保证低压侧接地故障有较高的灵敏度，时间与主变压器的后备保护时间配合，一般取 0.5～1.0s。

（2）过负荷保护。过负荷保护电流定值应躲过低压站用变压器低压侧额定电流，其电流定值可按低压侧额定电流的 1.05 倍整定，延时 5s。

特高压交流变电站的站用变压器保护由各省市检修公司负责整定，此处不再列出典型整定单。

第三节　保护动作逻辑分析

在特高压系统中，特高压线路输电距离远，线路跨越环境复杂多样，因此线路故障也最常见；另外，随着特高压设备运行年限的增加，站内一次设备故障也会导致事故跳闸。

一、线路保护动作实例

1. 事件过程

20××年 1 月 8 日，丙乙Ⅱ线运行，故障前丙乙Ⅱ线运行方式如图 3-17 所示。01 时 03 分 52 秒，丙乙Ⅱ线发生 A 相故障，乙站 T032、T033 断路器和丙站 T021、T022 断路器 A 相跳闸，重合成功。5.4s 后，丙乙Ⅱ线 A 相再次故障，乙站 T032、T033 断路器和丙站 T021、T022 断路器三相跳闸，重合闸未动作，故障切除。乙站和丙站线路重合闸时间按线路边断路器 1.0s，线路中断路器 1.3s 原则进行整定，线路断路器重合闸均正常投入，丙乙Ⅱ线线路全长 153km。

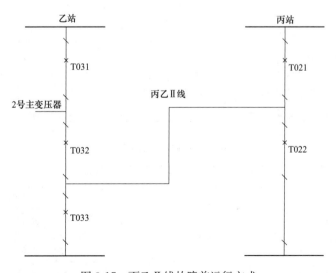

图 3-17　丙乙Ⅱ线故障前运行方式

2. 保护动作情况

根据整个故障过程保护动作情况，本次故障可以分为两个阶段，每个阶段保护的主要动作情况如表 3-25 和表 3-26 所示。

表 3-25 第一阶段保护动作情况

第一套线路保护 PCS-931GMM 动作情况		
动作报告数据	乙站	丙站
启动时间	01：03：52：233	01：03：52：232
保护元件动作及时序	7ms 纵联差动保护动作	5ms 工频变化量阻抗动作 9ms 纵联差动保护动作 16ms 距离 I 段动作
故障相别	A 相	A 相
故障测距	153km	1.3km

第二套线路保护 CSC-103B 动作情况		
动作报告数据	乙站	丙站
故障绝对时间	01：03：52：228	01：03：52：229
保护元件动作及时序	3ms 保护启动 14ms 分相差动动作 14ms 纵联差动保护动作	3ms 保护启动 14ms 接地距离 I 段动作 15ms 纵联差动保护动作 16ms 分相差动动作
故障相别	A 相	A 相
故障测距	153km	0km

两侧断路器保护动作情况				
动作报告数据	乙站		丙站	
断路器编号	T032	T033	T021	T022
启动时间	01：03：52：232	01：03：52：233	01：03：52：232	01：03：52：232
动作元件	42ms 瞬时跟跳 A 相 1407ms 重合闸动作	41ms 瞬时跟跳 A 相 1103ms 重合闸动作	18ms A 相跟跳 1067ms 重合闸动作	17ms A 相跟跳 1365ms 重合闸动作

表 3-26 第二阶段保护动作情况

第一套线路保护 PCS-931GMM 动作情况		
动作报告数据	乙站	丙站
保护元件动作及时序	5415ms 纵联差动保护动作	5417ms 纵联差动保护动作 5421ms 工频变化量阻抗动作 5440ms 距离 I 段动作
故障相别	A 相	A 相
故障测距	153km	1.3km

续表

第二套线路保护 CSC-103B 动作情况			
动作报告数据	乙站		丙站
保护元件动作 及时序	5419ms 纵联差动保护动作 5419ms 分相差动动作		5423ms 纵联差动保护动作 5423ms 接地距离Ⅰ段动作 5427ms 分相差动动作
故障相别	A 相		A 相
故障测距	153km		0km
两侧断路器保护动作情况			
动作报告数据	乙站		丙站
断路器编号	T032	T033	T021	T022
动作元件	5441ms 瞬时跟跳 A 相 5442ms 瞬时跟跳三相 5443ms 沟通三跳	5440ms 瞬时跟跳 A 相 5440ms 三相跟跳动作 5442ms 沟通三跳	5429ms A 相跟跳动作 5429ms 三相跟跳动作 5431ms 沟通三跳	5428ms A 相跟跳动作 5429ms 三相跟跳动作 5431ms 沟通三跳

3. 保护动作逻辑分析

（1）第一阶段保护动作分析。

20××年 1 月 8 日 01：03：52：229，丙乙Ⅱ线靠近丙站侧发生 A 相接地故障，故障时刻乙站丙乙Ⅱ线电压电流图如图 3-18 所示。从图中可以看出，A 相故障时丙乙Ⅱ线 A 相电压突然下降，A 相电流突然增大，出现零序电压、电流，属于明显的单相接地故障特征，丙乙Ⅱ线两套线路保护纵联差动保护动作，切除故障。约 1.1s 后，丙站丙乙Ⅱ线重合成功，丙乙Ⅱ线 A 相电压恢复，又过了 84ms 后乙站丙乙Ⅱ线也重合成功，丙乙Ⅱ线 A 相电流恢复。

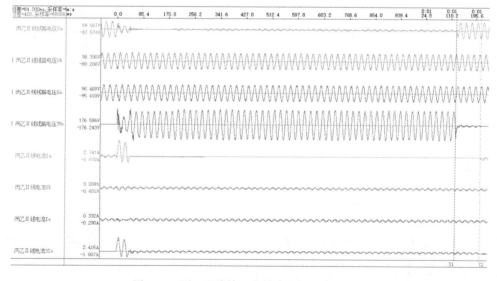

图 3-18　丙乙Ⅱ线第一次故障电压电流波形图

1) 丙乙Ⅱ线第一套纵联差动保护动作分析。丙乙Ⅱ线第一套线路保护为 PCS-931GMM 型，保护配置功能如表 3-5 所示。故障发生时的报文如表 3-27 所示。

表 3-27　　　　　　　丙乙Ⅱ线第一套线路保护 PCS-931GMM 保护报文

第一套线路保护 PCS-931GMM 动作情况		
动作报告数据	乙站	丙站
启动时间	01：03：52：233	01：03：52：232
保护元件动作及时序	7ms 纵联差动保护动作	5ms 工频变化量阻抗动作 9ms 纵联差动保护动作 16ms 距离Ⅰ段动作
故障相别	A 相	A 相
故障测距	153km	1.3km

丙乙Ⅱ线第一套线路保护 PCS-931GMM 动作时刻的两侧 A 相电流及差流波形如图 3-19 所示。从图 3-19 中可以看出，01：03：52：232 发生故障时丙乙Ⅱ线两侧 A 相电流均突然增大，两侧电流相位一致，属于明显的区内故障。7ms 后，差流二次值达到 3.689A，大于纵联差动保护动作定值（0.28A），故丙乙Ⅱ线两侧 PCS-931GMM 纵联差动保护动作，A 相跳闸出口，乙站故障测距在 153km，线路总长 153km，不在距离Ⅰ段保护范围，距离保护未动作。丙站故障测距 1.3km，结合线路差流情况，应为正向 A 相接地故障，位于工频变化量距离保护和距离Ⅰ段保护范围内，故丙站工频变化量阻抗保护和距离Ⅰ段保护动作，丙乙Ⅱ线第一套线路保护 PCS-931GMM 线路保护动作逻辑正确。

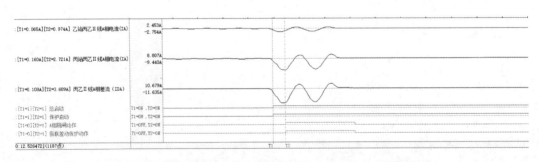

图 3-19　丙乙Ⅱ线第一套线路保护两侧 A 相电流及差流波形图

2) 丙乙Ⅱ线第二套纵联差动保护动作分析。丙乙Ⅱ线第二套线路保护为 CSC-103B 型。保护配置了分相电流差动保护、工频变化量距离保护、三段式距离保护、反时限零序电流保护等功能。故障发生时的报文如表 3-28 所示。

表 3-28 丙乙Ⅱ线第二套线路保护 CSC-103B 保护报文

动作报告数据	乙站	丙站
第二套线路保护 CSC-103B 动作情况		
故障绝对时间	01：03：52：228	01：03：52：229
保护元件动作及时序	3ms 保护启动 14ms 分相差动动作 14ms 纵联差动保护动作	3ms 保护启动 14ms 接地距离Ⅰ段动作 15ms 纵联差动保护动作 16ms 分相差动动作
三相差流	A 相差动电流：ICD_A＝4.538A B 相差动电流：ICD_B＝0.054A C 相差动电流：ICD_C＝0.011A	A 相差动电流：ICD_A＝4.538A B 相差动电流：ICD_B＝0.054A C 相差动电流：ICD_C＝0.011A
故障相别	A 相	A 相
故障测距	153km	0km

丙乙Ⅱ线第二套线路保护 CSC-103B 动作时刻保护录波波形如图 3-20 和 3-21 所示。从图 3-20 中可以看出，发生故障时乙站丙乙Ⅱ线 A 相电流增大，11ms 后故障电流约为 1.048A（二次值），分相差动动作时 A 相差流达到 4.538A，大于差动动作电流定值（0.4A），分相差动保护和纵联差动保护动作，跳 A 出口，故障测距在 153km，线路总长 153km，不在距离Ⅰ段保护范围，距离保护未动作。

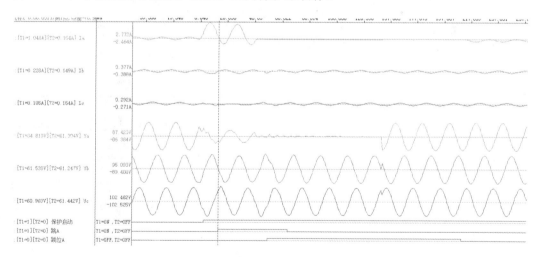

图 3-20 乙站丙乙Ⅱ线第二套线路保护录波波形图

从图 3-21 中可以看出，发生故障时丙站丙乙Ⅱ线 A 相电流增大，12ms 后 A 相差流达到 4.538A，大于差动动作电流定值（0.4A），分相差动保护和纵联差动保护动作，跳 A 出口，故障测距在 0km，另外根据图 3-21 还可看出，故障时丙站丙乙Ⅱ线 A 相电压即刻跌落为 0，属于明显的接地故障，故丙站保护装置接地距离Ⅰ段保护动作。丙乙Ⅱ

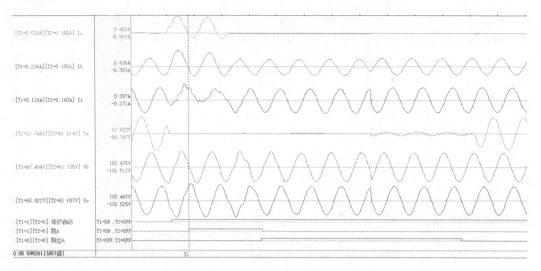

图 3-21　丙站丙乙Ⅱ线第二套线路保护录波波形图

线第二套线路保护 CSC-103B 保护动作逻辑正确。

3）乙站丙乙Ⅱ线 T033 断路器保护动作分析。丙乙Ⅱ线 T033 断路器保护为 WDLK-862A 型。保护配置了跟跳、失灵、重合闸等功能，故障发生时的报文如表 3-29 所示。

表 3-29　　　　　　　　　　　　丙乙Ⅱ线 T033 断路器保护报文

动作时间	动作报文
20××-03-08 01：03：52：233	保护启动
41ms	瞬时跟跳 A 相
1103ms	重合闸动作

丙乙Ⅱ线 T033 断路器动作时刻的电流波形如图 3-22 所示。01：03：52：233，丙

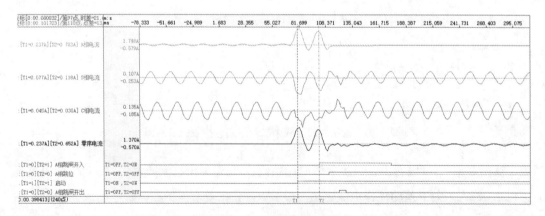

图 3-22　丙乙Ⅱ线 T033 断路器保护动作时刻录波图

乙Ⅱ线发生 A 相接地故障，丙乙Ⅱ线 T033 断路器 A 相电流及零序电流增大，满足电流启动条件，保护启动。启动后 22ms 收到丙乙Ⅱ线线路保护 A 相跳闸开入，此时丙乙Ⅱ线 T033 断路器 A 相电流为 0.783A，大于失灵保护相电流定值（0.2A），同时零序电流为 0.652A，也大于失灵保护零序电流定值（0.2A），所以收到 A 相跳闸开入 19ms 后，丙乙Ⅱ线 T033 断路器瞬时跟跳 A 相。另外从图 3-22 中可以观察到，A 相跳位在启动后 32ms 时出现，比 A 相跳闸开出要早，分析原因是线路保护跳 T033 断路器 A 相直接经断路器保护的操作箱跳闸，可见比断路器本身跟跳出口快也是正常的。

01：03：52：335，丙乙Ⅱ线 T033 断路器保护启动后 102ms 感受到 A 相跳闸开入返回，同时感受到 A 相无流，重合闸充电正常，开始进入重合闸计时（重合闸整定时间为 1.0s），丙乙Ⅱ线 T033 断路器保护启动后 1103ms 重合闸动作，重合成功，重合脉冲发出的同时，断路器保护放电，满足沟通三跳的条件，于是重合脉冲发出 5ms 后，丙乙Ⅱ线 T033 断路器沟通三跳开出。丙乙Ⅱ线 T033 断路器保护重合时刻的电压电流录波图如图 3-23 所示。

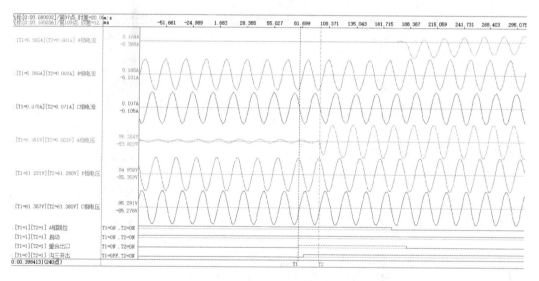

图 3-23　丙乙Ⅱ线 T033 断路器保护重合时刻录波图

从图 3-23 可以看出重合闸动作后的 20ms，A 相电压开始恢复，而此时 T033 断路器 A 相跳位并未复归，且 A 相电流仍为 0，说明乙站 T033 断路器并未合上，A 相电压之所以恢复，是对侧丙站 T021 断路器先重合成功的原因。重合闸动作后的 91ms，T033 断路器 A 相电流出现，说明此时乙站才重合成功。整个过程丙乙Ⅱ线 T033 断路器保护动作逻辑正确。

4）乙站 2 号主变压器/丙乙Ⅱ线 T032 断路器保护动作分析

2 号主变压器/丙乙Ⅱ线 T032 断路器保护为 WDLK-862A 型。保护配置了跟跳、失灵、重合闸等功能，故障发生时的报文如表 3-30 所示。

表 3-30   2 号主变压器/丙乙Ⅱ线 T032 断路器保护报文

动作时间	动作报文
20××-03-08 01：03：52：232	保护启动
42ms	瞬时跟跳 A 相
1407ms	重合闸动作

2 号主变压器/丙乙Ⅱ线 T032 断路器动作时刻的电流波形如图 3-24 所示。丙乙Ⅱ线发生 A 相接地故障时，2 号主变压器/丙乙Ⅱ线 T032 断路器 A 相电流及零序电流增大，满足电流启动条件，保护启动。23ms 后收到丙乙Ⅱ线线路保护 A 相跳闸开入，此时 2 号主变压器/丙乙Ⅱ线 T032 断路器 A 相电流为 0.477A，大于失灵保护相电流定值（0.2A），且零序电流为 0.422A，也大于失灵保护零序电流定值（0.2A），所以收到 A 相跳闸开入 19ms 后 2 号主变压器/丙乙Ⅱ线 T032 断路器瞬时跟跳 A 相。

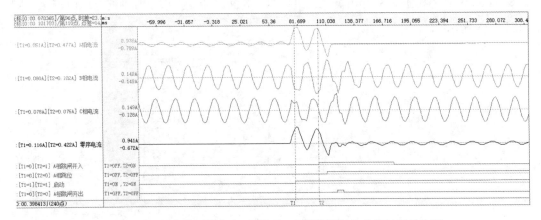

图 3-24　2 号主变压器/丙乙Ⅱ线 T032 断路器保护动作时刻录波图

2 号主变压器/丙乙Ⅱ线 T032 断路器保护重合时刻的电压电流录波图如图 3-25 所示。01：03：52：339，2 号主变压器/丙乙Ⅱ线 T032 断路器保护启动后 107ms 感受到 A 相跳闸开入返回，同时感受到 A 相无流，重合闸充电正常，开始进入重合闸计时（重合闸整定时间为 1.3s)，2 号主变压器/丙乙Ⅱ线 T032 断路器保护启动后 1407ms 重合闸动作，重合成功，重合脉冲发出的同时，断路器保护放电，满足沟通三跳的条件，于是重合脉冲发出 3ms 后，2 号主变压器/丙乙Ⅱ线 T032 断路器沟通三跳开出。

另外，从图 3-25 中可以看出 T032 断路器重合闸动作之前，边断路器 T033 先重合成功，A 相电压正常。重合闸动作后的 108ms，T032 断路器 A 相电流出现，说明此时 2 号主变压器/丙乙Ⅱ线 T032 断路器重合成功。整个过程 2 号主变压器/丙乙Ⅱ线 T032 断路器保护动作逻辑正确。

5）丙站丙乙Ⅱ线 T021 断路器保护动作分析。丙乙Ⅱ线 T021 断路器保护为 PCS-921G 型。保护配置了跟跳、失灵、重合闸等功能，故障发生时的报文如表 3-31 所示。

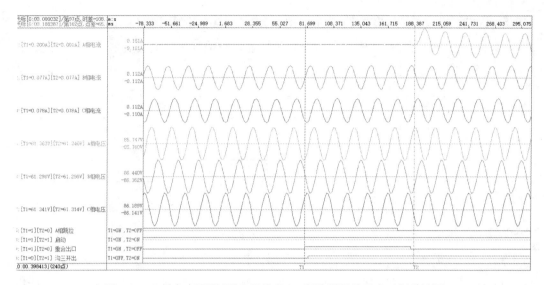

图 3-25　2 号主变压器/丙乙Ⅱ线 T032 断路器保护重合时刻录波图

表 3-31 　　　　　　　　　　　　　　丙乙Ⅱ线 T021 断路器保护报文

动作时间	动作报文
20××-03-08 01：03：52：232	保护启动
18ms	A 相跟跳
1067ms	重合闸动作

丙乙Ⅱ线 T021 断路器保护动作波形图如图 3-26 所示。在保护启动后 15ms 收到 A 相跳闸开入，同时 A 相故障电流 2.6A 大于失灵保护相电流定值（0.2A），所以启动后 18ms 时 A 相跟跳。丙乙Ⅱ线 T021 断路器保护启动后 67ms 感受到 A 相跳闸开入返回，同时感受到 A 相无流，此时开始启动重合闸计时（重合闸整定时间为 1.0s），所以丙乙Ⅱ线 T021 在保护启动后 1067ms 重合闸动作。

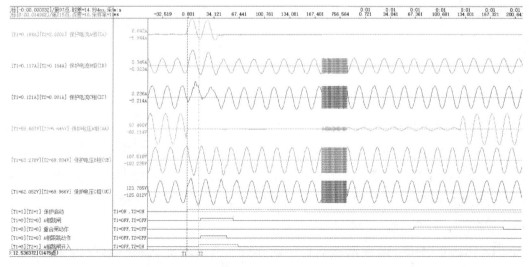

图 3-26　丙乙Ⅱ线 T021 断路器保护动作波形图

6) 丙站丙乙Ⅱ线 T022 断路器保护动作分析。丙乙Ⅱ线 T022 断路器保护为 PCS-921G 型。保护配置了跟跳、失灵、重合闸等功能，故障发生时的报文如表 3-32 所示。

表 3-32 丙乙Ⅱ线 T022 断路器保护报文

动作时间	动作报文
20××-03-08 01：03：52：232	保护启动
17ms	A 相跟跳
1365ms	重合闸动作

丙乙Ⅱ线 T022 断路器保护动作波形图如图 3-27 所示。在保护启动后 15ms 收到 A 相跳闸开入，同时 A 相故障电流 1.09A，大于失灵保护相电流定值（0.2A），所以启动后 17ms 时 A 相跟跳。丙乙Ⅱ线 T022 断路器保护启动后 66ms 感受到 A 相跳闸开入返回，同时感受到 A 相无流，此时开始启动重合闸计时（重合闸整定时间为 1.3s），所以丙乙Ⅱ线 T022 在保护启动后 1365ms 重合闸动作。

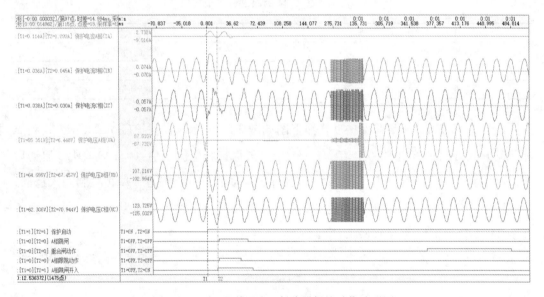

图 3-27 丙乙Ⅱ线 T022 断路器保护动作波形图

(2) 第二阶段保护动作分析。

20××年 01 月 08 日 01：03：57：636，丙乙Ⅰ线靠近丙站侧再次发生 A 相接地故障，故障时刻丙站丙乙Ⅰ线电压电流图如图 3-28 所示。从图 3-28 中可以看出，丙乙Ⅰ线 A 相故障时 A 相电压突然下降，A 相电流突然增大，出现零序电压电流，属于明显的单相接地故障特征，丙乙Ⅰ线两套线路保护纵联差动动作，三相跳闸出口，切除故障，整个故障过程持续时间约 53ms。

1) 丙乙Ⅱ线第一套纵联差动保护动作分析。丙乙Ⅱ线第一套线路保护 PCS-931GMM 第二次故障发生时的报文如表 3-33 所示。

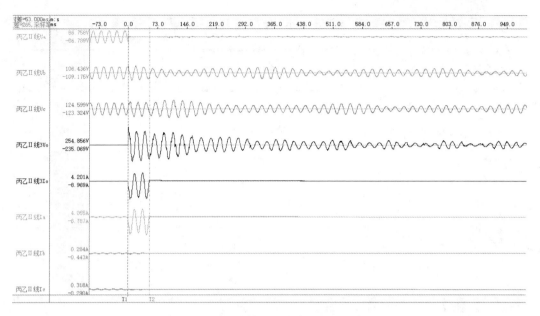

图 3-28　丙乙Ⅱ线第二次故障电压电流波形图

表 3-33　　　　　　丙乙Ⅰ线第一套线路保护 PCS-931GMM 保护报文

第一套线路保护 PCS-931GMM 动作情况		
动作报告数据	乙站	丙站
启动时间	01：03：52：233	01：03：52：232
保护元件动作及时序	5415ms 纵联差动保护动作	5417ms 纵联差动保护动作 5421ms 工频变化量阻抗动作 5440ms 距离Ⅰ段动作
故障相别	A 相	A 相
故障测距	153km	1.3km

　　丙乙Ⅱ线第一套线路保护 PCS-931GMM 第二次动作时刻的两侧 A 相电流及差流波形如图 3-29 所示。从图 3-29 中可以看出，保护启动后约 5.4s，即 01：03：57：636 再次发生故障，故障时丙乙Ⅱ相两侧 A 相电流均突然增大，两侧电流相位一致，属于明显的区内故障。12ms 后差流达到 3.755A，大于纵联差动保护动作定值（0.28A），PCS-931GMM 纵差动保护动作，但是由于距离第一次故障 5.4s 左右，保护启动后还未整组复归，故 PCS-931GMM 保护直接三相跳闸出口，乙站故障测距在 153km，线路总长 153km，不在距离Ⅰ段保护范围，距离保护未动作。丙站故障测距 1.3km，结合线路差流情况，应为正向 A 相接地故障，位于工频变化量距离保护和距离Ⅰ段保护范围内，故丙站工频变化量阻抗保护和距离Ⅰ段保护动作，丙乙Ⅱ线第一套线路保护 PCS-931GMM 线路保护动作逻辑正确。

　　2）丙乙Ⅱ线第二套纵联差动保护动作分析。丙乙Ⅱ线第二套线路保护为 CSC-

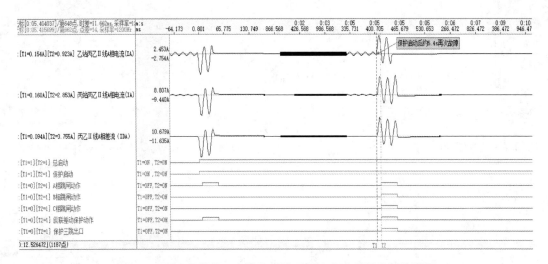

图 3-29　丙乙Ⅱ线第一套线路保护两侧 A 相电流及差流波形图

103B，第二次故障发生时的报文如表 3-34 所示。

表 3-34　　　　　　　丙乙Ⅰ线第二套线路保护 CSC-103B 保护报文

第二套线路保护 CSC-103B 动作情况		
动作报告数据	乙站	丙站
故障绝对时间	01∶03∶52∶228	01∶03∶52∶229
保护元件动作 及时序	5419ms 纵联差动保护动作 5419ms 分相差动动作	5423ms 纵联差动保护动作 5423ms 接地距离Ⅰ段动作 5427ms 分相差动动作
三相差流	A 相差动电流：ICD_A=5.439A B 相差动电流：ICD_B=0.027A C 相差动电流：ICD_C=0.013A	A 相差动电流：ICD_A=5.439A B 相差动电流：ICD_B=0.027A C 相差动电流：ICD_C=0.013A
故障相别	A 相	A 相
故障测距	153km	0km

　　丙乙Ⅱ线第二套线路保护 CSC-103B 第二次动作时刻保护录波波形如图 3-30 和图 3-31 所示。从图 3-30 中可以看出，保护启动后约 5.4s，丙乙Ⅱ线 A 相再次发生故障，14ms 后纵联差动保护和分相差动保护动作，A 相差流为 5.439A，大于差动保护动作电流定值（0.4A），由于距离第一次故障 5.4s 左右，保护启动后还未整组复归，所以 CSC-103B 保护直接三相跳闸出口，并发永跳（闭锁重合闸）令。乙站故障测距在 153km，线路总长 153km，不在距离Ⅰ段保护范围，距离保护未动作。

　　从图 3-30 中可以看出，故障时丙站丙乙Ⅱ线 A 相电压即刻跌落为 0，属于明显的接地故障，丙站故障测距为 0km，在距离Ⅰ段的保护范围内，故丙站保护装置接地距离Ⅰ段保护动作。丙乙Ⅱ线第二套线路保护 CSC-103B 保护动作逻辑正确。

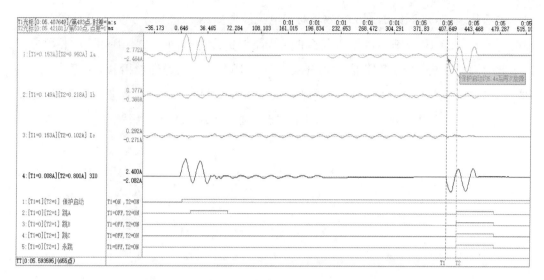

图 3-30　乙站丙乙Ⅱ线第二套线路保护录波波形图

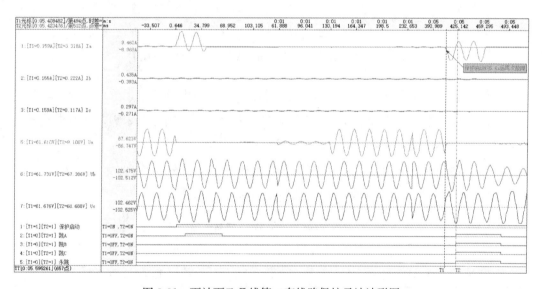

图 3-31　丙站丙乙Ⅱ线第二套线路保护录波波形图

3）乙站丙乙Ⅱ线 T033 断路器保护动作分析。

丙乙Ⅱ线 T033 断路器保护第二次故障发生时的报文如表 3-35 所示。

表 3-35　　　　　　　　　　　丙乙Ⅱ线 T033 断路器保护报文

动作时间	动作报文
20××-03-08 01：03：52：233	保护启动
5440ms	瞬时跟跳 A 相
5440ms	瞬时跟跳三相
5442ms	沟通三跳

丙乙Ⅱ线 T033 断路器第二次故障时的电流波形如图 3-32 所示。丙乙Ⅱ线第二次故障时，丙乙Ⅱ线 T033 断路器收到丙乙Ⅱ线线路保护开过来的 A 相、B 相、C 相跳闸开入，此时丙乙Ⅱ线 T033 断路器 A 相电流为 0.746A，大于失灵保护相电流定值（0.2A）和三相失灵高定值（0.5A），且零序电流为 0.636A，也大于失灵保护零序电流定值（0.2A），所以 11ms 后丙乙Ⅱ线 T033 断路器瞬时跟跳 A 相和瞬时跟跳三相均动作。

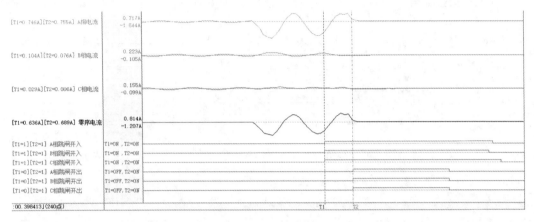

图 3-32　丙乙Ⅱ线 T033 断路器保护动作时刻录波图

另外第一次故障后约 1.1s，T033 断路器保护重合闸出口动作，重合闸放电，沟通三跳开出一直动作。当 A 相、B 相、C 相跳闸开入时，重合闸充电未满，此时电流量条件满足，T033 断路器沟通三跳动作，保护动作逻辑正确。

4）乙站 2 号主变压器/丙乙Ⅱ线 T032 断路器保护动作分析。2 号主变压器/丙乙Ⅱ线 T032 断路器保护第二次故障发生时的报文如表 3-36 所示。

表 3-36　　　　　　　　2 号主变压器/丙乙Ⅱ线 T032 断路器保护报文

动作时间	动作报文
20××-03-08 01：03：52：232	保护启动
5441ms	瞬时跟跳 A 相
5442ms	瞬时跟跳三相
55 443ms	沟通三跳

2 号主变压器/丙乙Ⅱ线 T032 断路器动作时刻的电流波形如图 3-33 所示。丙乙Ⅱ线第二次故障时，2 号主变压器/丙乙Ⅱ线 T032 断路器先后收到丙乙Ⅱ线线路保护 A 相、B 相、C 相跳闸开入，此时 2 号主变压器/丙乙Ⅱ线 T032 断路器 A 相电流为 0.471A，A 相电流为 0.312A，均大于失灵保护相电流定值（0.2A），且零序电流为 0.411A，也大于失灵保护零序电流定值（0.2A），所以 10ms 后 2 号主变压器/丙乙Ⅱ线 T032 断路器瞬时跟跳 A 相和瞬时跟跳三相均动作。

另外第一次故障后约 1.4s2 号主变压器/丙乙Ⅱ线 T032 断路器保护重合闸出口动

作，重合闸放电，沟通三跳开出一直动作。当 A 相、B 相、C 相跳闸开入时，重合闸充电未满，此时电流量条件满足，2 号主变压器/丙乙Ⅱ线 T032 断路器沟通三跳动作，保护动作逻辑正确。

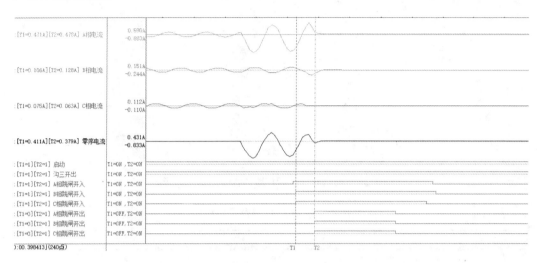

图 3-33　2 号主变压器/丙Ⅱ线 T032 断路器保护动作时刻录波图

5）丙站丙乙Ⅱ线 T021 断路器保护动作分析。丙乙Ⅱ线 T021 断路器保护保护第二次故障发生时的报文如表 3-37 所示。

表 3-37　　　　　　　　　　丙乙Ⅱ线 T021 断路器保护报文

动作时间	动作报文
20××-03-08 01：03：52：232	保护启动
5429ms	A 相跟跳动作
5429ms	三相跟跳动作
5431ms	沟通三跳

丙乙Ⅱ线 T021 断路器保护动作波形图如图 3-34 所示。丙乙Ⅱ线第二次故障时，丙乙Ⅱ线 T021 断路器收到丙乙Ⅱ线线路保护 A 相、B 相、C 相跳闸开入，此时丙乙Ⅱ线 T021 断路器 A 相电流为 3.033A，大于失灵保护相电流定值（0.2A）和三相失灵高定值（0.5A），且零序电流为 3.209A，也大于失灵保护零序电流定值（0.2A），所以 2ms 后丙乙Ⅱ线 T033 断路器 A 相跟跳和三相跟跳均动作。另外，第一次故障后约 1.1s，丙乙Ⅱ线 T021 断路器保护重合闸出口动作，重合闸放电，沟通三跳开出一直动作。当 A 相、B 相、C 相跳闸开入时，重合闸充电未满，此时电流量条件满足，丙乙Ⅱ线 T021 断路器沟通三跳动作，保护动作逻辑正确。

6）丙站丙乙Ⅱ线 T022 断路器保护动作分析。

丙乙Ⅱ线 T022 断路器保护第二次故障发生时的报文如表 3-38 所示。

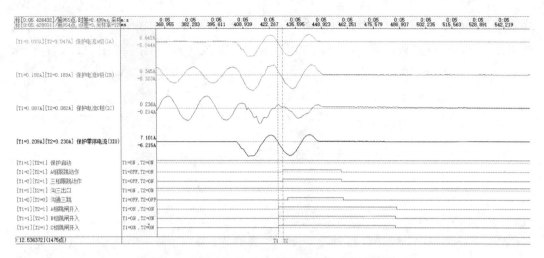

图 3-34　丙乙Ⅱ线 T021 断路器保护动作波形图

表 3-38　　　　　　　　　　丙乙Ⅱ线 T022 断路器保护报文

动作时间	动作报文
20××-03-08 01：03：52：232	保护启动
5428ms	A 相跟跳动作
5429ms	三相跟跳动作
5431ms	沟通三跳

丙乙Ⅱ线 T022 断路器保护动作波形图如图 3-35 所示。丙乙Ⅱ线第二次故障时，丙乙Ⅱ线 T022 断路器先后收到丙乙Ⅱ线线路保护 A 相、B 相、C 相跳闸开入，此时丙乙Ⅱ线 T022 断路器 A 相电流为 1.205A，大于失灵保护相电流定值（0.2A）和三相失灵高定值（0.5A），且零序电流为 1.234A，也大于失灵保护零序电流定值（0.2A），所以 3ms 后丙乙Ⅱ线 T033 断路器 A 相跟跳和三相跟跳先后动作。

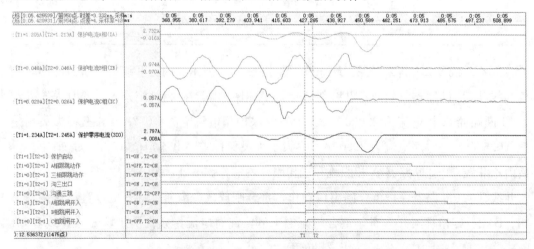

图 3-35　丙乙Ⅱ线 T022 断路器保护动作波形图

另外第一次故障后约 1.4s，丙乙Ⅱ线 T022 断路器保护重合闸出口动作，重合闸放电，沟通三跳开出一直动作。当 A 相、B 相、C 相跳闸开入时，重合闸充电未满，此时电流量条件满足，丙乙Ⅱ线 T022 断路器沟通三跳动作，保护动作逻辑正确。

4. 分析结论

本次丙乙Ⅱ线连续两次发生 A 相接地故障，第一次线路保护单跳出口，单跳单重，重合成功。第二次两套线路保护均直接三跳出口，原因是在 5.4s 左右，丙乙Ⅱ线连续两次出现 A 相接地故障，线路保护第一次启动动作后，未整组复归，再次发生故障时，直接三跳，整个故障过程所有保护动作逻辑正确。结合现场一次设备检查情况，此次连续故障跳闸系丙站丙乙Ⅱ线线路接地开关气室放电所致。

二、母线差动保护动作实例

1. 事件过程

20××年1月22日，乙站乙丁Ⅰ线 T011 断路器热备用，乙丁Ⅰ线线路热备用，其余 1000kV 设备均按正常运行方式运行。另根据《国调中心关于印发保障迎峰度夏期间三大直流满送和电网安全运行措施讨论会纪要的通知》（调运〔2016〕33 号）要求的重合闸投退原则投退相应连接片。故障前乙站运行方式如图 3-36 所示。乙站正在执行乙丁Ⅰ线 T012 断路器从冷备用改为热备用操作，已合上乙丁Ⅰ线 T0121 隔离开关，20 时 25 分，执行合上乙丁Ⅰ线 T0122 隔离开关（T012 断路器合闸电阻小开关导通）指令。5s 后乙站乙丁Ⅰ线高压电抗器第一、二套保护中性点电抗器过流动作，约 8.5s 后乙丁Ⅰ线第一套纵联差动保护动作、乙丁Ⅰ线第二套分相电流差动保护动作（故障发展为 T012 断路器合闸电阻靠线路侧接地），约 8.7s 后乙站 1000kVⅡ母故障跳闸（故障继续发展为 T012 断路器合闸电阻靠母线侧接地），跳开 1000kV Ⅱ母线所有边断路器。

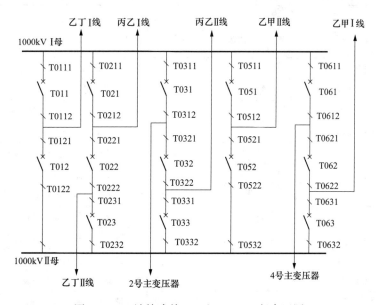

图 3-36　乙站故障前 1000kV GIS 运行布置图

2. 保护动作情况

根据乙站保护动作情况，本次故障可以分为三个阶段，每个阶段保护的主要动作情况如表 3-39～表 3-41 所示。

表 3-39 乙站第一阶段保护动作情况

时间	保护动作行为
20：25：03.962	乙丁Ⅰ线高压电抗器第二套电气量保护启动
20：25：03.967	乙丁Ⅰ线高压电抗器第一套电气量保护启动
20：25：03.977	乙丁Ⅰ线 T012 断路器保护启动
20：25：09.015	乙丁Ⅰ线高压电抗器第二套保护中性点电抗器过流动作
20：25：09.017	乙丁Ⅰ线高压电抗器第一套保护中性点电抗器过流动作
20：25：09.039	乙丁Ⅰ线 T011 断路器保护启动
20：25：12.560	乙丁Ⅰ线 T012 断路器保护沟通三跳

表 3-40 乙站第二阶段保护动作情况

时间	保护动作行为
20：25：12.560	乙丁Ⅱ线 T023 断路器保护启动
20：25：12.560	乙丁Ⅰ线第二套线路保护启动
20：25：12.562	乙丁Ⅰ线第一套线路保护启动
20：25：12.560	1000kV Ⅱ母线第二套母线差动保护启动
20：25：12.562	1000kV Ⅱ母线第一套母线差动保护启动
20：25：12.581	乙丁Ⅰ线第一套纵联差动保护动作
20：25：12.591	乙丁Ⅰ线第二套分相电流差动保护动作

表 3-41 乙站第三阶段保护动作情况

时间	保护动作行为
20：25：12.631	乙甲Ⅱ线 T052 断路器保护启动
20：25：12.743	1000kV Ⅱ母线第二套母线差动保护启动
20：25：12.749	乙甲Ⅰ线 T063 断路器保护启动
20：25：12.749	丙乙Ⅱ线 T033 断路器保护启动
20：25：12.753	1000kV Ⅱ母线第一套差动保护 B 相动作
20：25：12.762	1000kV Ⅱ母线第二套差动保护 B 相动作
20：25：12.762	乙丁Ⅱ线 T023 断路器保护沟通三跳
20：25：12.766	乙丁Ⅱ线 T023 断路器保护三相跟跳
20：25：12.797	丙乙Ⅱ线 T033 断路器保护瞬时跟跳三相
20：25：12.800	乙甲Ⅰ线 T063 断路器保护瞬时跟跳三相
20：25：12.802	乙甲Ⅱ线 T052 断路器保护瞬时跟跳三相

3. 保护动作逻辑分析

(1) 第一阶段保护动作分析。

20：25：04，乙站合上乙丁Ⅰ线 T0122 隔离开关后，由于乙丁Ⅰ线 T012 断路器 B 相合闸电阻小开关导通，导致 1000kV Ⅱ母线通过合闸电阻对乙丁Ⅰ线充电。合上乙丁Ⅰ线 T0122 隔离开关后的波形如图 3-37 所示。其中乙丁Ⅰ线电流为 T0122 电流互感器感受到的电流，乙丁Ⅰ线 T012 断路器电流为 T0121 电流互感器感受到的电流，两者电流大小相等方向相反。此时乙丁Ⅰ线 B 相通过乙丁Ⅰ线高压电抗器形成通路，如图 3-38 所示，乙丁Ⅰ线线路电压和电流相位相差接近 90°。5s 后乙丁Ⅰ线高压电抗器两套电气量保护中性点电抗器过流保护动作。

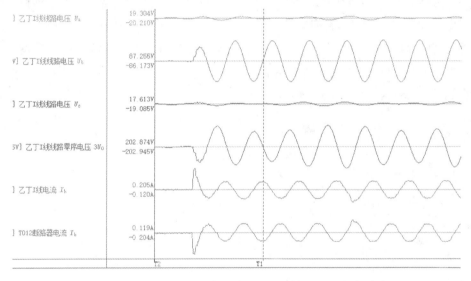

图 3-37　合上 T0122 隔离开关后乙丁Ⅰ线电压电流波形图

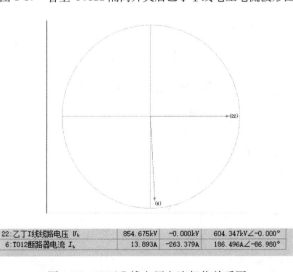

| 22:乙丁Ⅰ线线路电压 U_b | 854.675kV | −0.000kV | 604.347kV∠−0.000° |
| 6:T012断路器电流 I_b | 13.893A | −263.379A | 186.496A∠−66.980° |

图 3-38　乙丁Ⅰ线电压电流相位关系图

1) 乙丁Ⅰ线高压电抗器第一套保护中性点电抗器过流动作分析。1000kV 乙丁Ⅰ线高压电抗器第一套电气量保护为 WKB-801A 型。WKB-801A 保护配置功能如表 3-7 所示。中性点电抗器过流保护采用主电抗器末端 TA 电流，动作发生时动作报文如表 3-42 所示。

表 3-42 乙丁Ⅰ线高压电抗器第一套电气量保护 WKB-801A 报文

动作时间	动作报文
20××-03-22 20：25：03：967	保护启动
5050ms	中性点电抗器过流

乙丁Ⅰ线高压电抗器第一套电气量保护 WKB-801A 动作时刻的波形如图 3-39 所示。由于乙丁Ⅰ线 T0122 隔离开关合上后，B 相有压有流，出现零序电流，主电抗器尾端自产零序电流为 $3I_0=0.190A$。而中性点电抗器过流定值为 $0.15A(5I_{e2})$，时间定值为 5s，故尾端自产零序电流 $3I_0$ 电流大于中性点电抗器过流定值，乙丁Ⅰ线高压电抗器第一套电气量保护 WKB-801A 在启动 5050ms 后，中性点电抗器过流动作，跳乙丁Ⅰ线 T011 断路器和 T012 断路器，该保护动作逻辑正确。

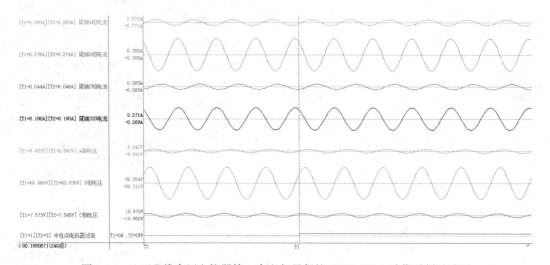

图 3-39 乙丁Ⅰ线高压电抗器第一套电气量保护 WKB-801A 动作时刻录波图

2）乙丁Ⅰ线高压电抗器第二套保护中性点电抗器过流动作分析。1000kV 乙丁Ⅰ线高压电抗器第二套电气量保护为 SGR751 型。SGR751 保护配置功能如表 3-7 所示。中性点电抗器过流保护采用主电抗器末端 TA 电流，动作发生时动作报文如表 3-43 所示。

表 3-43 乙丁Ⅰ线高压电抗器第二套电气量保护 SGR751 报文

动作时间	动作报文
20××-03-22 20：25：03：962	保护启动
5053ms	中性点电抗器过流 中性点电抗器电流 189A

乙丁Ⅰ线高压电抗器第二套电气量保护 SGR751 动作时刻的电流波形如图 3-40 所示。主电抗器尾端自产零序电流为 $3I_0 = 0.189A$，而中性点电抗器过流定值为 0.15A（$5I_{e2}$），时间定值为 5s，故尾端自产零序电流 $3I_0$ 电流大于中性点电抗器过流定值，乙丁Ⅰ线高抗第二套电气量保护 SGR751A 在启动 5053ms 后，中性点电抗器过流动作，跳乙丁Ⅰ线 T011 断路器和 T012 断路器，该保护动作逻辑正确。

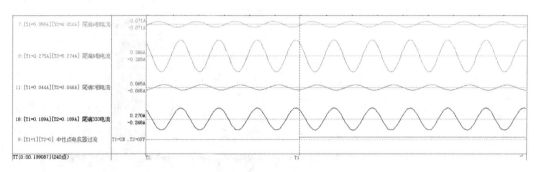

图 3-40　乙丁Ⅰ线高压电抗器第二套电气量保护 SGR751 动作时刻录波图

3）乙丁Ⅰ线 T011 断路器保护动作分析。乙丁Ⅰ线 T011 断路器保护为 PRS-721S-H 型。故障发生时的报文如表 3-44 所示。

表 3-44　　　　　　　　　　　乙丁Ⅰ线 T011 断路器保护报文

动作时间	动作报文
20××-03-22 20：25：09：039	保护启动

乙丁Ⅰ线 T011 断路器动作时刻的电流波形如图 3-41 所示。故障时，乙丁Ⅰ线 T011 断路器没有电流，当乙丁Ⅰ线高压电抗器两套电气量保护中性点电抗器过电流动作，跳乙丁Ⅰ线 T011、T012 断路器时，乙丁Ⅰ线 T011 断路器收到三相跳闸开入，所以保护仅启动，该保护动作逻辑正确。

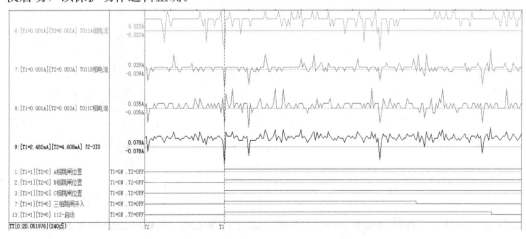

图 3-41　乙丁Ⅰ线 T011 断路器保护录波图

4）乙丁Ⅰ线 T012 断路器保护动作分析。

乙丁Ⅰ线 T012 断路器保护为 PRS-721S-H 型。故障发生时的报文如表 3-45 所示。

表 3-45　　　　　　　　　　　　乙丁Ⅰ线 T012 断路器保护报文

动作时间	动作报文
20××-03-22 20：25：03：977	保护启动
5053ms	保护三相跳闸输入
8583ms	沟通三跳

乙丁Ⅰ线 T011 断路器动作时刻的电流波形如图 3-42 所示。当乙丁Ⅰ线高压电抗器两套电气量保护中性点电抗器过电流动作，跳乙丁Ⅰ线 T011、T012 断路器，乙丁Ⅰ线 T011 断路器收到三相跳闸开入时，乙丁Ⅰ线 T012 断路器的 B 相电流、零序电流和负序电流均为 0.063A 左右，不满足失灵相电流定值（0.5A）、失灵零序电流定值（0.2A）或失灵负序电流定值（0.13A），所以乙丁Ⅰ线 T012 断路器保护跟跳没有动作。同时也不满足电流量启动条件（变化量启动电流定值和零序启动电流定值均为 0.1A），所以此时沟通三跳也没有动作。

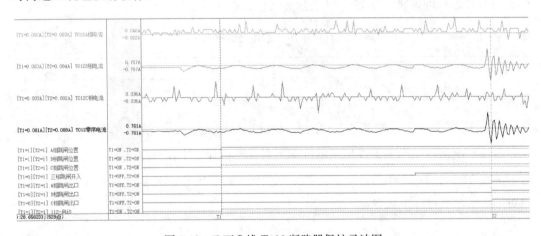

图 3-42　乙丁Ⅰ线 T012 断路器保护录波图

8583ms 左右的乙丁Ⅰ线 T012 断路器电流波形如图 3-43 所示，此时乙丁Ⅰ线 T012 断路器 B 相电流开始增大，20：25：12：560（图 3-43 中 T1 时刻）B 相电流达到 0.117A，满足电流量启动条件，三相跳闸开入一直未返回，另外，乙丁Ⅰ线 T012 断路器重合闸在停用位置，故乙丁Ⅰ线 T012 断路器保护沟通三跳，该保护动作逻辑正确。

（2）第二阶段保护动作分析。

约 8.5s 后的 20：25：12：558，乙丁Ⅰ线 B 相电压降为 0，T012 合闸电阻靠近线路侧发生对地短路，相关波形如图 3-44 所示。短路点靠乙丁Ⅰ线的电路部分失去电源供应，形成一个 LC 阻尼振荡回路，原先储存在线路杂散电容及高压电抗器中的能量被逐

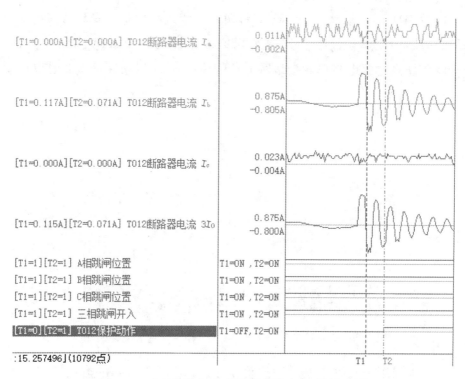

图 3-43　乙丁Ⅰ线 T012 断路器保护动作时刻电流图

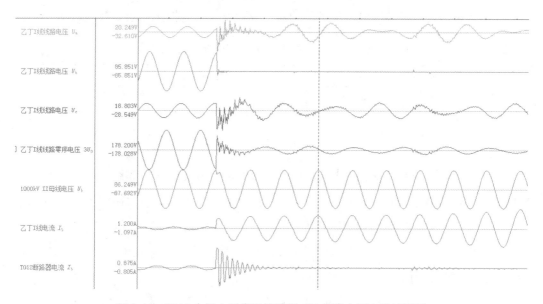

图 3-44　T012 合闸电阻靠近线路侧对地短路电压电流波形图

渐消耗，回路电流即 T012 断路器电流，可以看到振荡周期约为 3ms。短路点靠近 1000kVⅡ母的电路部分则是 1000kVⅡ母 B 相通过合闸电阻对地发生短路，短路电流与母线电压基本同相位，呈现为阻性负载，如图 3-45 所示。此时乙丁Ⅰ线线路保护感受到故障电流，两套线路保护分相电流差动保护动作；另外，由于此时 1000kVⅡ母线通过合闸电阻（574Ω）对地短路，1000kV Ⅱ 母两套母线差动保护感受到故障电流，但是 1000kV Ⅱ 母线是通过高阻接地，母线差动保护灵敏度不够（1000kV 母线差动保护技术要求经过 100Ω 高过渡电阻单相接地时能灵敏动作），所以两套母差此时仅启动并未动作。

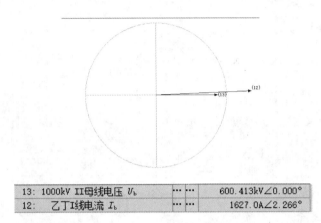

| 13: 1000kV Ⅱ母线电压 U_b | ⋯ ⋯ | 600.413kV∠0.000° |
| 12: 乙丁Ⅰ线电流 I_b | ⋯ ⋯ | 1627.0A∠2.266° |

图 3-45　1000kV Ⅱ母通过合闸电阻对地短路电压电流相位图

1）乙丁Ⅰ线第一套纵联差动保护动作分析。乙丁Ⅰ线第一套线路保护为 PCS-931GMM 型。如表 3-5 所示，保护配置了分相电流差动保护、工频变化量距离保护、三段式距离保护、反时限零序电流保护等功能。故障发生时的报文如表 3-46 所示。

表 3-46　　　　　　　乙丁Ⅰ线第一套线路保护 PCS-931GMM 保护报文

动作时间	动作报文
20××-03-22 20：25：12：562	保护启动
19ms	ABC 纵联差动保护动作（故障测距：0km、故障相别：B）
205ms	单相运行三跳

乙丁Ⅰ线第一套线路保护 PCS-931GMM 动作时刻的录波波形如图 3-46 所示。两侧 B 相电流及差流波形如图 3-47 所示。从图 3-46 中可以看出，发生故障时乙丁Ⅰ线 B 相电压变为 0，B 相电流增大，差流达到 0.53A，大于纵联差动动作定值（0.28A），19ms 后纵差动保护动作，而此时乙丁Ⅰ线 T011、T012 断路器一直在分位，对侧也在跳位，所以保护判断是合闸于故障发三相跳闸命令，三跳乙丁Ⅰ线 T011、T012 断路器。

保护启动时，线路三相 TWJ 均一直存在，且 TWJA、TWJC 两相无流（小于 $0.06I_n$），保护进入单相运行程序，此状态一直持续 200ms，保护发"单相运行三跳"命令，故障切除后跳闸命令均返回。另外故障前，乙丁Ⅰ线只有 B 相有电压，线路保护 TV 断线一直存在，所以距离保护没有动作，该 PCS-931GMM 线路保护动作逻辑正确。

2）乙丁Ⅰ线第二套分相差动保护动作分析。乙丁Ⅰ线第二套线路保护为 WXH-803A 型。保护配置如表 3-6 所示。故障发生时的报文如表 3-47 所示。

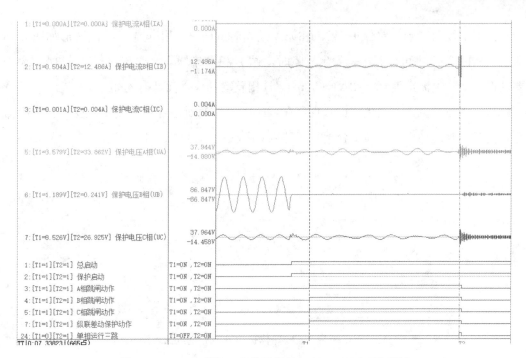

图 3-46 乙丁Ⅰ线第一套线路保护 PCS-931GMM 波形图

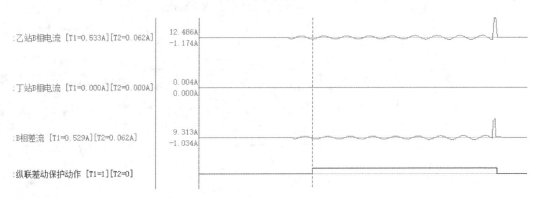

图 3-47 乙丁Ⅰ线第一套线路保护两侧 B 相电流及差流波形图

表 3-47　　　　　　　　**乙丁Ⅰ线第二套线路保护 WXH-803A 保护报文**

动作时间	动作报文
20××-03-22 20：25：12：562	保护启动
31ms	通道一分相差动动作 跳 ABC 相（B 相差流 0.518A）
36ms	永跳动作
38ms	通道二分相差动动作 跳 ABC 相（B 相差流 0.523A）
99ms	通道一零序差动动作跳 ABC 相 （零序差流 0.582A，故障相别：B 相）
106ms	通道二零序差动动作 跳 ABC 相 （零序差流 0.592A，故障相别：B 相）
189ms	永跳动作
189ms	跳闸失败
	测距 2.18km

乙丁Ⅰ线第二套线路保护 WXH-803A 动作时刻两侧 B 相电流及差流波形如图 3-48 所示。从图 3-48 中可以看出，发生故障时乙站 B 相电流增大，差流达到 0.523A，大于差动保护动作电流定值（0.22A），31ms，B 相差动动作，而此时乙丁Ⅰ线 T011、T012 断路器一直在分位，对侧跳位也一直存在，所以保护判断是合闸于故障，发三相跳闸命令，同时发永跳动作（闭锁重合闸），三跳乙丁Ⅰ线 T011、T012 断路器。

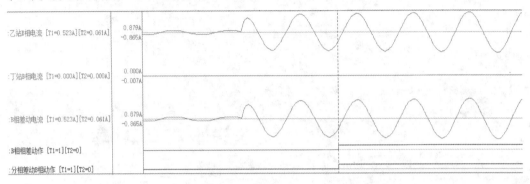

图 3-48　乙丁Ⅰ线第二套线路保护两侧 B 相电流及差流波形图

乙丁Ⅰ线两侧零序电流及零序差流波形如图 3-49 所示。保护启动时，零序差流（0.233A）大于差动电流定值（0.22A），零序差动延时 100ms 动作，动作时零序差流为 0.592A。

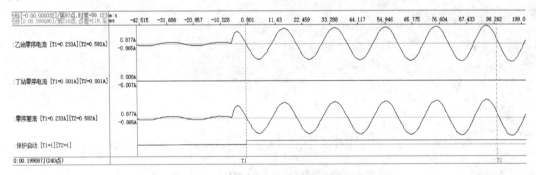

图 3-49　乙丁Ⅰ线第二套线路保护零序差流

保护跳闸后 150ms，B 相故障电流仍然存在，保护发跳闸失败令，同时再次补发永跳令。另外故障前 TV 断线一直存在，所以距离保护没有动作，故 WXH-803A 线路保护动作逻辑正确。

（3）第三阶段保护动作分析。

合闸电阻接地约 190ms 后，即 20：25：12：749，故障发展为 1000kVⅡ母不再通过合闸电阻而是直接对地形成短路，短路点应在合闸电阻靠近Ⅱ母侧。对地短路电流幅值突然增加，有效值约为 26.7kA，相位也发生突变，不再呈现为阻性负载。如图 3-50 所示，乙丁Ⅰ线线路 A、C 两相出现较高的电压为地电位抬升所致，此时乙站 1000kVⅡ母线两套母线差动保护差动动作，跳开1000kVⅡ母线所有边断路器。20：25：12：809故障电流消失，该阶段的短路过程持续了60ms左右。

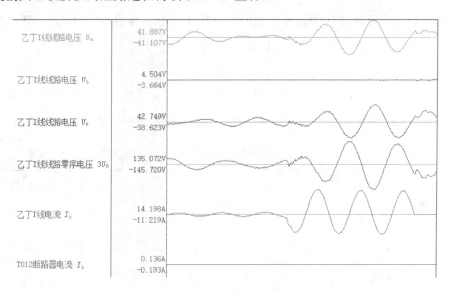

图3-50　T012合闸电阻靠近母线侧对地短路电压电流波形图

1）1000kVⅡ母第一套母线差动保护动作分析。1000kVⅡ母第一套母线差动保护为WMH-800A型。保护配置功能如表3-9所示。故障发生时的报文如表3-48所示。

表3-48　　　　　　1000kVⅡ母第一套母线差动保护WMH-800A保护报文

动作时间	动作报文
20××-03-22 20：25：12：562	保护启动
191ms	差动保护动作

1000kVⅡ母第一套母线差动保护WMH-800A动作时刻B相电流及差流波形如图3-51所示。保护启动后190ms，故障发展为T023、T033、T052、T063支路均出现故障

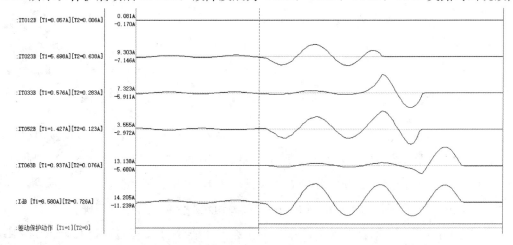

图3-51　1000kVⅡ母第一套母线差动保护B相电流及差流波形图

电流，1000kV Ⅱ母线保护的差流波形为正弦曲线特征，属于典型的区内故障，差流为 8.58A，故障持续时间 63.3ms，T012 支路电流为 0，说明 1000kV Ⅱ母线接地点发生在 T012 断路器靠近Ⅱ母线侧，即 T012 断路器与 T0122 电流互感器之间。该差流曲线完全满足差动保护动作条件（差动保护启动电流定值为 0.7A），WMH-800A 母线差动保护正确动作。

2）1000kV Ⅱ母第二套母线差动保护动作分析。1000kV Ⅱ母第二套母线差动保护为 BP-2CS-H 型。保护配置功能如表 3-9 所示。故障发生时的报文如表 3-49 所示。

表 3-49　　　　　　　　　1000kV Ⅱ母第二套母线差动保护 BP-2CS-H 保护报文

	动作时间	动作报文
第一次	20××-03-22 20：25：12：560	保护启动
	40ms	保护启动复归
第二次	20××-03-22 20：25：12：743	保护启动
	19ms	差动保护动作

1000kV Ⅱ母第二套母线差动保护 BP-2CS-H 第一次启动时，B 相电流及差流波形如图 3-52 所示。整个启动过程差流最大值为 0.577A，小于差动电流启动定值（0.7A），此时故障是 1000kV Ⅱ母线经过合闸电阻高阻接地，所以母线差动保护仅启动并未动作。

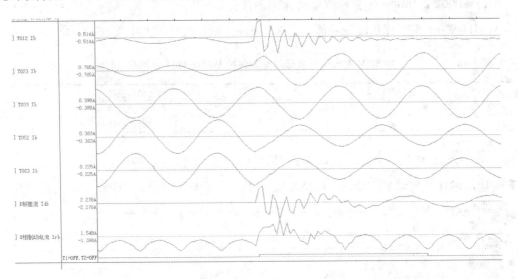

图 3-52　1000kV Ⅱ母经合闸电阻接地时 BP-2CS-H 保护电流波形图

20××年 01 月 22 日 20：25：12：743 时，故障发展为 1000kV Ⅱ母线直接接地故障，各支路 B 相电流及差流波形图如图 3-53 所示。差动保护动作时差流 I_d 为 6.629A，制动电流 I_r 为 4.506A，满足差动保护动作条 $I_d>K(I_d-I_r)$，其中：$K=1$。1000kV Ⅱ母第二套母线差动保护 BP-2CS-H 正确动作，约 63ms，故障切除。保护动作逻辑正确。

3）乙丁Ⅱ线 T023 断路器保护动作分析。乙丁Ⅱ线 T023 断路器保护为 PRS-721S-H 型。故障发生时的报文如表 3-50 所示。

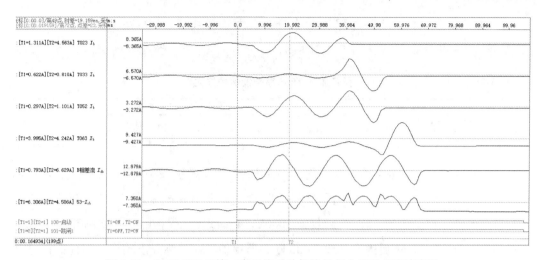

图 3-53　1000kVⅡ母第二套母线差动保护 B 相电流及差流波形图

表 3-50　　　　　　　　　　乙丁Ⅱ线 T023 断路器保护报文

动作时间	动作报文
20××-03-22 20：25：12：560	保护启动
202ms	沟通三跳
206ms	三相跟跳

乙丁Ⅱ线 T023 断路器动作时的电流波形如图 3-54 所示。20：25：12：560，故障发展为 1000kVⅡ母线经合闸电阻接地故障，乙丁Ⅱ线 T023 断路器电流增大，满足电流启动条件，保护启动。190ms 后发展为 1000kVⅡ母线直接接地故障，母线差动保护动作，乙丁Ⅱ线 T023 断路器启动 200ms 收到母线差动保护三相跳闸开入信号，T023 断路器保护放电，同时满足电流量启动条件，断路器保护沟通三跳动作。同时三跳开入时 T023 断路器故障电流为 4.991A，满足失灵保护相电流定值（0.5A），所以乙丁Ⅱ线 T023 断路器三相跟跳动作，该保护动作逻辑正确。

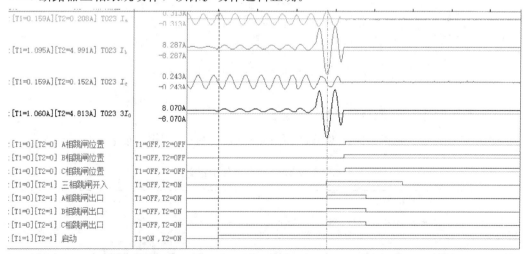

图 3-54　乙丁Ⅱ线 T023 断路器保护录波图

4）丙乙Ⅱ线 T033 断路器保护动作分析。丙乙Ⅱ线 T033 断路器保护为 WDLK-862A 型。故障发生时的报文如表 3-51 所示。

表 3-51　　　　　　　　　　丙乙Ⅱ线 T033 断路器保护报文

动作时间	动作报文
20××-03-22 20：25：12：749	保护启动
48ms	瞬时跟跳三相

丙乙Ⅱ线 T033 断路器动作时的电流波形如图 3-55 所示。20：25：12：749，故障发展为 1000kVⅡ母线接地故障，丙乙Ⅱ线 T033 断路器 B 相电流及零序电流增大，满足电流启动条件，保护启动。15ms 后收到 1000kVⅡ母线差动保护的三相跳闸开入，T033 断路器保护放电，23ms 后丙乙Ⅱ线 T033 断路器保护沟通三跳开出动作，但此时丙乙Ⅱ线 T033 断路器保护并未收到单相跳闸开入，所以断路器保护沟通三跳未动作。另外，保护三跳开入时 T033 断路器故障电流为 0.539A，大于失灵保护相电流定值（0.5A），所以 48ms 后丙乙Ⅱ线 T033 断路器瞬时跟跳三相动作。A/B/C 跳位在 A/B/C 跳闸开出之前动作，是因为母线差动保护三跳开入时，直接经断路器的操作箱跳闸，故跟跳动作出口之前跳位动作也是正常的，该保护动作逻辑正确。

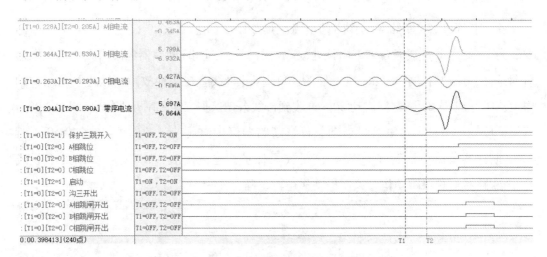

图 3-55　丙乙Ⅱ线 T033 断路器保护录波图

5）乙甲Ⅱ线 T052 断路器保护动作分析。

乙甲Ⅱ线 T052 断路器保护为 WDLK-862A 型。保护动作报文如表 3-52 所示。

表 3-52　　　　　　　　　　乙甲Ⅱ线 T052 断路器保护报文

动作时间	动作报文
20××-03-22 20：25：12：631	保护启动
171ms	瞬时跟跳三相

乙甲Ⅱ线 T052 断路器动作时刻的电流波形如图 3-56 所示。20：25：12：631，乙甲Ⅱ线 T052 断路器零序电流为 0.114A，满足电流启动条件，保护启动。142ms 后收到 1000kVⅡ线母差保护的三相跳闸开入，由于乙甲Ⅱ线 T052 断路器在停用重合闸位置，所以沟三开出一直动作，但此时丙乙甲Ⅱ线 T052 断路器保护并未收到单相跳闸开入，所以断路器保护沟通三跳未动作。另外，保护三跳开入时 T052 断路器故障电流为 1.542A，大于失灵保护相电流定值（0.5A），所以 171ms 后乙甲Ⅱ线 T052 断路器瞬时跟跳三相动作，该保护动作逻辑正确。

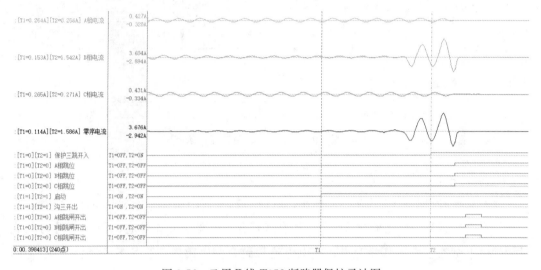

图 3-56　乙甲Ⅱ线 T052 断路器保护录波图

6）乙甲Ⅰ线 T063 断路器保护动作分析。乙甲Ⅰ线 T063 断路器保护为 WDLK-862A 型。故障发生时的报文如表 3-53 所示。

表 3-53　　　　　　　　　　乙甲Ⅰ线 T063 断路器保护报文

动作时间	动作报文
20××-03-22 20：25：12：749	保护启动
51ms	瞬时跟跳三相

乙甲Ⅰ线 T063 断路器动作时刻的电流波形如图 3-57 所示。20：25：12：749，故障发展为 1000kVⅡ母线接地故障，乙甲Ⅰ线 T063 断路器 B 相电流及零序电流增大，满足电流启动条件，保护启动。25ms 后收到 1000kVⅡ母线差动保护的三相跳闸开入，T063 断路器重合闸放电，7ms 后沟通三跳开出一直动作，但此时丙乙甲Ⅰ线 T063 断路器保护并未收到单相跳闸开入，所以断路器保护沟通三跳未动作。另外，保护三跳开入时乙甲Ⅰ线 T063 断路器故障电流为 0.98A，大于失灵保护相电流定值（0.5A），所以 51ms 后乙甲Ⅰ线 T063 断路器瞬时跟跳三相动作，该保护动作逻辑正确。

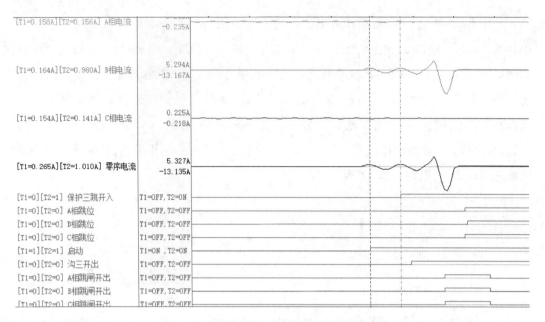

图 3-57　乙甲Ⅰ线 T063 断路器保护录波图

4. 分析结论

故障发展过程示意图如图 3-58 所示。故障均发生在乙站乙丁Ⅰ线 T012 断路器合闸电阻气室内部。第一次故障时 T012 断路器 B 相合闸电阻小开关导通，1000kVⅡ母线通过合闸电阻对乙丁Ⅰ线 B 相充电，充电电流导致合闸电阻发热。约 8.5s 后，由于合闸电阻长时间发热最终导致 T012 断路器 B 相合闸电阻对地短路。接着约 190ms 后，故障发展为 1000kVⅡ母线直接对地短路，两套母差保护动作，切除故障。

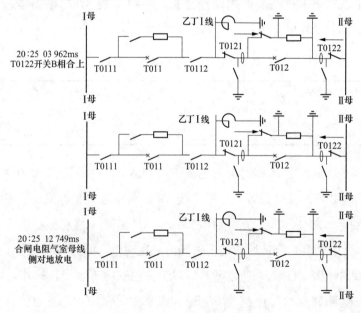

图 3-58　故障发展过程示意图

特高压交流变电站
运维技术

第四章 特高压变电站倒闸
操作及设备巡视

本章主要介绍特高压变电站各电压等级电气主接线、站用电交直流接线及运行方式；特高压变电站倒闸操作概念、几种典型操作任务的基本要求、主要步骤及注意事项；特高压变电站主设备的巡视种类与周期，巡视要求与方法，巡视时注意事项，以及特高压变电站各设备巡视的主要项目。

第一节　特高压变电站电气主接线

一、特高压变电站典型主接线及运行方式

1. 电气主接线及运行方式

（1）电气主接线是指一次设备按生产流程所连接成的电路，表明电能的生产、汇集、转换、分配关系和运行方式，是运行操作、切换电路的依据，又称一次接线。

（2）对电气主接线的基本要求。

1）保证必要的供电可靠性和电能质量；

2）具有一定灵活性和方便性；

3）具有经济性；

4）具有发展和扩建的可能性。

（3）运行方式是指电气主接线中电气元件实际所处的工作状态（运行、备用、检修）及其连接方式，可分为正常运行方式和特殊运行方式。

2. 1000、500kV典型主接线及运行方式

（1）均采用3/2断路器接线，正常运行为全接线运行。

（2）3/2断路器接线的主要优点

1）可靠性高。每一回路有两台断路器供电，正常运行方式下，发生母线故障（完整串即使双母线故障）不会导致线路或主变压器停电；

2）运行方式灵活。正常运行时，两组母线和所有断路器都投入运行，从而形成多环网供电方式；

3）设备停役方便，带负荷拉隔离开关的概率低。

（3）3/2断路器接线的主要缺点

1）二次接线复杂。由于3/2断路器连接两个回路，使得继电保护和二次回路复杂；

2）当出线回路数多时所用的断路器多；

3）限制短路电流比较困难。

1000、500kV电压等级典型接线如图4-1所示。

3. 110kV主接线及运行方式

110kV电压等级典型接线如图4-2所示。

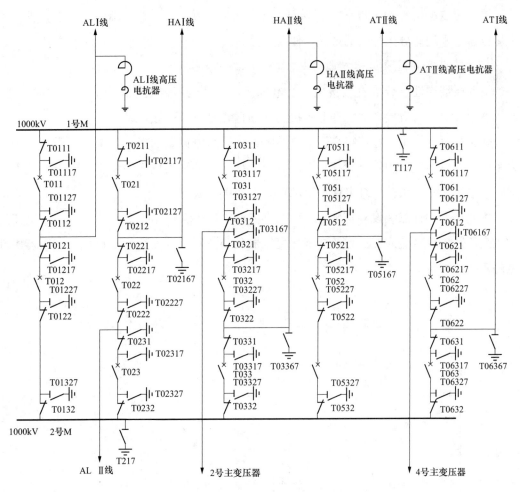

图 4-1　1000、500kV 电压等级典型接线图

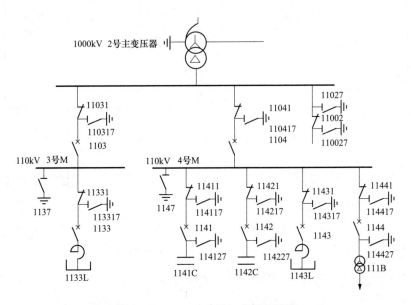

图 4-2　110kV 电压等级典型接线图

特高压变电站 110kV 系统采用单母线接线方式，接有低压电容器、低压电抗器、站用变压器。常用有分支母线的形式，便于扩建。

4. 主变压器中性点运行方式

主变压器中性点分为直接接地、经电抗接地、经电容接地等运行方式，1000kV 主变压器中性点分为直接接地、经电容接地（隔直装置）等运行方式。

强交强直系统中，直流特高压变电站附近饱受直流偏磁的影响。直流偏磁是由于电力系统中变压器接地中性点间存在直流电位差而产生的。其危害主要有：电力系统电压下降，电容器组过负荷，继电保护误动作，主变压器振动加大。

主变压器中性点装设隔直装置，可在直流输电单极大地运行时，防止大地极电流通过主变压器中性点流入交流系统，确保变压器及交流系统的安全稳定运行。变压器中性点隔直装置原理如图 4-3 所示。

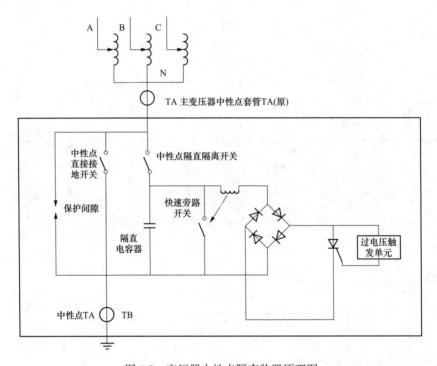

图 4-3　变压器中性点隔直装置原理图

主变压器中性点隔直装置是采用在主变压器中性点接入电容器的方法抑制主变压器中性点直流电流，利用与电容器并联的中性点快速旁路开关，实现隔直装置直接接地运行状态和经电容接地运行状态的转换。当主变压器中性点检测到越限的直流电流时（检测接地点直流 TA 电流高于整定值），将中性点快速旁路开关断开；当主变压器中性点直流电流消失时（检测电容两端电压低于整定值），延时将中性点快速旁路开关闭合，即采用"电流启动，电压返回"的方式。另外，在经电容接地运行状态下，当交流系统发生三相不平衡故障时，将有可能在电容器两端产生高电压。为保护设备，装置通过大功率晶闸管实现过电压快速旁路保护，并驱动隔直装置保护旁路开关闭合，实现中性点金属性接地。

所以，隔直装置处"投入"状态时，有两种接地状态，即"直接接地运行状态"和"经电容接地运行状态"：

（1）隔直装置直接接地状态：快速旁路断路器合上，旁路电容器；

（2）隔直装置经电容接地状态：快速旁路断路器断开，接入电容器。

5. 站用交流系统典型接线及运行方式

特高压变电站站用电系统一般由 3 组站用变压器组成，其中 2 组站用变压器（1 号和 2 号站用变压器）电源引接至本站主变压器低压侧，作为站用交流系统主电源，1 组站用变压器（0 号站用变压器）电源引自外来变电站，作为站用交流系统备用电源。站用交流系统 400V 母线采用单母分段接线，正常时分列运行。1 号站用变压器低压侧接于 400V Ⅰ 段母线，供 400V Ⅰ 段母线负荷；2 号站用变压器低压侧接于 400V Ⅱ 段母线，供 400V Ⅱ 段母线负荷。备用站用变压器（0 号站用变压器）低压侧分别接于 400V Ⅰ 段母线和 400V Ⅱ 段母线，平时作为备用，在两段 400V 母线任一段失电时应具有备用电源自动投入功能。

特高压变电站站用电系统普遍采用两级站用变压器［110kV 站用变压器与 35(10)kV 站用变压器］串联后再引出 400V 电源。与非特高压变电站的站用变压器有明显区别。

一般在特高压变电站 400V 母线上会有连接发电机或应急发电车的接口。

站用交流系统典型接线图如图 4-4 和图 4-5 所示。

6. 站用直流系统接线与运行方式

特高压变电站一般设置一套站用直流系统，配置三组充电机、两组蓄电池。正常运行方式下，直流Ⅰ、Ⅱ段母线分列运行，1 号充电机带直流Ⅰ段母线运行并给 1 号蓄电池组浮充电；2 号充电机带直流Ⅱ段母线运行并给 2 号蓄电池组浮充电；0 号充电机充电备用。站用直流系统典型接线如图 4-6 所示。

直流Ⅰ、Ⅱ段母线采用单母分段接线，正常时分列运行，严禁母线脱离蓄电池运行，有接地时禁止并列。注意两段母线负荷分配尽量平衡。直流Ⅰ、Ⅱ段母线如需并列运行，并列前任一段均应无接地情况，两段间电压差小于 10%。并列后需退出其中一段直流母线所接的充电机和绝缘监察装置。

二、特高压交流变电站调度管辖范围划分

1. 特高压交流变电站设备运行由三级调度机构管理

（1）国家电力调度通信中心，简称国调；

（2）国家电力调度通信中心各分中心，简称网调；

（3）特高压交流变电站所在的县（市）电力调度所，简称县（市）调。

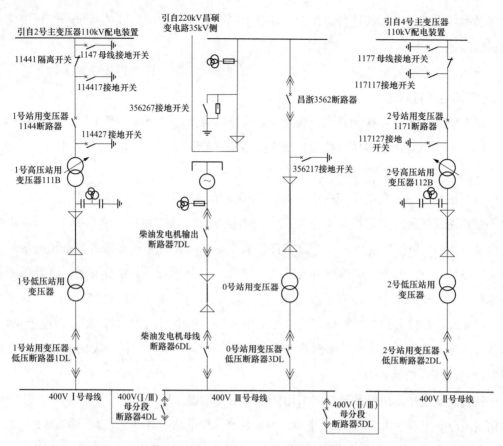

图 4-4　站用交流系统典型接线图 1（有 400V 母线分段断路器、连接柴油发电机）

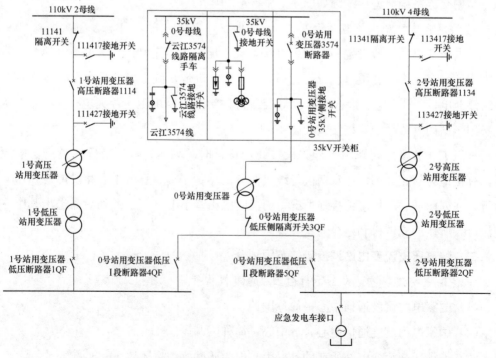

图 4-5　站用交流系统典型接线图 2（无 400V 母线分段断路器、预留应急发电车接口）

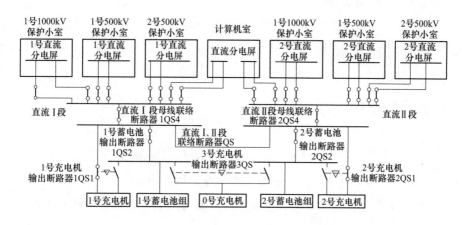

图 4-6 站用直流系统典型接线图

2. 特高压交流变电站设备具体划分

（1）国调管辖范围。1000kV 系统设备；1000kV 主变压器及其三侧设备，包括 1000kV 主变压器中性点及其隔直装置；1000kV 主变压器所在的 500kV 串内全部设备；以高压站用变压器断路器母线侧隔离开关为界，靠母线侧的 110kV 系统设备。

但上述设备在有些地区会采用国调委托网调管辖的方式，状态调整之前需要得到国调许可。

（2）网调管辖范围。500kV 系统设备，除 1000kV 主变压器所在的 500kV 串内设备外。

（3）县（市）调管辖范围。特高压变电站 35kV 或 10kV 的外来电源线路。

第二节　特高压变电站典型操作

一、电气设备的倒闸操作

变电站中的电气设备，有运行、热备用、冷备用、检修四种状态，把电气设备由一种状态转变为另一种状态时，需要进行一系列操作，该操作叫做电气设备的倒闸操作。

倒闸操作由相应值班调度员通过"操作指令"和"操作许可"两种方式进行。

（1）操作指令是指值班调度员对其直调的设备进行变更电气接线方式和事故处理而发布倒闸操作的指令。可根据指令所包含项目分为逐项操作指令、综合操作指令（含大任务操作指令）及操作口令。

（2）操作许可是指值班调度员采用许可方式对直调电气设备接线方式变更后的最终状态发布的倒闸操作命令。可根据许可所采用的形式分为综合操作许可（主要指操作许可制）及口头操作许可。

二、主变压器停、复役操作

1. 主变压器停、复役操作的基本要求及注意事项

（1）一般情况下，1000kV 主变压器复役应从 1000kV 侧充电，在 500kV 侧合环。1000kV 主变压器停役或充电前，现场运维人员应确认该 1000kV 主变压器 110kV 侧无功补偿装置未投入，且母线电压满足相关要求。

（2）1000kV 主变压器的合环、并列操作必须经过同期装置检测。

（3）1000kV 主变压器可采用调度许可的方式进行倒闸操作。

（4）1000kV 主变压器中性点运行方式改变及分接头调整。

1）1000kV 主变压器无载调压分接头档位调整必须在变压器检修状态下进行，有载调压分接头档位调整可以在变压器运行状态下进行；

2）1000kV 主变压器分接头档位调整过程中的保护投退、保护定值调整和调压补偿变联动切换等操作由现场根据调度对 1000kV 主变压器分接头调整要求按相关规定自行完成；

3）若 1000kV 主变压器中性点安装隔直装置，在主变压器停役前应将 1000kV 主变压器中性点接地方式改为中性点直接接地方式。

（5）保护状态调整需要在 1000kV 主变压器为冷备用状态或检修状态下进行，仅一次设备工作，保护可不做调整。

2.1000kV 主变压器停、复役操作步骤

（1）1000kV 主变压器停役操作步骤：

1）站用电切换；

2）停用低压侧电抗器、电容器；

3）中压侧断路器解环；

4）低压侧改热备用；

5）高压侧断路器停电。

（2）1000kV 主变压器停役操作典型操作任务。

主变压器停役操作典型操作任务如表 4-1 所示。

表 4-1　　　　　　　　　　主变压器停役典型操作任务

序号	地点		操作任务	备注
一	特高压×站		查：×号主变压器低压电抗器、低压电容器均不在运行状态	
二	特高压×站	1	×号主变压器/××50N2 断路器从运行改为热备用	
		2	×号主变压器 50N1 断路器从运行改为热备用	
三	特高压×站	1	×号主变压器 110Y 断路器从运行改为热备用	
		2	×号主变压器 110Z 断路器从运行改为热备用	

序号	地点		操作任务	备注
三	特高压×站	3	×号主变/××T0M2断路器从运行改为热备用	
		4	×号主变压器T0M1断路器从运行改为热备用	
四	特高压×站	1	×号主变压器/××50N2断路器从热备用改为冷备用（或断路器检修）	
		2	×号主变压器50N1断路器从热备用改为冷备用（或断路器检修）	
		3	×号主变压器110Y断路器从热备用改为冷备用	
		4	×号主变压器110Z断路器从热备用改为冷备用	
		5	×号主变压器/××T0M2断路器从热备用改为冷备用（或断路器检修）	
		6	×号主变压器T0M1断路器从热备用改为冷备用（或断路器检修）	
		7	×号主变压器Y1号低压电抗器（或电容器）从热备用改为冷备用（或检修）	
		8	×号主变压器Y2号低压电抗器（或电容器）从热备用改为冷备用（或检修）	
		9	×号主变压器110kV Y断路器从冷备用改为断路器检修	
		10	×号主变压器110kV Z断路器从冷备用改为断路器检修	
		11	×号主变压器110kV Y母线从冷备用改为检修	
		12	×号主变压器110kV Z母线从冷备用改为检修	
		13	×号主变压器从冷备用改为主变压器检修	

注　1000kV主变压器110kV侧断路器停役时，则有关的电容器和低压电抗器需先改为热备用，如果1000kV主变压器110kV侧断路器需改为断路器检修时，则必须先将有关的低压电容器和低压电抗器改为冷备用，再将该断路器改为断路器检修状态。

（3）1000kV主变压器复役操作步骤：

1）高压侧充电；

2）低压侧改至运行；

3）中压侧合环；

4）根据系统情况投入低压电抗器或低压电容器；

5）站用电切换。

（4）1000kV主变压器复役操作典型操作任务如表4-2所示。

表4-2　　　　　　　　　　　主变压器复役操作典型操作任务表

序号	地点		操作任务	备注
一	××省调		×号主变压器××工作　毕	
二	特高压×站	1	×号主变压器从变压器检修改为冷备用	
		2	×号主变压器110kV Y母线从检修改为冷备用	
		3	×号主变压器110kV Z母线从检修改为冷备用	
		4	×号主变压器110kV Y断路器从冷备用（或断路器检修）改为热备用	

续表

序号	地点		操作任务	备注
二	特高压×站	5	×号主变压器 110kV Z 断路器从冷备用（或断路器检修）改为热备用	
		6	×号主变压器 Y1 号低压电抗器（或低压电容器）从冷备用（或检修）改为热备用	
		7	×号主变压器 Y2 号低压电抗器（或低压电容器）从冷备用（或检修）改为热备用	
		8	×号主变压器 T0M1 断路器从冷备用（或断路器检修）改为热备用	
		9	×号主变压器/×× T0M2 断路器从冷备用（或断路器检修）改为热备用	
		10	×号主变压器 50N1 断路器从冷备用（或断路器检修）改为热备用	
		11	×号主变压器/×× 50N2 断路器从冷备用（或断路器检修）改为热备用	
三	特高压×站	1	×号主变压器 T0M1 断路器从热备用改为运行	充电
		2	×号主变压器/×× T0M2 断路器从热备用改为运行	
		3	×号主变压器 110kV Y 断路器从热备用改为运行	
		4	×号主变压器 110kV Y 断路器从热备用改为运行	
四	特高压×站	1	×号主变压器 50N1 断路器从热备用改为运行	合环
		2	×号主变压器/×× 50N2 断路器从热备用改为运行	

注 1000kV 主变压器 110kV 侧断路器复役时，必须待 110kV 侧断路器为冷备用后，才能将有关的低压电容器和低压电抗器改为热备用。

三、1000kV 线路停、复役操作

1. 1000kV 线路停、复役操作的基本要求及注意事项

（1）正常方式下，1000kV 线路的解、并列或解、合环操作可以在线路两侧进行。1000kV 电厂送出线路送电时尽量在系统侧充电，停役时尽量在电厂侧解环或解列。1000kV 线路操作前应注意调整潮流和控制电压，防止线路两端电压超过允许范围。

（2）1000kV 线路的合环、并列操作必须经过同期装置检测。

（3）配置高压电抗器的 1000kV 线路不得无高压电抗器运行。1000kV 线路高压电抗器由于没有单独装设高压电抗器隔离开关和高压电抗器接地开关，运行中只能始终保持运行状态，不能进行操作。其状态随线路的状态改变而转变。

（4）单侧带高压电抗器的 1000kV 线路停役时应从非高压电抗器侧充电，带高压电抗器侧合环，复役时顺序相反。

（5）保护状态调整需要在 1000kV 线路为冷备用状态或检修状态进行投入或退出。

2. 1000kV 线路停、复役操作步骤

（1）1000kV 线路停役操作基本步骤：

1）两侧运行至热备用；

2）两侧热备用至冷备用；

3）两侧冷备用至检修。

（2）1000kV 线路停役操作典型操作任务（两侧）如表 4-3 所示。

表 4-3　　　　　　　　　　　线路停役操作典型操作任务表

序号	地点		操作任务	备注
一	特高压甲站	1	××线/×× T0N2 断路器从运行改为热备用	
		2	××线 T0N1 断路器从运行改为热备用	解环
二	特高压乙站	1	××线/×× T0M2 断路器从运行改为热备用	
		2	××线 T0M1 断路器从运行改为热备用	
三	特高压乙站	1	××线/×× T0M2 断路器从热备用改为冷备用	
		2	××线 T0M1 断路器从热备用改为冷备用	
四	特高压甲站	1	××线/×× T0N2 断路器从热备用改为冷备用	
		2	××线 T0N1 断路器从热备用改为冷备用	
五	特高压甲站	1	××线从冷备用改为线路检修	
		2	××线/×× T0N2 断路器从冷备用改为断路器检修	
		3	××线 T0N1 断路器从冷备用改为断路器检修	
六	特高压乙站	1	××线从冷备用改为线路检修	
		2	××线/×× T0M2 断路器从冷备用改为断路器检修	
		3	××线 T0M1 断路器从冷备用改为断路器检修	
七	××省调	1	许可：××线线路工作　　始	

（3）1000kV 线路复役操作基本步骤：

1）两侧检修至冷备用；

2）两侧冷备用至热备用；

3）两侧热备用至运行。

（4）1000kV 线路复役操作典型操作任务（两侧）如表 4-4 所示。

表 4-4　　　　　　　　　　　线路复役操作典型操作任务表

序号	地点		操作任务	备注
一	××省调		××线线路 XX 工作　　毕	
二	特高压甲站	1	××线从线路检修改为冷备用	
		2	××线 T0N1 断路器从断路器检修改为冷备用	解环
		3	××线/×× T0N2 断路器从断路器检修改为冷备用	
三	特高压乙站	1	××线从线路检修改为冷备用	
		2	××线 T0M1 断路器从断路器检修改为冷备用	
		3	××/×× T0M2 断路器从断路器检修改为冷备用	

续表

序号	地点		操作任务	备注
四	特高压乙站	1	××线 T0M1 断路器从冷备用改为热备用	
		2	××线/×× T0M2 断路器从冷备用改为热备用	
五	特高压甲站	1	××线 T0N1 断路器从冷备用改为热备用	
		2	××线/×× T0N2 断路器从冷备用改为热备用	
六	特高压甲站	1	××线 T0N1 断路器从热备用改为运行	充电
		2	××线/×× T0N2 断路器从热备用改为运行	
七	特高压乙站	1	××线 T0M1 断路器从热备用改为运行	合环
		2	××线/×× T0M2 断路器从热备用改为运行	

四、1000kV 母线停、复役操作

1. 1000kV 母线停、复役操作的基本要求及注意事项

（1）对于 3/2 断路器接线方式的母线停、复役操作各分为两步。停役时：靠待停母线侧断路器从运行改为冷备用，各断路器改冷备用的顺序是尾号从小号码到大号码；母线从冷备用改为检修。复役时：母线从检修改为冷备用；母线侧断路器从冷备用改为运行，各断路器改运行的顺序是尾号从大号码到小号码。

（2）1000kV 母线可采用调度许可的方式进行倒闸操作。

（3）1000kV 母线改为检修后，如相应线路中断路器的重合闸正常运方时是退出的，应将相应线路中断路器的重合闸用上。

（4）1000kV 母线复役时，应在初充电时检查母线电压情况及有无异常声响。对于母线上装设有两台（组）母线电压互感器，应比较两台（组）母线电压互感器是否基本一致。

（5）母线停役时一般不得停用母线差动保护。

2. 1000kV 母线停、复役操作步骤

（1）1000kV 母线停役基本步骤：

1）母线断路器改为热备用（冷备用）；

2）母线改为检修。

（2）1000kV 母线停役典型操作任务如表 4-5 所示。

表 4-5　　　　　　　　1000kV 母线停役典型操作任务表

序号	地点		操作任务	备注
一	特高压×站	1	×× T011（或 3）断路器从运行改为冷备用（或断路器检修）	
		2	×× T021（或 3）断路器从运行改为冷备用（或断路器检修）	
		3	×× T031（或 3）断路器从运行改为冷备用（或断路器检修）	
		4	1000kV Ⅰ（或Ⅱ）母线从冷备用改为检修	
二	××省调	1	许可：1000kV Ⅰ（或Ⅱ）母线工作　　　始	

（3）1000kV 母线复役基本步骤：

1）母线从检修改为冷备用；

2）母线断路器从冷备用改为运行。

3. 1000kV 母线复役典型操作任务（见表 4-6）

表 4-6　　　　　　　　　　　1000kV 母线复役典型操作任务表

序号	地点		操作任务	备注
一	××省调	1	许可：1000kV Ⅰ（或Ⅱ）母线工作　　毕	
二	特高压×站	1	1000kV Ⅰ（或Ⅱ）母线从检修改为冷备用	
		2	×× T031（或 T033）断路器从冷备用（或断路器检修）改为运行	
		3	×× T021（或 T023）断路器从冷备用（或断路器检修）改为运行	
		4	×× T011（或 T013）断路器从冷备用（或断路器检修）改为运行	

第三节　特高压变电站设备巡视

一、特高压变电站巡视分类及要求

特高压变电站的设备巡视检查，分为例行巡视、全面巡视、专业巡视、熄灯巡视和特殊巡视五种。

1. 例行巡视

例行巡视是指对站内设备及设施外观、异常声响、设备渗漏、监控系统、二次装置及辅助设施异常告警、消防安防系统完好性、特高压交流变电站运行环境、缺陷和隐患跟踪检查等方面的常规性巡查。

巡视周期：例行巡视每两天不少于 1 次。

2. 全面巡视

在例行巡视项目基础上，对站内设备开启箱门检查，记录设备运行数据，检查设备污秽情况，检查防火、防小动物、防误闭锁等有无漏洞，检查接地网及引线是否完好，检查特高压交流变电站设备厂房等方面的详细巡查。

巡视周期：每周不少于 1 次。

3. 专业巡视

为深入掌握设备状态，由运维、检修、设备状态评价人员联合开展对设备的集中巡查和检测。

巡视周期：每月不少于 1 次。

4. 熄灯巡视

夜间熄灯开展的巡视，重点检查设备有无电晕、放电，接头有无过热现象。

巡视周期：每月不少于1次。

5. 特殊巡视

特殊巡视指因设备运行环境、方式变化而开展的巡视。遇有以下情况，应进行特殊巡视：

（1）大风后；

（2）雷雨后；

（3）冰雪、冰雹、雾霾；

（4）新设备投入运行后；

（5）设备经过检修、改造或长期停运后重新投入系统运行后；

（6）设备缺陷有发展时；

（7）设备发生过负荷或负荷剧增、超温、发热、系统冲击、跳闸等异常情况；

（8）法定节假日、上级通知有重要保供电任务时；

（9）电网供电可靠性下降或存在发生较大电网事故（事件）风险时段。

二、特高压变电站设备巡视方法

1. 设备巡视重点

（1）设备巡视时，要集中精力，认真、仔细，充分发挥眼、鼻、耳、手的作用，并分析设备运行是否正常；

（2）高温、高峰大负荷时，应使用红外线测温仪进行测试，并分析测试的结果；

（3）可在毛毛雨天和小雪天检查户外设备是否发热；

（4）利用日光检查户外绝缘子是否有裂纹；

（5）雨后检查户外绝缘子是否有水波纹；

（6）设备经过操作后要重点检查，特别是断路器跳闸后的检查；

（7）气候骤然变化时，应重点检查注油设备油位、压力是否正常，有无渗漏；

（8）根据历次的设备事故进行重点检查；

（9）新设备投入运行后（尤其是主变压器等大型设备），应增加一次巡视并进行测温；

（10）运行设备存在缺陷尚未处理，应检查缺陷是否发展、变化。

2. 设备巡视基本技巧

（1）目测。目测法就是值班人员用肉眼对运行设备可见部位的外观变化进行观察来发现设备的异常现象，如变色、变形、位移、破裂、松动、打火冒烟、渗油漏油、断股断线、闪络痕迹、异物搭挂、腐蚀污秽等都可通过目测法检查出来。因此，目测法是设备巡查最常用的方法之一。

（2）耳听。变电站的一、二次电磁式设备（如变压器、互感器、继电器、接触器等），正常运行通过交流电后，其绕组铁芯会发出均匀节律和一定响度的"嗡、嗡"声。运行值班人员应该熟悉掌握声音的特点，当设备出现故障时，会夹着杂音，甚至有"劈啪"的放电声，可以通过正常时和异常时的音律、音量的变化来判断设备故障的发生和性质。

（3）鼻嗅。电气设备的绝缘材料一旦过热会使周围的空气产生一种异味。这种异味对正常巡查人员来说是可以嗅别出来的。当正常巡查中嗅到这种异味时，应仔细巡查观察、发现过热的设备与部位，直至查明原因。

（4）手触。对带电的高压设备，如运行中的变压器、消弧线圈的中性点接地装置，禁止使用手触法测试。对不带电且外壳可靠接地的设备，检查其温度或温升时需要用手触试检查。二次设备发热、振动等可以用手触法检查。

（5）仪器检测。在线监测装置、红外测温、SF_6检漏仪、SF_6气体成分分析仪、钳形电流表等。

3. 设备巡视安全注意事项

（1）雷雨天时，尽量避免巡视户外高压设备。

（2）按巡视路线行走，保证巡视路线上的电缆沟盖板稳固。巡视路线上不得有障碍物，堵塞巡视路线时应在周围装设围栏，夜间还应有警示灯。夜间巡视要保证充足的照明。

（3）巡视上下扶梯时要注意保持重心平衡。

（4）巡视进出各继保室、站用电室等，必须随手关门。

（5）各继保室、站用电室门口加装的防小动物挡板，不得随意移开。

（6）进入蓄电池室前先开启通风设备一段时间后方可进入，进入密闭空间前还应检测气体含量合格后方可进入。

4. 在设备巡视基础上做好"日对比、周分析、月总结"工作

"日对比、周分析、月总结"工作，是国网公司提出的特高压变电站设备状态分析的一项重要手段，重点通过对SF_6气压、GIS局部放电、油色谱数据、主变压器、高压电抗器接地电流等在线监测数据进行分析，从而掌握特高压设备的运行状况，以便尽早发现设备异常。

"日对比"工作主要侧重于数据与正常值的对比，及时发现数据突变等异常。"周分析"主要侧重于本周数据、周与周之间数据趋势变化情况，及时发现异常变化趋势。"月总结"主要侧重于各项日常巡视、在线监测、带电检测数据的总结分析，以及曲线变化趋势等。"日对比、周分析、月总结"工作明确各级人员职责，并做好工作质量把关，开展的工作要求有明确的分析结论并层层审核。

三、特高压变电站主设备巡视项目

（一）特高压变压器（电抗器）巡视项目

特高压变压器（电抗器）外观如图 4-7 所示。

图 4-7　特高压变压器（电抗器）外观图

1. 例行巡视

（1）本体及套管。

1）运行监控信号、灯光指示、运行数据等均应正常；

2）各部位无渗油、漏油；

3）套管油位正常，套管外部无破损裂纹、无严重油污、无放电痕迹，防污闪涂料无起皮、脱落等异常现象；

4）套管末屏无异常声音，接地引线固定良好，套管均压环无开裂歪斜；

5）变压器声响均匀、正常；

6）引线接头、电缆应无发热迹象；

7）外壳及箱沿应无异常发热，引线无散股、断股；

8）变压器外壳、铁芯和夹件接地良好。

（2）分接断路器。

1）分接档位指示与监控系统一致。三相分体式变压器分接档位三相应置于相同档位，且与监控系统一致；

2）机构箱电源指示正常，密封良好，加热、驱潮等装置运行正常；

3）分接断路器的油位、油色应正常。

（3）冷却系统。

1）各冷却器（散热器）的风扇、油泵运转正常，油流继电器工作正常；

2）冷却系统及连接管道无渗漏油，特别注意冷却器潜油泵负压区出现渗漏油；

3）冷却装置控制箱电源投切方式指示正常；

4）继电器、压力表、温度表、流量表的指示正常，指针无抖动现象；

5）各部件无锈蚀、管道无渗漏、阀门开启正确、电机运转正常。

（4）非电量保护装置。

1）温度计外观完好、指示正常，表盘密封良好，无进水、凝露，温度指示正常；

2）压力释放阀、安全气道及防爆膜应完好无损；

3）气体继电器内应无气体；

4）气体继电器、油流速动继电器、温度计防雨措施完好。

（5）储油柜。

1）本体及有载调压断路器储油柜的油位应与制造厂提供的油温、油位曲线相对应；

2）本体及有载调压断路器吸湿器呼吸正常，外观完好，吸湿剂符合要求，油封杯油位正常。

（6）其他。

1）各控制箱、端子箱和机构箱应密封良好，加热、驱潮等装置运行正常；

2）电缆穿管端部封堵严密；

3）各种标志应齐全明显；

4）原存在的设备缺陷是否有发展；

5）变压器（电抗器）导线、接头、母线上无异物。

2. 全面巡视（在例行巡视的基础上增加以下项目）

（1）消防设施应齐全完好；

（2）储油池和排油设施应保持良好状态；

（3）各部位的接地应完好；

（4）冷却系统各信号正确；

（5）在线监测装置应保持良好状态；

（6）抄录主变压器油温及油位。

3. 熄灯巡视

（1）引线、接头、套管末屏无放电、发红迹象；

（2）套管无闪络、放电。

4. 特殊巡视

（1）新投入或者经过大修的变压器（电抗器）巡视。

1）各部件无渗漏油；

2）声音应正常，无不均匀声响或放电声；

3）油位变化应正常，应随温度的增加合理上升，并符合变压器（电抗器）的油温曲线；

4）冷却装置运行良好，每一组冷却器温度应无明显差异；

5）油温变化应正常，变压器（电抗器）带负载后，油温应符合厂家要求。

（2）异常天气时的巡视。

1）气温骤变时，检查储油柜油位和瓷套管油位是否有明显变化，各侧连接引线是否受力，是否存在断股或者接头部位、部件发热现象。各密封部位、部件有否渗漏油现象。

2）浓雾、小雨、雾霾天气时，瓷套管有无沿表面闪络和放电，各接头部位、部件在小雨中不应有水蒸气上升现象。

3）下雪天气时，应根据接头部位积雪溶化迹象检查是否发热。检查导引线积雪累积厚度情况，为了防止套管因积雪过多受力引发套管破裂和渗漏油等，应及时清除导引线上的积雪和形成的冰柱。

4）高温天气时，应特别检查油温、油位、油色和冷却器运行是否正常。必要时，可以启动备用冷却器。

5）大风、雷雨、冰雹天气过后，检查导引线摆动幅度及有无断股迹象，设备上有无飘落积存杂物，瓷套管有无放电痕迹及破裂现象。

6）覆冰天气时，观察外绝缘的覆冰厚度及冰凌桥接程度，覆冰厚度不超 10mm，冰凌桥接长度不宜超过干弧距离的 1/3，放电不超过第二伞裙，不出现中部伞裙放电现象。

（3）过载时的巡视。

1）定时检查并记录负载电流，检查并记录油温和油位的变化；

2）检查变压器（电抗器）声音是否正常，接头是否发热，冷却装置投入数量是否足够；

3）防爆膜、压力释放阀是否动作。

（4）故障跳闸后的巡视。

1）检查现场一次设备（特别是保护范围内设备）有无着火、爆炸、喷油、放电痕迹、导线断线、短路、小动物爬入等情况；

2）检查保护及自动装置（包括气体继电器和压力释放阀）的动作情况；

3）检查各侧断路器运行状态（位置、压力、油位）。

（二）特高压变电站 GIS 设备巡视项目

图 4-8 特高压变电站 GIS 设备外观图

特高压变电站 GIS 设备外观如图 4-8 所示。

1. 例行巡视

（1）设备出厂铭牌齐全、清晰。

（2）运行编号标识、相序标识清晰。

（3）外壳无锈蚀、损坏，漆膜无局部颜色加深或烧焦、起皮现象。

（4）伸缩节外观完好，无破损、变形、锈蚀。

（5）外壳间导流排外观完好，金属表面无锈蚀，连接无松动。

（6）盆式绝缘子分类标示清楚，可有效分辨通盆和隔盆，外观无损伤、裂纹。

（7）套管表面清洁，无开裂、放电痕迹及其他异常现象；金属法兰与瓷件胶装部位粘合应牢固，防水胶应完好。

（8）增爬措施（伞裙、防污涂料）完好，伞裙应无塌陷变形，表面无击穿，黏接界面牢固；防污闪涂料涂层无剥离、破损。

（9）均压环外观完好，无锈蚀、变形、破损、倾斜脱落等现象。

（10）引线无散股、断股；引线连接部位接触良好，无裂纹、发热变色、变形。

（11）设备基础应无下沉、倾斜，无破损、开裂。

（12）接地连接无锈蚀、松动、开断，无油漆剥落，接地螺栓压接良好。

（13）支架无锈蚀、松动或变形。

（14）对室内组合电器，进门前检查氧量仪和气体泄漏报警仪无异常。

（15）运行中组合电器无异味，重点检查机构箱中有无线圈烧焦气味。

（16）运行中组合电器无异常放电、振动声，内部及管路无异常声响。

（17）SF$_6$气体压力表或密度继电器外观完好，编号标识清晰完整，二次电缆无脱落，无破损或渗漏油，防雨罩完好。

（18）对于不带温度补偿的SF$_6$气体压力表或密度继电器，应对照制造厂提供的温度-压力曲线，并与相同环境温度下的历史数据进行比较，分析是否存在异常。

（19）压力释放装置（防爆膜）外观完好，无锈蚀变形，防护罩无异常，其释放出口无积水（冰）、无障碍物。

（20）断路器设备机构油位计和压力表指示正常，无明显漏气漏油。

（21）断路器、隔离开关、接地开关等位置指示正确，清晰可见，机械指示与电气指示一致，符合现场运行方式。

（22）断路器、油泵动作计数器指示值正常。

（23）机构箱、汇控柜等的防护门密封良好，平整，无变形、锈蚀。

（24）带电显示装置指示正常，清晰可见。

（25）各类配管及阀门应无损伤、变形、锈蚀，阀门开闭正确，管路法兰与支架完好。

（26）避雷器的动作计数器指示值正常，泄漏电流指示值正常。

（27）各部件的运行监控信号、灯光指示、运行信息显示等均应正常。

（28）相应间隔内各气室的运行及告警信息显示正确。

（29）气压表压力正常，各接头、管路、阀门无漏气；各管道阀门开闭位置正确。

（30）在线监测装置外观良好，电源指示灯正常，应保持良好运行状态。

（31）组合电器室的门窗、照明设备应完好，房屋无渗漏水，室内通风良好。

（32）本体及支架无异物，运行环境良好。

（33）有缺陷的设备，检查缺陷、异常有无发展。

（34）变电站现场运行专用规程中根据组合电器的结构特点补充检查的其他项目。

2. 全面巡视（在例行巡视的基础上增加以下项目）

（1）机构箱。机构箱的全面巡视检查项目参考本通则断路器部分相关内容。

（2）汇控柜及二次回路。

1）箱门应开启灵活，关闭严密，密封条良好，箱内无水迹。

2）箱体接地良好。

3）箱体透气口滤网完好、无破损。

4）箱内无遗留工具等异物。

5）接触器、继电器、辅助开关、限位开关、空气开关、切换开关等二次元件接触良好、位置正确，电阻、电容等元件无损坏，中文名称标识正确齐全。

6）二次接线压接良好，无过热、变色、松动，接线端子无锈蚀，电缆备用芯绝缘护套完好。

7）二次电缆绝缘层无变色、老化或损坏，电缆标牌齐全。

8）电缆孔洞封堵严密牢固，无漏光、漏风、裂缝和脱漏现象，表面光洁平整。

9）汇控柜保温措施完好，温湿度控制器及加热器回路运行正常，无凝露，加热器位置应远离二次电缆。

10）照明装置正常。

11）指示灯、光字牌指示正常。

12）光纤完好，端子清洁，无灰尘。

13）连接片投退正确。

（3）防误闭锁装置完好。

（4）记录避雷器动作次数、泄漏电流指示值。

3. 熄灯巡视

（1）设备无异常声响。

（2）引线连接部位、线夹无放电、发红迹象，无异常电晕。

（3）套管等部件无闪络、放电。

4. 特殊巡视

（1）新设备投入运行后巡视项目与要求。

新设备或大修后投入运行72h内应开展不少于3次特巡，重点检查设备有无异声、压力变化、红外检测罐体及引线接头等有无异常发热。

（2）异常天气时的巡视项目和要求。

1）严寒季节时，检查设备 SF_6 气体压力有无过低，管道有无冻裂，加热保温装置是否正确投入。

2）气温骤变时，检查加热器投运情况，压力表计变化、液压机构设备有无渗漏油等情况；检查本体有无异常位移、伸缩节有无异常。

3）大风、雷雨、冰雹天气过后，检查导引线位移、金具固定情况及有无断股迹象，设备上有无杂物，套管有无放电痕迹及破裂现象。

4）浓雾、重度雾霾、毛毛雨天气时，检查套管有无表面闪络和放电，各接头部位在小雨中出现水蒸气上升现象时，应进行红外测温。

5）冰雪天气时，检查设备积雪、覆冰厚度情况，及时清除外绝缘上形成的冰柱。

6）高温天气时，增加巡视次数，监视设备温度，检查引线接头有无过热现象，设备有无异常声音。

（3）故障跳闸后的巡视。

1）检查现场一次设备（特别是保护范围内设备）外观，导引线有无断股等情况。

2）检查保护装置的动作情况。

3）检查断路器运行状态（位置、压力、油位）。

4）检查各气室压力。

（三）特高压电压互感器巡视项目

特高压电压互感器外观如图 4-9 所示。

1. 例行巡视

（1）外绝缘表面完整，无裂纹、放电痕迹、老化迹象，防污闪涂料完整无脱落。

（2）各连接引线及接头无松动、发热、变色迹象，引线无断股、散股。

（3）金属部位无锈蚀；底座、支架、基础牢固，无倾斜变形。

图 4-9　特高压电压互感器外观图

（4）无异常振动、异常音响及异味。

（5）接地引下线无锈蚀、松动情况。

（6）二次接线盒关闭紧密，电缆进出口密封良好；端子箱门关闭良好。

（7）均压环完整、牢固，无异常可见电晕。

（8）油浸电压互感器油色、油位指示正常，各部位无渗漏油现象，吸湿器硅胶变色小于 2/3，金属膨胀器膨胀位置指示正常。

（9） SF_6 电压互感器压力表指示在规定范围内，无漏气现象，密度继电器正常，防爆膜无破裂。

（10）电容式电压互感器的电容分压器及电磁单元无渗漏油。

（11）干式电压互感器外绝缘表面无锈蚀、开裂、凝露、放电现象，外露铁芯无锈蚀。

（12）电容分压器各节之间防晕罩连接可靠。

（13）接地标识、设备铭牌、设备标示牌、相序标注齐全、清晰。

（14）原存在的设备缺陷是否有发展趋势。

2. 全面巡视

在例行巡视的基础上增加以下项目：

（1）端子箱内各二次空气开关、隔离开关、切换把手、熔断器投退正确，二次接线名称齐全，引接线端子无松动、过热、打火现象，接地牢固可靠。

（2）端子箱内孔洞封堵严密，照明完好，电缆标牌齐全完整。

（3）端子箱门开启灵活、关闭严密，无变形、锈蚀，接地牢固，标识清晰。

（4）端子箱内内部清洁，无异常气味、无受潮凝露现象；驱潮加热装置运行正常，加热器按要求正确投退。

（5）检查 SF_6 密度继电器压力正常，记录 SF_6 气体压力值。

3. 熄灯巡视

（1）引线、接头无放电、发红、严重电晕迹象；

（2）外绝缘套管无闪络、放电。

4. 特殊巡视

（1）异常天气时。

1）气温骤变时，检查引线无异常受力，是否存在断股，接头部位无发热现象；各密封部位无漏气、渗漏油现象，SF_6 气体压力指示及油位指示正常；端子箱无凝露现象。

2）大风、雷雨、冰雹天气过后，检查导引线无断股、散股迹象，设备上无飘落积存杂物，外绝缘无闪络放电痕迹及破裂现象。

3）雾霾、大雾、毛毛雨天气时，检查外绝缘无沿表面闪络和放电，重点监视瓷质污秽部分，必要时夜间熄灯检查。

4）高温天气时：检查油位指示正常，SF_6 气体压力应正常。

5）覆冰天气时，检查外绝缘覆冰情况及冰凌桥接程度，覆冰厚度不超过 10mm，冰凌桥接长度不宜超过干弧距离的 1/3，放电不超过第二伞裙，不出现中部伞裙放电现象。

6）大雪天气时，应根据接头部位积雪溶化迹象检查是否发热，及时清除导引线上的积雪和形成的冰柱。

（2）故障跳闸后的巡视。

故障范围内的电压互感器重点检查导线有无烧伤、断股，油位、油色、气体压力等是否正常，有无喷油、漏气异常情况等，绝缘子有无污闪、破损现象。

（四）特高压避雷器巡视项目

1. 例行巡视

（1）引流线无松股、断股和弛度过紧及过松现象；接头无松动、发热或变色等现象。

（2）均压环无位移、变形、锈蚀现象，无放电痕迹。

（3）瓷套部分无裂纹、破损、无放电现象，防污闪涂层无破裂、起皱、鼓泡、脱落；硅橡胶复合绝缘外套伞裙无破损、变形，无电蚀痕迹。

（4）密封结构金属件和法兰盘无裂纹、锈蚀。

（5）压力释放装置封闭完好且无异物。

（6）设备基础完好、无塌陷；底座固定牢固、整体无倾斜；绝缘底座表面无破损、积污。

（7）接地引下线连接可靠，无锈蚀、断裂。

（8）引下线支持小套管清洁、无碎裂，螺栓紧固。

（9）运行时无异常声响。

（10）监测装置外观完整、清洁、密封良好、连接紧固，表计指示正常，数值无超标；放电计数器完好，内部无受潮、进水。

（11）接地标识、设备铭牌、设备标识牌、相序标识齐全、清晰。

（12）原存在的设备缺陷是否有发展趋势。

2. 全面巡视

在例行巡视的基础上增加以下项目：

（1）记录避雷器泄漏电流的指示值，并与历史数据进行比较；

（2）记录避雷器放电计数器的指示数，并与历史数据进行比较。

3. 熄灯巡视

（1）引线、接头无放电、发红、严重电晕迹象；

（2）外绝缘无闪络、放电。

4. 特殊巡视

（1）异常天气时。

1）大风、沙尘、冰雹天气后，检查引线连接应良好，无异常声响，垂直安装的避雷器无严重晃动，户外设备区域有无杂物、漂浮物等；

2）雾霾、大雾、毛毛雨天气时，检查避雷器无电晕放电情况，重点监视污秽瓷质部分，必要时夜间熄灯检查；

3）覆冰天气时，检查外绝缘覆冰情况及冰凌桥接程度，覆冰厚度不超过 10mm，冰凌桥接长度不宜超过干弧距离的 1/3，放电不超过第二伞裙，不出现中部伞裙放电现象；

4）大雪天气，检查引线积雪情况，为防止套管因过度受力引起套管破裂等现象，应及时处理引线积雪过多和冰柱。

（2）雷雨天气及系统发生过电压后。

1）检查外部是否完好，有无放电痕迹；

2）检查监测装置外壳完好，无进水；

3）与避雷器连接的导线及接地引下线有无烧伤痕迹或断股现象，监测装置底座有无烧伤痕迹；

4）记录放电计数器的放电次数，判断避雷器是否动作；

5）记录泄漏电流的指示值，检查避雷器泄漏电流变化情况。

特高压交流变电站
运维技术

第五章 | 特高压变电站事故
处理原则及方法

本章主要介绍电力系统事故概念，事故处理原则，调度机构对 1000kV 特高压电网事故处理的相关规定及要求。重点对 1000kV 特高压变电站事故处理组织原则，1000kV 特高压系统主设备异常及故障处理原则，事故处理的步骤及方法做出说明。

第一节 电力系统事故

一、电力系统事故的基本概念

电力系统事故：指由于电力系统电气设备故障、稳定破坏、人员失误等原因引起的，将使电力系统的正常运行遭到破坏，造成对用户的少供电或停止供电、电能质量变坏到不能允许的程度，严重时甚至损坏设备或造成人员伤亡等。

事故分为人身事故、电网事故、设备事故三大类。电力人身事故是指在电力生产和电力建设过程中发生的人身伤亡事故。电网事故是指在电力生产、电网运行过程中发生的影响电力系统安全稳定运行或电力正常供应的事故。设备事故是指在电力生产、电网运行过程中发生的发电设备或输变电设备损坏造成直接经济损失的事故。

事故等级分为八类：特别重大事故、重大事故、较大事故、一般事故、五级事件、六级事件、七级事件、八级事件。

二、引起电力系统事故的原因分析及故障类型

1. 引起电力系统事故的原因分析

（1）自然灾害引起：大风、雷击、污闪、覆冰、树障、山火、泥石流等。

（2）设备原因引起：设计、产品制造质量、安装检修工艺、设备缺陷。

（3）人为因素引起：设备检修后验收不到位、外力破坏、维护管理不当、运行方式不合理、继电保护定值错误和装置损坏、运维人员误操作、设备事故处理不当等。

2. 电力系统事故的故障类型

在上述原因中自然灾害引起的事故占了事故总数的大多数。而在电力系统运行中，最常见也是最危险的故障是各种形式的短路故障，其中以单相接地短路故障为最多，而三相短路故障则最少。对于旋转电机和变压器还可能出现绕组的匝间短路故障，此外输电线路还有可能出现断线故障。

三、电磁环网对电力系统的影响

1. 电磁环网结构介绍

电磁环网是指不同电压等级运行的线路通过变压器电磁回路的连接而构成的环路。

2. 电磁环网优点

一般情况中，往往在高一级电压线路投入运行初期，由于高一级电压网络尚未形成或网络尚不坚强，需要保证输电能力或为保重要负荷而运行电磁环网。

3. 电磁环网缺点

（1）易造成系统热稳定破坏。如果在主要的受端负荷中心，用高低压电磁环网供电而又带重负荷时。当高一级电压线路断开后，所有原来带的全部负荷将通过低一级电压线路（虽然可能不止一回送出）。容易出现超过导线热稳定电流的问题。

（2）易造成系统动稳定破坏。正常情况下，两侧系统间的联络阻抗将略小于高压线路的阻抗。而一旦高压线路因故障断开。系统间的联络阻抗将突然显著地增大（突变值为两端变压器阻抗与低压线路阻抗之和。而线路阻抗的标幺值又与运行电压的平方成正比），因而极易超过该联络线的暂态稳定极限，可能发生系统振荡。

（3）需要装设高压线路因故障停运后联锁切机、切负荷等安全自动装置。但实践说明，安全自动装置本身拒动、误动会影响电网的安全运行。

第二节　事故处理的原则

一、事故处理的原则

1. 事故处理的基本原则

（1）尽快限制事故的发展，消除事故根源，解除对人身和设备的威胁。

（2）用一切可能的方法保持对用户的正常供电，保证站用电源正常。

（3）尽快对已停电的用户恢复供电，对重要用户应优先恢复供电。

（4）及时调整系统的运行方式，使其恢复正常运行。

2. 事故处理的一般原则

（1）为防止事故扩大，现场运维值班人员可不待调度指令自行进行以下紧急操作：

1）对人身和设备安全有威胁的设备停电；

2）确保安全的情况下，将故障停运已损坏的设备隔离；

3）当站用电部分或全部失去时，恢复其电源；

4）现场规程中规定可以不待调度指令自行处理者。

（2）以下情况应及时汇报调度，并按规定采取措施：

1）按照调度指令进行操作过程中，如操作设备出现异常，应在检查处理的同时向调度汇报；

2）站用电系统仅剩一路电源时，应立即向网调汇报，同时采取措施保障设备可靠运行，尽快恢复其他站用电源；

3）特高压变电站值班员负责监视本站内设备有功潮流，发现超出稳定限额应立即汇报当值值班调度员。

二、调度对 1000kV 特高压系统事故处理的相关规定和要求

1000kV 特高压设备调度管辖权属于国调，但除了特高压示范工程各变电站特高压

设备和线路由国调直接调度外,皖电东送特高压工程及之后投运的特高压站基本由国调委托各调度分中心(华东网调、华北网调等)调度(跨大区的特高压线路除外)。

1. 调度机构对特高压交流电网事故处理的具体规定(以华东、华北网调对特高压事故处置规定为例)

(1) 特高压交流电网事故处理应遵循事故处理的一般原则。

(2) 原则上,1000kV特高压设备不得无主保护运行。

(3) 1000kV断路器发生非全相运行时,不得恢复全相运行,应立即拉开该断路器。

(4) 1000kV断路器异常,出现"合闸闭锁"信号且未出现"分闸闭锁"信号时,应立即拉开异常断路器。1000kV断路器异常,出现"分闸闭锁"信号时,应立即停用该断路器操作电源,若相邻隔离开关未经现场规程允许解串内环流,则应控制相应系统潮流后,断开相邻带电设备隔离该断路器。

(5) 1000kV线路跳闸后,为加速事故处理,值班调度员可不待查明事故原因,经现场确认具备强送条件后立即进行强送电。1000kV线路一般允许强送一次,若强送不成,经请示有关领导后允许再强送一次。

(6) 1000kV主变压器跳闸后,未经查明原因和消除故障之前,不得进行试送。

(7) 1000kV系统无接地时,如该电压互感器高压侧隔离开关可遥控操作,则遥控拉开高压侧隔离开关进行隔离,否则停役该电压互感器所属主变压器后进行隔离。

2. 调控分中心对事故处理的汇报要求

(1) 国调华东调控分中心(华东网调)对事故处理现场汇报的时间及内容的要求:

1) 第一次汇报(5min内):①故障发生时间;②发生故障的具体设备及其故障后设备的状态;③相关设备潮流变化情况,有无越限;④现场天气情况。

2) 第二次汇报(15min内):现场通过对一、二次设备的检查,再次向调度汇报现场检查情况、处理意见和应采取的措施等。汇报内容包括:①一次设备事故后状态及现场外观检查情况;②现场是否有人工作;③站内相关设备有无越限或过负荷;④站用电安全是否受到威胁;⑤二次设备的动作、复归详细情况(故障录波器是否动作,故障相位,如果是线路故障,需汇报故障测距等);⑥事故原因初步判断;⑦现场已采取的紧急处置措施及后续处置建议。

(2) 国调华北调控分中心(华北网调)对事故处理现场汇报的时间及内容的要求:

1) 第一次汇报(5min内):①故障发生时间;②发生故障的具体设备及其故障后设备的状态;③相关设备潮流变化情况,有无越限;④监控后台显示的主要保护动作情况;⑤现场天气情况。

2) 第二次汇报(20min内):现场通过对一、二次设备的检查,再次向调度汇报现场检查情况、处理意见和应采取的措施等。汇报内容包括:①一次设备事故后状态及现场外观检查情况；②现场是否有人工作；③站内相关设备有无越限或过载；④站用电安全是否受到威胁；⑤二次设备的动作、复归详细情况（故障录波器是否动作，故障相位，如果是线路故障，需汇报故障测距等）；⑥事故原因初步判断；⑦现场已采取的紧急处置措施及后续处置建议。

3. 国网公司对特高压变电站事故处置信息报送要求

（1）及时报送信息。主设备故障及其他可能威胁特高压交流系统安全运行的异常发生时，运维单位在30min内将事件简要情况报告省公司和国网设备部。（事故简讯模板见本章附录1）

（2）4h内将事件详细情况，包括事件经过、现场检查情况、初步原因分析、建议处理方案等，以快报形式通过电子邮件报送省公司和国网设备部。（事故快报模板见本章附录2）

三、1000kV特高压变电站事故处理组织原则

1. 运维值的人员组成

目前，特高压变电站运维值的值班人数一般不少于4人，其中至少1人具备值班负责人（值长、副值长）资格，其他至少1人具备操作监护人（主值及以上岗位）资格。

在特别保供电时期，运维值还会有站内技术骨干人员带班。

2. 事故处理的职责分工

事故处理时运维值的职责分工如表5-1所示。

表5-1 事故处理时运维值的职责分工表

序号	运维岗位	职责分工	工作内容
1	值长或副值长	事故处理指挥员	负责与调度及相关人员汇报沟通；负责事故处理人员分工；负责汇总现场设备检查信息，判断事故原因，提出事故处置建议
2	副值长或主值	事故处理主要参与人	协助值班负责人做好汇报、沟通；协助值班负责人判断事故原因，提出事故处置建议；负责二次设备或一次设备现场检查；担任事故处置倒闸操作的监护人
3	主值或副值	事故处理参与人	负责二次设备或一次设备现场检查；担任事故处置倒闸操作的操作人；现协助记好相关记录
4	副值或值班员	事故处理参与人	负责现场一次设备检查工作；担任事故处置倒闸操作的操作人；协助记好相关记录

四、日常运维工作中事故处置的准备工作

（1）运用设备巡视、检测、数据比对等多种方法与措施及早发现设备异常，将故障消灭在萌芽状态。

（2）维护保管好对讲机、强光电筒、各类钥匙等处于随时能用的状态，保护及故录所接打印机可用。

（3）做好事故推演及反事故演习工作，提高处置事故能力。

（4）根据个人的不同运维岗位，练好相对应事故处理专项技能。

（5）做好典型事故处置指导卡编制工作，并及时修订。

（6）了解系统或站内设备薄弱点，根据系统风险预警及站内带严重及以上缺陷运行的设备做好事故预想及处置预案。

（7）在特殊运行方式、重大保供电时段增加运维值班力量。碰到恶劣天气状态下，事先将大部分运维人员集中在主控室待命，准备好各类工器具，随时准备应急处置事故跳闸。

第三节　1000kV 特高压电网各类设备故障处理原则

一、1000kV 主变压器异常及故障的处理原则

（1）1000kV 主变压器故障，无论是何种保护动作，未经查明原因和消除故障之前，不得进行试送。

而 500kV 主变压器故障，若气体或差动保护之一动作跳闸，在检查变压器外部无明显故障，检查瓦斯取气装置中的气体和进行油中溶解气体色谱分析，证明变压器内部无故障者，可以试送一次。若变压器压力释放保护动作跳闸，在排除误动的可能性后，检查外部无明显故障，进行油中溶解气体色谱分析，证明变压器内部无故障者，在系统急需时可以试送一次。变压器后备过流保护动作跳闸，在找到故障并有效隔离后，一般可以对变压器试送一次。

（2）1000kV 主变压器若在运行中，轻瓦斯保护连续动作两次，应拉停该主变压器。

（3）1000kV 主变压器故障跳闸时，若出现冒烟、燃烧等情况，应第一时间组织灭火，告一段落后再去查明故障跳闸原因。

（4）因 1000kV 主变压器自身故障或相邻设备故障造成 1000kV 主变压器油外泄，特别是喷射着地点不在事故排油坑内，应尽快采取措施阻止变压器油外泄。

二、1000kV 母线故障的处理原则

（1）1000kV 母线故障，未经查明原因和消除故障之前，不得进行试送。

（2）1000kV 母线故障，故障点很明显的情况（出现异常味道、气体泄漏、绝缘盆破裂等现象），应采取安全措施后（带上正压式空气呼吸器或具有过滤硫化氢功能的防毒面具）才能抵近观察；若发生严重 SF_6 气体泄漏时，不要靠近，尤其是不要待在下风口附近。隔离故障点后，方能恢复其他设备的运行。

（3）1000kV 母线故障，找不到明显故障点的情况（外观无异常，无异常气味，无气体泄漏的声音，气体压力也正常），通过故障电流分析法、红外测温法、SF$_6$ 气体组分分析法来综合判断故障部位。找到并隔离故障点后，方能恢复其他设备的运行。

三、1000kV 线路故障的处理原则

（1）1000kV 线路跳闸后，为加速事故处理，值班调度员可不待查明事故原因，经现场确认具备强送条件后立即进行强送电。1000kV 线路一般允许强送一次，若强送不成，系统急需时允许再强送一次。

（2）1000kV 线路故障跳闸能否强送判断：结合相应保护及自动装置的动作情况、故录信息、站内相应一次设备情况来综合判断。特别关注监控后台故障线路三相感应电压是否正常。如果故障相电压明显低于非故障相电压水平（三相不平衡达到30％以上）或者三相电压均接近于0，则需结合避雷器泄露电流表读数，综合判断线路是否可能存在持续接地故障。

（3）若综合判断线路存在持续接地故障或线路范围内的站内设备存在明显异常，应申请调度将该线路改为检修状态。

四、1000kV 高压电抗器故障的处理原则

（1）1000kV 高压电抗器故障，无论是何种保护动作，未经查明原因和消除故障之前，不得进行试送。

（2）1000kV 高压电抗器故障时，若出现冒烟、燃烧等情况，应第一时间组织灭火，告一段落后再去查明故障跳闸原因。

（3）因相邻设备故障或 1000kV 高压电抗器自身故障造成 1000kV 高压电抗器油外泄，应尽快采取措施阻止油外泄，尤其是喷射的着地点不在事故排油坑内的泄漏情况。

（4）1000kV 高压电抗器若在运行中，轻瓦斯保护连续动作两次，应拉停该高压电抗器。

五、1000kV 断路器异常及故障的处理原则

（1）1000kV 断路器发生非全相运行时，不得恢复全相运行，应立即拉开该断路器。

（2）1000kV 断路器异常，出现合闸闭锁信号且未出现分闸闭锁信号时，应立即拉开异常断路器。

（3）1000kV 断路器异常，出现分闸闭锁信号时，原则上按断开所有电源的方式来隔离，不能采用解串内环流的方法直接隔离。

（4）1000kV 断路器故障跳闸，现场检查发现断路器本体气室严重泄漏时，应马上撤离现场。现场采取一定安全措施后，应尽快将该气室相邻的气室压力降至绝缘盆能承受的范围内。

第四节　事故处理的步骤及方法

一、事故处理的一般步骤、常见的问题及建议方案

1. 召集事故处理人员，快速检查记录、简明汇报

（1）召集。因有日常巡视、维护等工作及人员休息（站内），主控室不可能齐装满员，甚至只有一个人在主控室进行监盘，当出现事故音响及断路器变位后，应迅速召集其他人员到主控室汇合进行事故处置。

（2）记录。调阅监控系统，进行快速记录：事故发生时间、相关跳闸断路器名称、相关潮流、电压。

（3）汇报。一般由值班负责人进行，汇报事故发生时间、跳闸的断路器、相应线路或主变压器的潮流情况（如越限重点说明）、现场天气情况等。召集处理人员，快速检查记录、简明汇报阶段常见问题及改正方案表如表5-2所示。

表5-2　　　召集处理人员，快速检查记录、简明汇报阶段常见问题及改正方案表

序号	常见问题	引起后果	改正方案
1	只顾检查汇报，未同步召集站内其他人员	会引起后续第二次详细汇报的时间较大的延迟	有条件的升级变电站的通讯系统，一旦发生事故，运行值班人员只需按下主控室的相关按钮，其他运行人员房间内的报警器便会自动报警，提醒运行人员尽快到达主控室。或是只给1~2人打电话，由其通知其他人
2	逐个给站内其他人员打电话，召集大家进行事故处理，花费了较长时间	导致未在5min内将故障简要情况汇报给调度及未能发现明显设备潮流越限	
3	向调度第一次汇报不够简洁，重点不突出，未经现场检查确认的继电保护和安全自动装置动作情况仅凭监控后台显示信息就向调度汇报	可能会将错误的信息汇报给调度，给后续事故处理工作带来被动	第一次汇报只汇报事故发生时间、跳闸的断路器、相应线路或主变压器的潮流情况（如越限重点说明）、现场天气情况

2. 初步判断事故范围、分配检查任务

（1）判断。待向调度第一次简要汇报后，值班负责人根据跳闸断路器和监控后台显示光字信息及简报信息，初步判断故障范围。

（2）分工。值班负责人召集人员分配检查任务，根据之前的预判，交待重点检查范围和注意事项。初步判断事故范围、分配检查任务阶段常见问题及改正方案表如表5-3所示。

表5-3   初步判断事故范围、分配检查任务阶段常见问题及改正方案表

序号	常见问题	引起后果	改正方案
1	未能根据跳闸断路器及监控系统显示光字信息及简报信息判断出大致故障范围	使下一步检查出理没有方向和目标，并拖延事故处理的时间	（1）对值班负责人加强专项训练和专项考核，提升专向能力
2	对各个面的现场检查未交代检查重点及注意事项，或未抓住重点	造成经验不足的检查人员检查不到重点或对可能危险判断不足	（2）提高各处置预案的针对性和实用性 （3）值班负责人一定要交代检查重点及注意事项，尤其是对新员工
3	对检查人员分工不甚合理，未能最大程度发挥每个人的作用	可能会有人不胜任专项检查工作，造成时间拖延或汇报的情况与实际不相符，给事故原因判断处理带来不利影响	提前做好针对不同类型事故处理的人员分工，提前做好分工，可以使运行人员明确自己的岗位职责，锻炼岗位技能，各司其职

3. 分头检查、内部通报

（1）检查。各检查人按值长分配的任务进行检查及记录工作，值长通过调阅图像监控等设备，观察相关设备或环境。

（2）通报。值班负责人或其他人员将事故概况向本单位生产指挥机构及本部门内部人员（站长、专工等）汇报。汇报应简明扼要，突出重点。分头检查、内部通报阶段常见问题及改正方案表如表5-4所示。

表5-4   分头检查、内部通报阶段常见问题及改正方案表

序号	常见问题	引起后果	改正方案
1	检查人员到现场检查时未带齐所需的钥匙、通信设备、工具、望远镜、相机、记录本等，或带到现场的钥匙及工具因各种原因不可用	引起又返回取钥匙、工具等，拖延了事故处理时间	（1）平时运维工作做扎实，保障钥匙完整，工器具随时可用 （2）可考虑备好专用检查包，内存放整套检查工具
2	值班负责人或其他人员未将事故概况向本单位生产指挥机构及本部门内部人员及时汇报	造成相应的事故应急启动工作不及时，相关支援及抢修力量延迟到位	与汇报调度同步向本单位生产指挥机构及本部门人员汇报
3	值班负责人或其他人员在事故处理当中将事故概况向本单位多个部门多位人员进行汇报或接受咨询	干扰了事故处理人员处置事故的思路，拖延了时间	确定由一名站部管理人员来统一对各部门的联系（发言人制度）

4. 汇总检查信息，技术支持力量跟进

（1）汇总。一、二次设备检查人相互间通报情况，便于对方更准确、快速的查找故障点。各检查人将检查情况向值班负责人汇报，值班负责人进行梳理确认，如有疑问应

要求检查人再次检查。

（2）跟进。技术支持力量跟进（站内技术管理人员、部门专业技术人员）收到事故跳闸信息后，在站内人员立即跟进，进行技术指导和把关，不在站内人员，可通过电话、微信群等通讯方式远程指导。汇总检查信息，技术支持力量跟进阶段常见问题及改正方案表如表 5-5 所示。

表 5-5　　　　　　　汇总检查信息，技术支持力量跟进阶段常见问题及改正方案表

序号	常见问题	引起后果	改正方案
1	现场检查人员未将现场一、二次设备状态、继电保护动作情况只汇报，不记录或随意记录	（1）不利于再次分析判断； （2）事后总结缺少第一手的资料	（1）进行拍照记录； （2）使用故障信息收集卡，进行快速勾选记录
2	检查人员对现场一、二次设备的检查或记录时间偏长	造成事故处理时间拖延	（1）加强专项训练； （2）可进行分段汇报； （3）使用故障信息收集卡，进行快速勾选记录或拍照记录
3	现场检查人员对于现场一、二次设备状态、继电保护动作情况未进行简要归纳，而将所有详细情况全都向值班负责人汇报	造成值班负责人记录困难，且不能马上理出重点关键信息，拖延事故处理时间，甚至影响故障判断	使用故障信息收集卡，快速详细的记录，然后总结归纳上报
4	未发挥技术支持力量的作用	对于较复杂的事故，现场处置人员可能不能快速准确的定位与判断	通过微信群等方式实时反映现场情况，实时进行技术指导

5. 内部沟通判断、详细汇报

（1）沟通判断。值班负责人汇总各检查人的信息后，值内交流并听取技术支持人员意见后，形成基本统一故障原因分析判断，并初步形成隔离故障措施。

（2）汇报。由值班负责人向相关调度汇报：一、二次设备事故后的状态；继电保护和安全自动装置动作情况及复归情况；事故原因初步判断。内部沟通判断、详细汇报阶段常见问题及改正方案表如表 5-6 所示。

表 5-6　　　　　　　内部沟通判断、详细汇报阶段常见问题及改正方案表

序号	常见问题	引起后果	改正方案
1	值班负责人汇总各类信息，未经值内简要讨论，形成统一判断意见及是否还有遗漏重要信息的情况就想调度进行第二次汇报	向调度汇报时，调度询问相关情况，答复有遗漏，造成被动。事故判断的方向	值长在向调度汇报前，应先和高岗位的运维人员协商一致，确认无遗漏和问题后再向调度进行详细汇报与判断

6. 限制发展、隔离故障、恢复无故障设备

（1）限制。对于发生着火、爆炸、喷油、严重漏气的设备，采取一切可想办法限制其发展或影响相邻设备，做好现场警示及隔离措施及标识，进行人员疏散工作。

（2）隔离。根据调度指令，将故障设备隔离。

（3）恢复。恢复无故障设备至运行状态。限制发展、隔离故障、恢复无故障设备阶段常见问题及改正方案表如表 5-7 所示。

表 5-7　　限制发展、隔离故障、恢复无故障设备阶段常见问题及改正方案表

序号	常见问题	引起后果	改正方案
1	当发现现场发生着火、爆炸、喷油、严重漏气的紧急情况时，未第一时间向调度及本单位相关部门第一时间汇报	造成本应马上启动的单位紧急应急处置程序延迟启动，事故后果和影响不能控制最小程度内	在布置采取紧急措施的同时，马上向调度和本单位相关部门第一时间汇报，以启动应急体系
2	当发现现场发生着火、爆炸、喷油、严重漏气的紧急情况时，现场未采取紧急处置措施，或不顾现场人员安全，强令其抵进观察或处置	可能造成人员伤害	（1）发生紧急情况时，要有富有经验人员前往检查处理；（2）充分利用图像监控系统快捷安全的观察现场情况；（3）处置的前提是在保证人员安全的情况下进行
3	在调度规程及现场运规规定的可不经调度下令即可自行采取措施的情况以外，未经调度指令，进行的改变设备状态的操作	违反调度纪律，并可能造成停电范围的扩大	熟知哪些操作是可不经调度许可即可进行操作，在时间允许的情况下，尽可能所有操作都得到调度的许可
4	事故处理的紧急倒闸操作还按正常倒闸操作执行	延误事故处理时间	可直接使用典型操作票进行操作
5	事故处理的紧急倒闸操作过程中违规解锁	可能造成误操作，引发新的事故，引起严重后果	无论在什么情况下均应遵守五防管理规定，严禁违规解锁操作
6	隔离故障设备时，将其直接改到检修状态（特高压线路永久性接地故障除外）	耽误恢复无故障设备恢复运行的时间	隔离故障设备，改为冷备用即可，待将无故障设备恢复运行后，再将故障设备改为检修状态
7	将设备受损情况不明的设备，当无故障设备恢复送电	可能会造成误送故障设备，造成再次跳闸甚至扩大事故	不能完全判断是否有无故障的设备，待相关专业部门（人员）确认后再做决定，避免为求快而犯错

7. 填写相应报告

值班负责人组织填写故障简报，向相关部分和人员汇报事故发生的现象及截至目前为止的处置情况。填写相应报告阶段常见问题及改正方案表如表5-8所示。

表5-8 填写相应报告阶段常见问题及改正方案表

序号	常见问题	引起后果	改正方案
1	在将故障设备隔离、恢复无故障设备后，事故处理告一段落，未及时将相关情况进行通报	相关部门不了解事故处置的新的情况，使得抢修和配合情况不太适应现场情况，不利于故障的进一步处置	事故处置当值有空档期时，及时将最新进展通报给各部门，以利于有关部门根据最新情况调整抢修及配合任务

8. 做好安措、排除故障

对于站内有设备故障，抢修人员进站进行应急抢修前做好现场安全措施，对于检修工作所需要的安全条件应尽可能满足，需陪停的设备尽早与调度联系。做好安措、排除故障阶段常见问题及改正方案表如表5-9所示。

表5-9 做好安措、排除故障阶段常见问题及改正方案表

序号	常见问题	引起后果	建议方案
1	对于故障设备的抢修、更换所需的工作条件不清楚，未能做好现场安全措施及隔离措施	延迟抢修或对抢修人员的人身安全带来威胁	对于站内有设备故障，抢修人员进站进行应急抢修前做好现场安全措施，对于检修工作所需要的安全条件应尽可能满足，需陪停的设备尽早与调度联系

9. 恢复正常运方

待故障设备检修工作结束，完成验收后，汇报调度，根据调度指令将停役设备送电。

10. 整理资料、做好总结

（1）收集。本次事故各项现场记录、照片及视频等。

（2）填写。各类记录簿册、相关系统填写，完成事故处理报告。

（3）总结。对于事故处理中暴露出的问题，值得推广的经验等进行分析总结。

二、事故处理的经验及技巧

1. 事故处理的步骤

事故处理的一般步骤为：简明汇报、迅速检查、认真分析、准确判断、限制发展、

隔离故障、排除故障、恢复供电、整理资料。

2. 事故处理的主要思路

(1) 以时间为主线。贯彻发生故障后5min 内向管辖调度第一次简要汇报、15 (20) min 内向管辖调度第二次详情汇报、30min 向省公司、国网公司设备部发事故简讯、4h 向省公司、国网公司设备部发事故快报的时限要求。

(2) 以安全为前提。任何事故处理要已保障安全为前提,处理过程中以不出现人身伤害为基本原则。

(3) 以正确为标准。对于特别复杂及非常规的事故,在处理时应考虑正确性优先于处理速度,以保障思路及步骤正确为标准,以在处理过程中不出现事故范围扩大为原则。

(4) 以信息畅通为目标。不管事故大小,在处理事故时要保障运维人员之间、运维人员与调度之间、运维人员与本运维单位相关管理人员的信息沟通畅通。避免处理因信息沟通不畅或不及时造成的影响事故处理的情况。

3. 事故处理的技巧

(1) "下快攻"战术。发生事故跳闸时,有人能第一时间调阅故录子站,查看故障信息(故障元件、相别、故障电流值、故障测距),并进行打印或记录。

(2) "双控卫"战术。当出现特别严重故障(质)、停电范围很大的故障(量)、非典型性故障(奇)时,一位值班负责人应对复杂场面有困难时,可让站内具备值班负责人或更高岗位人员参与现场指挥,与该值班长分工协作完成事故处理。

(3) "发言人"制度。在出现较大事故时,运维单位相关领导及多个部门为尽快了解事故概况及处理进程,会比较集中给变电站主控室打电话询问。这客观上对运维当班人员的事故处理会造成一定影响,尤其是处于需要紧急处置时。建议在每个变电站设立一位"异常及事故处理信息发言人",运维当班人员将相关信息全部汇报给"发言人",并统一由"发言人"主动向外发布信息。

附录1：事故简讯（模板）

××公司汇报：×月×日×时×分，××站××设备跳闸（极×闭锁，故障前输送功率××MW，故障后输送功率××MW），损失负荷××MW。××保护动作，现场检查××设备发生××故障。故障设备由××厂家×年×月生产，×年×月投运。故障发生时站内为××天气，正在进行××工作。

附录2：事故快报（模板）

×××快报（模板）

故障名称			
运维单位		时间	
地点		处理完成时间	
事件简要经过			
造成的后果 （负荷损失情况、设备损坏、影响情况）			
处理情况			
原因的初步判断			
下一步工作计划			

填报人：　　　　　审核人：　　　　　批准人：

特高压交流变电站
运维技术

第六章　特高压变电站GIS设备典型异常及故障分析处理

本章主要介绍特高压变电站 GIS 设备典型异常及故障的分析处理。包括特高压变电站 GIS 设备典型异常及处置，特高压变电站 GIS 设备故障类型及特点分析，以及不同类型的 GIS 设备故障处置实例的介绍等。

第一节　特高压变电站 GIS 设备典型异常及处置

特高压变电站 GIS 设备较为常见的异常主要包括：GIS 设备 SF_6 气体泄漏、GIS 隔离开关（接地开关）操作不到位、GIS 设备进水或凝露等，上述异常的发生将直接影响特高压 GIS 设备的安全、稳定运行。

特高压变电站 GIS 设备异常的成因涉及多种方面，如运行环境、设备质量、安装工艺等。近年来，随着 GIS 设备应用日益广泛，运行经验反馈 GIS 设备异常出现的频次大大增加。特高压变电站 GIS 设备发生异常后，若不通过行之有效的手段及时发现、及时处理，严重时将会导致设备故障，随之带来对电网的影响。

变电设备从正常状态到异常状态，甚至转化为故障状态，是一个发展变化的过程。设备存在异常初期，如果运维人员能够在日常运维中发现蛛丝马迹，不放过任一个设备异常，通过设备巡视、检测、数据比对等多种方法与措施及早发现设备异常，将故障消灭在萌芽状态，则可以防止设备异常加剧，避免设备故障被迫停运。

一、GIS 设备 SF_6 气体泄漏异常

特高压交流变电站内 1000、500kV 设备大多采用 GIS 组合设备。GIS 组合设备具有占地少、运行可靠性高、维护工作量小、检修周期长等优点，但是 GIS 设备的 SF_6 气体泄漏是较为常见的异常之一，一般可以根据其漏气的速率分为快速泄漏、较快泄漏和缓慢泄漏。鉴于特高压变电站 GIS 设备的重要性，结合 SF_6 在线监测的应用，通常通过特高压交流变电站"日对比、周分析、月总结"工作发现 GIS 设备 SF_6 气体泄漏异常。

1. 现象及发现途径（方法）

（1）快速泄漏。快速泄漏时通常 SF_6 气压会在很短的时间内降到告警值以下，甚至到零压状态（一个大气压），补气周期小于 1 周。此时通常有以下几种特征：

1）监控后台出泄漏气室气压低的告警光字和信息报文；

2）监控后台的在线监测系统出现告警，压力曲线急速明显下降；

3）现场汇控柜中告警灯（或挂牌）亮起；

4）现场气压表指示值降低；

5）现场 SF_6 气体泄漏点附近一般能听到明显的气体泄漏声音。

（2）较快泄漏。较快泄漏通常是指补气周期在 6 个月及以下的气体泄漏情况。在该类情况下，SF_6 气体泄漏已经较为明显，但是气体压力在短时间内并未达到告警值，监控后台还未产生告警光字，在线监测也还未告警，对现场表计的检查抄录往往又在巡视周期之外，但现场实际又已经产生异常，因此该类情况相对较为隐蔽。

变电站运维人员通过执行 SF_6 气体压力"日对比、周分析"工作，将每日或每周抄录的 SF_6 在线监测系统数据与上周期数据的比对工作，并对本周期数据进行分析和复核，完成设备状态评价工作。通过"日对比、周分析"工作能够发现较为明显漏气但气体压力又未到报警值的气室。

（3）缓慢泄漏。缓慢泄漏是指补气周期在 6 个月以上的 SF_6 气体泄漏情况。在该类情况下，一般不影响安全运行，但需要做好气体压力跟踪，定期安排带电补气，必要时可安排带电堵漏或结合停电进行处理。

根据特高压变电站运行维护情况，发现 GIS 设备 SF_6 气体泄漏大多为缓慢泄漏，现场 SF_6 气体泄漏点附近基本无异常现象。监控后台 SF_6 年在线监测压力曲线变化不明显，往往需调阅长期的曲线才能发现。

"月总结"工作要求每月对 SF_6 在线监测数据进行一次全覆盖数据曲线调阅，调阅数据范围为投运日期至今的时间段，将 GIS 设备 SF_6 气室压力现场每月抄录的数据与在线监测后台数据进行比对，根据其差异和在线监测数据分析，及时发现 GIS 设备缓慢漏气情况。

2. 常见 SF_6 气体泄漏部位

GIS 设备漏气部位较多，尤其在补气阀门处、SF_6 表计处、外部连接管路、压力传感器处、传动轴封等部位发生漏气的概率较高，如图 6-1 所示。

此外，以下位置同样容易产生漏气点。

（1）GIS 盆式绝缘子及伸缩节部位的漏气点。此类漏气点较为明显，检测容易发现，均需要停电处理。

（2）GIS 隔离开关、接地开关轴封处的漏气点。此类地点发生漏气后，SF_6 气体会充满隔离开关机构箱，然后渗漏出外部。此类缺陷需停电更换隔离开关部件。

（3）GIS 盖板上存在砂眼造成气体泄漏。此类情况相对较少，主要因为厂家制造壳体时产生的缺陷。

3. 原因分析

（1）GIS 附属部件比如补气阀门处、SF_6 表计处、外部连接管路、压力传感器处等处较为薄弱，相对于气室本体，更容易发生 SF_6 气体泄漏。

（2）由于 GIS 设备厂家制造缺陷，GIS 内置传感器探头处、GIS 盆式绝缘子及伸缩节部位、GIS 隔离开关、接地开关轴封处、GIS 盖板上均有可能造成 SF_6 气体泄漏。

（3）此外，由于设备安装工艺造成的法兰密封工艺不良、密封面清洁不到位、密封圈材质不良或安装不紧等，同样可能造成气体泄漏。

图 6-1　GIS 设备常见漏气部位

（a）压力表与气室连接管法兰紧固螺栓处；（b）分合闸位置指示附近松动螺栓处；

（c）气体传感器接口处；（d）SF_6 压力表计连接处

4. 异常的危害

当 GIS 设备 SF_6 气体缓慢泄漏，降低到一定压力后，将导致 SF_6 气体的绝缘强度、灭弧能力下降，同时渗漏点也是水分渗入设备内部的通道，如果不及时发现泄漏情况并找到泄漏点，缓慢泄漏可能发展成为快速泄漏，一旦 SF_6 气体发生快速泄漏时，情况就比较紧急，需紧急处置，否则继续发展会造成绝缘击穿而跳闸，影响电网安全稳定运行。

5. 处置及防范措施

通过气室压力对比及检测工作确认某 SF_6 气室存在漏气情况时，应及时进行处置，防止 SF_6 气体泄漏加剧，导致绝缘降低，气室击穿。

如漏气处理只更换封板或隔离开关轴封，可采用运行电压试运行方式代替耐压试验，其余需打开气室处理的漏气缺陷处理均需进行绝缘耐压试验。

（1）快速泄漏处置。

　　1）向调度汇报紧急拉停相关设备。

　　2）在紧急拉停相关设备的时候应当注意，若 SF$_6$ 压力已经较低或者接近零压时，必须考虑操作过电压对设备引起的影响，可以考虑对其先进行补气，使气压恢复到一定程度时进行操作，保证绝缘强度。

　　3）若经过补气，气压仍无法恢复，则必须考虑通过邻近的电气断开点，进行隔离后，再进行处理，该处理方式则会扩大停电范围，需根据实际情况分析确定。

　　（2）较快泄漏处置。

　　1）检测漏气点，根据气室容量和漏气速率，计算补气周期。

　　2）将该气室纳入重点观测设备，当气室压力值低于额定值时，应立即进行带电补气。

　　3）根据漏气部位确定处理方案，可带电处理的安排计划处理。需要停电处理的，结合停电计划进行处理。

　　（3）缓慢泄漏处置。

　　1）检测漏气点，根据气室容量和漏气速率，计算补气周期。

　　2）将该气室纳入观测设备，当气体压力低于预警值（高于额定值 0.02MPa）时，安排带电补气处理。

　　3）根据漏气部位确定处理方案，可带电处理的安排计划处理；需要停电处理的，结合停电计划进行处理。如果漏气现象加剧，则按照新的补气周期原则安排处理。

　　（4）GIS 设备现场检漏。GIS 设备现场检漏的方法分为两种类别，一是定性检漏，它只能确定 GIS 设备是否漏气，判断是大漏还是小漏，不能确定漏气量和漏气率；二是定量检漏，可以确定漏气率的大小。

　　目前对于特高压 GIS 设备的现场检漏，通常可采用便携式检漏仪检查、红外成像仪检查、肥皂泡法和包扎法等方式开展，如图 6-2 所示。

　　其中包扎法可以进行定量检漏，便携式检漏仪、红外成像仪、肥皂泡法仅能作为定性检漏方法。

　　1）包扎法：用塑料薄膜等对需检测的设备进行包扎，扣罩 24h 后用检漏仪对罩内的 SF$_6$ 气体浓度进行测量，通过罩内 SF$_6$ 气体平均浓度计算其累计漏气量、绝对泄漏率和相对泄漏率等。

　　2）便携式检漏仪检查：采用仪器在怀疑的漏点区域附近进行检测，在发现气体流量感应后将发出告警声。

　　3）红外成像仪法：主要应用于设备表面砂眼等漏气点的查找，在红外成像仪中将形成漏点气流图像，以便发现微小漏点。

　　4）肥皂泡法：在怀疑的设备漏点区域表面用肥皂水进行涂抹，漏点处将形成肥皂

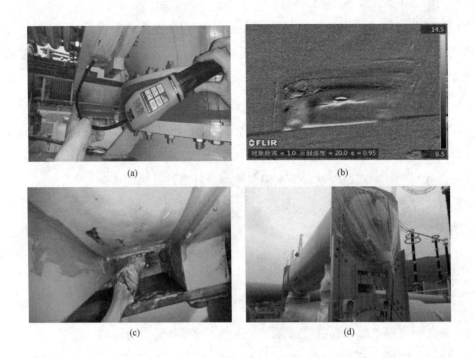

图 6-2 GIS 设备常见检漏方法

（a）便携式检漏仪检漏；（b）红外成像仪检漏；（c）肥皂泡法检漏；（d）包扎法检漏

泡，从而判断漏点位置。

6. 典型异常案例

特高压某站 1000kV GIS 设备，T0532 隔离开关 A 相 G76 气室额定压力值为 0.40MPa，告警设定压力值为 0.35MPa。

根据投产时现场抄录的该气室第一次数据值为 0.43MPa，属于正常压力范围。根据特高压变电站在线监测运维要求开展"日对比、周分析、月总结"工作，发现 1000kV GIS 设备 T0532 隔离开关气室 A 相存在轻微泄漏现象，确认泄漏点在机构内部，之后经过多次带电补气，该气室压力值趋势图如图 6-3 所示。

结合 1000kV 设备停役检修工作，打开 T0532 隔离开关机构箱发现漏气点在隔离开关机构传动轴密封圈处。予以更换处理后恢复正常。漏气点如图 6-4 所示。

特高压 GIS 设备 SF_6 气体快速泄漏和缓慢泄漏的典型曲线如图 6-5 所示。

二、GIS 隔离开关操作不到位

1. 现象及发现途径（方法）

在进行 GIS 隔离开关操作时，现场隔离开关分合闸指示无法判断具体状态，后台显示不定态情况。

倒闸操作时，操作人应仔细核对隔离开关分合闸指示，当发现任一相分合闸指示不

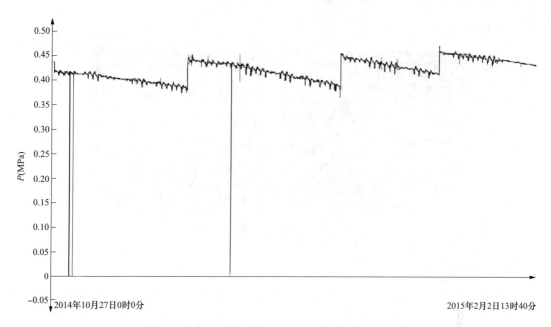

图 6-3 T0532 隔离开关 A 相 G76 气室压力值趋势图

图 6-4 T0532 隔离开关 A 相 G76 气室传动轴漏气点（密封圈处）

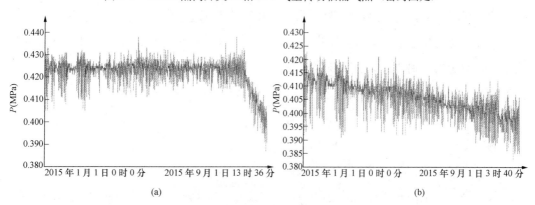

图 6-5 GIS 设备 SF₆ 气体快速泄漏和缓慢泄漏的典型曲线

（a）快速泄漏典型曲线；（b）缓慢泄漏典型曲线

正确时（见图 6-6），应立即汇报，停止操作，待查明原因。

图 6-6　合闸指示与分合闸不定态

2. 异常的危害

若隔离开关分合闸不到位，将有可能造成隔离开关触头放电，对运行设备造成损坏，甚至隔离开关触头烧熔。正常的敞开式开关（air insulated switchgear，AIS）设备，可以直接观察到隔离开关触头位置，但是对于 GIS 设备，只能通过间接的判据检查。

3. 原因分析

GIS 隔离开关分合闸指示显示不定态，主要有以下两种原因。

（1）隔离开关实际分合闸到位，但分合闸指示牌未调试到位。原因为分合闸指示牌与透明塑料外壳摩擦，导致松动，引起指示不正确。

（2）隔离开关实际分合闸不到位。包括机械传动出现问题，分闸接触器接线松动等原因引起电机动作时间不足，隔离开关辅助接点到位而实际位置未到位等各种原因。

4. 处置及防范措施

（1）GIS 隔离开关操作时，无论监控后台显示状态如何，必须检查现场实际位置指示，包括分合闸指示器、汇控柜电气指示、隔离开关拐臂位置等。

（2）若现场检查发现隔离开关分合闸指示不定态，应立即停止操作，确认隔离开关实际位置。现场具备条件时可自行进行分合操作一次，若能操作到位，则可继续下一步操作，若不能操作到位或无法判断隔离开关实际位置，则不再继续进行分合操作，等待检查处理。任何情况下严禁采用按隔离开关分合闸接触器的方式进行操作。

（3）若在进行试分合操作隔离开关时，发生明显放电现象，则立即停止操作，并断开各侧电源。

5. 典型异常案例

某特高压变电站在投产调试过程中，发现 1000kV T0421 隔离开关由合至分过程中，T0421 隔离开关 C 相电机空转，分闸不到位，其余两相分闸正常。现场检修人员对 T0421 隔离开关 C 相机构手动完成分闸操作，接着电动合闸操作，三相均正常。再次分闸，则又出现 T0421 隔离开关 C 相电机空转，分闸不到位，机构离合器打滑，传动齿轮未转动现象。

根据现场检查和解体分析，该隔离开关机构分闸不到位故障原因为机构的离合器故障，导致机构未能进行分闸操作，如图 6-7 所示。

图 6-7　隔离开关机构箱内离合器打滑

(a) 隔离开关机构箱内各元件；(b) 隔离开关机构箱内发生故障的离合器

处理方式：在更换此机构离合器前，当此机构处于合闸位置时，先手动往分闸方向摇 2 圈（相当于接触行程减少 15mm）后，避开离合器打滑的点，再尝试进行电动分闸操作，验证能否在离合器打滑的情况下电动分闸。

对离合器力矩进行测量和记录，拆卸 T0421 隔离开关 C 相机构，更换离合器后，进行复装，并再次电动分合闸进行操作验证。

三、GIS 外置式电流互感器内部进水或受潮

GIS 组合电器中电流互感器根据安装位置可以分为两类：外置式电流互感器、内置式电流互感器。内置式电流互感器，绕组安装在 GIS 设备本体内，充满正压 SF_6 气体，发生电流互感器绕组受潮的概率不大，但外置式电流互感器出现内部受潮甚至进水的异常却屡有发生，如图 6-8 所示。

图 6-8　外置式电流互感器安装图

1. 现象及发现的途径（方法）

（1）相关保护差流出现异常；

（2）停电检修测量电流互感器二次回路绝缘值较正常情况下降很多；

（3）严重情况下外置式电流互感器下呼吸孔有水溢出。

163

2. 异常的危害

电流互感器内部受潮或进水会造成电流互感器二次回路绝缘降低，严重者造成保护误动或拒动。

3. 原因分析

由于 GIS 外置式电流互感器绕组安装在 GIS 设备本体外，电流互感器外壳内部充满空气，若在设计和工艺环节未得到严格控制，则很容易造成进水或受潮，其原因主要有以下几个方面。

（1）电流互感器防水设计存在缺陷，电流互感器上法兰面易积水，屏蔽筒上部连接螺栓处未采取良好的防水措施等，导致雨水渗入电流互感器。

（2）安装工艺不满足要求，电流互感器外壳紧固螺栓安装不紧，外壳密封不良，密封胶涂覆不全或开裂等。部分特别的情况下，电流互感器下部的密封胶涂覆过厚，同样能造成雨水被胶水阻挡无法排出，从而造成积水渗入电流互感器内部。

（3）电流互感器呼吸孔安装不规范，上呼吸孔未设防雨措施，或者外壳底部未设呼吸孔等。

4. 处置及防范措施

运维人员应高度重视此类异常。在正常运维巡视中，若发现相关保护差流异常，应查明原因，采取相关方法排除电流互感器二次回路受潮影响。

如出现外置式电流互感器内部进水或受潮，应申请停役检修。由专业人员对同类设备使用内窥镜进行内部观察，以确定是否为家族性缺陷。

存在进水或受潮的电流互感器，应采用的防雨防潮措施包括：

（1）更改外壳搭接设计，搭接方式朝下，同时加强接触面部位防水胶的涂覆；

（2）设计时考虑设备防雨防潮的要求，对于外壳接缝、设备法兰等易进水部位，采用加装密封垫、涂抹防雨胶等防雨措施；

（3）如外壳底部无呼吸孔则增加呼吸孔，如已有呼吸孔的需进行检查疏通；

（4）在电流互感器外壳以外增加防雨措施，防止雨水进入。

5. 典型异常案例

某特高压变电站年度检修过程中在测绝缘过程发现某电流互感器二次回路绝缘降低，对地绝缘为 2.8MΩ，第四、五个次级二次回路对地绝缘为 0.9、2MΩ，第六、七个次级二次回路对地绝缘分别为 12、6MΩ。断路器电流互感器其余次级对地绝缘正常，现场检查电流互感器二次接线盒发现电流互感器二次端子箱有受潮痕迹，将电流互感器底部呼吸孔盖拧下，盖子盛满水。开盖检查发现电流互感器内部有明显积水情况，如图 6-9 所示。

处理方式：经过 GIS 设备专业管理人员与厂家技术人员商议后，目前对于 GIS 设备

(a)   (b)   (c)

图 6-9 某特高压变电站电流互感器受潮情况

(a) 电流互感器接线盒；(b) 外罩下部呼吸孔；(c) 电流互感器内部积水情况

电流互感器进水受潮相对有效的方法为加装防雨罩，防雨罩需结合现场实际尺寸进行设计、安装，并进行试验确定，如图 6-10 所示。

图 6-10 GIS 外置式电流互感器加装防雨罩安装图

第二节 特高压变电站 GIS 设备故障类型及特点

一、特高压变电站 GIS 设备故障的主要原因

引起 GIS 设备故障的原因多种多样，设备质量、选材，以及安装工艺、运行环境等因素都有可能引起设备故障。从 GIS 设备运行情况看，设备质量问题、安装工艺不良、SF_6 气体性能下降等问题是引起特高压 GIS 设备故障的主要原因。

1. 设备质量问题

（1）设备选用的材料不当，零件材质不符合设备要求，比如盆式绝缘子、母线支撑绝缘子材质不良引起故障等。

（2）GIS 设备元器件选用不合适，无法满足运行要求，在投产后造成故障。

2. 安装工艺不良

（1）制造厂安装工艺不良。

1）GIS 在制造车间（特别是总装配车间）内受到污染，污染物包括金属微粒、粉尘和其他杂质等。

2）制造过程中装配的误差把关不严，造成可动元件与固定元件发生摩擦，产生的金属粉末和残屑遗留在设备内部的隐蔽位置，并未在出厂前清理干净。

3）在 GIS 零件的装配过程中，不遵守工艺规程，有零件装错、装漏的情况。

（2）现场安装工艺不良。

1）由于安装人员不遵守工艺规程或操作失误，使得金属件受伤，留下划痕、凹凸不平等缺陷并没有进行处理。

2）GIS 在安装现场受到污染，导致绝缘件受潮，被腐蚀，或者外部的尘埃、杂质侵入设备内部。

3）安装质量把关不严、零部件装漏等现象。例如屏蔽罩内部与导体间的间隙不均匀，螺栓、垫圈、螺母漏装或未紧固。

4）现场进行 GIS 设备的安装工作，可能造成异物污染、设备意外受损等情况。

3. SF_6 气体性能下降

（1）微水超标、气体纯度不合格，可能为密封不良、气室内局放导致 SF_6 分解、气体出厂质量把关不严等；

（2）SF_6 气体出现泄漏现象，包括 GIS 设备的密封面、焊接点、管路接头等部位由于密封垫老化，或者焊缝出现砂眼引起 SF_6 气体泄漏；

（3）经过多年的运行，GIS 设备内的 SF_6 气体中含水量上升，比如外部水蒸气向设备内部渗透等。

4. 其他原因

（1）设计不合理，选型不当，运行工况差等问题，会造成运行不正常，事故范围扩大等故障。

（2）运输过程中，因运输方法不当造成机械损伤、受潮、腐蚀等现象，投入运行后演变成故障。

（3）由于液压机构密封圈老化，或安装位置偏移、或储压筒漏油等原因引起液压机构出现渗漏油或打压频繁等。

（4）GIS 内部某些部件处于悬浮电位，导致电场强度局部升高，进而产生电晕放电，GIS 中金属杂质和绝缘子中气泡的存在都会导致电晕放电或局部放电的产生。

上述原因最终均可能造成 GIS 设备的绝缘下降，在 GIS 设备投入运行后，产生内部闪络、绝缘击穿、内部接地短路和导体过热等现象，造成 GIS 设备故障。

二、特高压 GIS 故障的特点

（1）特高压 GIS 设备的事故率相对低电压等级 GIS 设备高。尤其隔离开关、接地开关、备用间隔所在气室出现故障的几率相对较高。

（2）特高压 GIS 设备故障在新设备投产的 1 年之内出现的情况较多，在做耐压试验出现绝缘击穿和启动投运过程中发生故障也较为常见。

（3）由于特高压 GIS 设备一个筒体内只安装单相导体，且相间距相对较大，所以故障的表现形式绝大多数为单相接地故障。

（4）GIS 设备内部故障，多数情况下，从外部检查是难以发现故障点的，要靠其他技术手段来检测定位故障点，较 AIS 设备故障查找复杂的多。尤其是特高压 GIS 母线设备发生故障，查找故障点更是费时费力。

（5）特高压 GIS 设备一旦发生故障，检修工作比较繁杂，时间长，停电范围有时还涉及到非故障元件，对骨干电网的影响比较大。

三、故障现象及故障位置判断

1. 故障点明显的情况

特高压 GIS 设备故障，可能会出现绝缘盆击穿破裂，气体泄漏等（经电弧分解后，现场会闻到类似臭鸡蛋的气味）故障点很明显的情况，如图 6-11 所示。

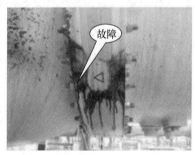

图 6-11　故障点明显的 GIS 设备故障现场

该情况下，故障点很明显，查找容易。但是经电弧分解后产生的气体具有一定毒性，尤其是断路器和隔离开关气室。一旦听到气体泄漏声或有异常气味，应采取安全措施后（佩戴正压式空气呼吸器或具有过滤硫化氢功能的防毒面具）才能近距离观察。若发生严重 SF_6 气体泄漏时，禁止靠近，尤其不能靠近下风口。

硫化氢属于剧毒物品，毒性比一氧化碳大 5～6 倍。其浓度在 $1.5mg/m^3$ 的时候，可闻到明显的臭鸡蛋味。浓度达到 $150mg/m^3$ 时，2～3min 丧失闻觉，并出现咽喉肿痛、头痛、恶心等症状。浓度到 $1050mg/m^3$ 时很快就不省人事，需立即抢救，达 $1500mg/m^3$ 时，立即不省人事，几分钟内死亡。

2. 故障点不明显的情况

特高压 GIS 设备故障，大部分情况下是外观无异常，无异常气味，无气体泄漏的声音，气体压力也正常，解体之后，GIS 内部通常可见明显放电痕迹，如图 6-12 所示。

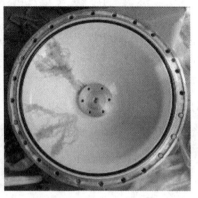

图 6-12　GIS 盆式绝缘子放电痕迹

对故障元器件（气室）的判断，基本只能通过 SF_6 组分分析来进行，在一定程度上可以辅助以红外测温。但红外测温可操作性较小，首先是因为故障气室绝缘放电引发的温升较小，通过 GIS 桶壁传导到外部可能只有 $1 \sim 3 \, ℃$ 的温差，且很快随着时间推移，与其他气室温差趋近于 0。通过红外测温定位，仅适用于怀疑故障气室较少，且很快可进行测温的情况。

而 SF_6 气体组分分析可以较客观、准确地确定故障气室。这是因为在以 SF_6 气体作为绝缘介质的电气设备中发生放电性和过热性故障时，会导致 SF_6 气体分解，并同时和有关杂质气体发生化学反应，产生一系列新的杂质气体，如 SO_2、HF、H_2S、CO。

此外，对于长母线 GIS 设备故障，可采用电流分析法进行快速判断，如图 6-13 所示。

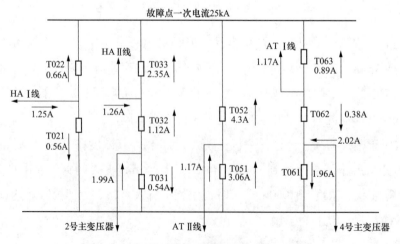

图 6-13　电流分析法判断故障点示意图

GIS 设备的电流分析法，是指通过保护、故障录波波形文件，分析各断路器故障电流幅值、相位，根据故障时刻的电流大小和方向，按照节点电流法的原理，快速找出故障范围。

如图 6-13 所示，根据电流法计算，故障时所有电流指向 Ⅱ 母线，且流经 T052 断路器和 T033 断路器的电流最大，初步判断故障点可能位于 T052 断路器至 Ⅱ 母线之间，或第 3 串至第 5 串之间的母线上。

四、GIS 耐压试验注意事项

对特高压 GIS 设备故障进行处理后，通常要进行绝缘耐压试验。由于 GIS 设备气室多、结构复杂，运维人员应对耐压试验范围和运行方式进行核实，并分阶段做好相应的调整和检查。

1. 耐压试验步骤和加压过程

（1）绝缘电阻测量。采用 5000V 绝缘电阻表分别在耐压前后对被试品主绝缘进行绝缘电阻测量。

（2）老炼试验。老炼试验应在现场耐压试验前进行，加压程序为：$0 \rightarrow U_r/\sqrt{3}$（$1100/\sqrt{3} = 635kV$），持续 $10min \rightarrow 1.2U_r/\sqrt{3}$（762kV），持续时间 5min。加压程序如图 6-14 所示。

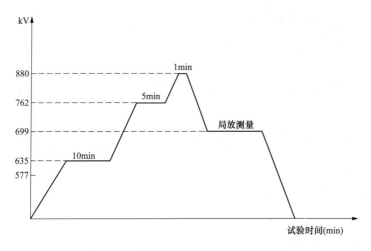

图 6-14　电流分析法判断故障点示意图

（3）交流耐压试验兼局部放电测量。主回路对地耐压加压程序为 $1.2U_r/\sqrt{3}$（762kV）$\rightarrow U_{ds}$（880kV）持续 1min，加压程序如图 6-14 所示。耐压试验结束后，将试验电压降至 $1.1U_r/\sqrt{3}$（699kV）进行局部放电测试。进行局部放电测量时，超声波测试应对每个断路器间隔进行，局部放电测量结束后电压降至零。

2. 运维人员注意要点

（1）耐压范围的核查。耐压试验往往在复杂的故障抢修后，大多进行了 GIS 设备的更换，因此在耐压试验前，应核实试验加压区域内的 GIS 设备气室的气压是否已经达到额定值。

（2）耐压范围内设备状态操作。特高压 GIS 设备的耐压试验，通常从线路或主变压器的出线套管处施加电压，一直加压至试验设备处，且为单相耐压试验。为保证耐压设备状态，通常需要进行非常态操作。

1）试验相的耐压范围内的断路器和隔离开关均闭合，且锁定在耐压试验时指定状态。

2）非被试相接地。

3）电流互感器二次绕组应短路接地。

4）试验区域与架空线、电抗器、避雷器、电压互感器等耐压试验范围以外设备确认已做好隔离安全措施（安全距离 10m 以上），如安全距离不够，应考虑拆除更多的设备。

耐压试验状态的操作过程中将出现三相状态不一致的情况，需进行解锁操作或手动操作。

（3）设备状态的核查。在耐压状态的操作过程中，由运维人员、施工人员和厂家人员一同摆状态，并按照耐压试验隔离核对表逐项进行核实。

（4）耐压结束后状态恢复。在完成耐压试验后，按照耐压试验恢复核对表逐项对耐压区域的设备进行操作，恢复至正常状态。

第三节　特高压变电站 GIS 设备故障处置实例介绍

一、外观无明显异常的特高压变电站 GIS 设备内部故障

1. 故障前运行方式

某特高压站在新设备启动投运过程中发生的 GIS 母线故障跳闸事故。事故跳闸时相关设备的运行方式如图 6-15 所示，1 号主变压器 500kV 侧充电，T011、T031 断路器热备用，T021 断路器冷备用。

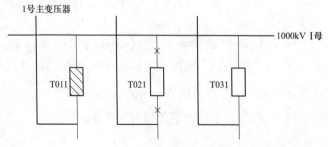

图 6-15　故障前运行方式示意图

2. 故障现象、信息

事故现象：在执行通过 1 号主变压器 T011 断路器对 1000kV Ⅰ 母充电时，1000kV Ⅰ 母第一、二套母线差动保护 B 相故障、动作出口。T011 断路器跳闸。

事故范围内现场一、二次事故信息详细检查情况如下：

（1）故障范围内一次设备：1 号主变压器 T011 断路器三相分位，SF_6 压力、油压正常，外观及机构检查无异常，1000kV Ⅰ 母母线外观检查未见异常，气室压力均在正常范围内，红外测温未发现异常。

（2）二次保护动作情况：1000kV Ⅰ 母第一套母线差动保护（四方：CSC150）显示 B 相故障，11ms 动作出口；第二套母线差动保护（深瑞：BP-2CS）显示 B 相故障，6ms 动作出口；母线故录显示：B 相故障，故障电流 5.1kA，故障持续 46ms；T011 断路器保护及测控装置未见异常。

3. 检查分析、隔离

根据事故时的运行方式，结合 1000kV Ⅰ 母两套母线差动保护动作、1 号主变压器保护未动作的情况，基本可以判断母线设备绝缘故障。经查看故障录波器波形，确认主变压器保护无差流（有穿越性故障电流）而母线差动保护有差流，很快确定了故障范围在母线上。

在事故发生时，为加速故障处置，现场应急处置小组确定由现场运维人员承担故障点查找任务，一是继续组织开展第 2 轮的设备红外测温和 GIS 设备外观检查，二是利用 SF_6 组分测试仪开展分解物测试。

（1）现场红外测温、GIS 设备外观检查、压力气室比对工作完成，对故障范围内所有设备进行地毯式核查，仍未发现故障点，这亦是 GIS 设备故障处置的典型特征之一，使用传统运维巡检手段难以发现缺陷点所在。

（2）现场安排 4 名运维人员进行 SF_6 分解物测试，根据特高压 GIS 设备故障统计经验显示，隔接组合发生故障的概率最大，故现场应急处置小组首先确定对本次故障范围内的 15 个气室中的隔接组合进行分解物测试。

（3）对故障范围进行隔离操作：

1）1 号主变压器 T011 断路器从热备用改为冷备用；

2）T031 断路器从热备用改为冷备用。

（4）1000kV Ⅰ 母线冲击范围内全部的隔接组合气室 SF_6 分解物测试工作完成，未发现故障点。

（5）现场应急处置小组再次组织对故障范围内的故障气室进行全面检测，包含隔接组合和母线气室。由于 DMS 局放在线监测后台显示在 1000kV Ⅰ 母线冲击时，母线 5～7 号气室之间 OCU 捕捉到一次局部放电事件，为此现场测试人员对该区域进行反复多次的检测，此轮检测仍未发现故障点。

（6）经现场初步测算，如此庞大的母线气室故障，气体均匀扩散至少需要 6～7h。现场应急小组发现 GIS 各检测口与罐体之间的连接管是限制气体扩散的重要制约条件，现场应急小组与到场的设备厂家商定，为加速事故处置要求检测工作直接采用罐体本体上的连接阀处为检测点，并以独立气室（非表计接口）为检测单元，各气室气体组分分析结果如表 6-1 所示。

（7）现场检测人员发现 1000kV Ⅰ母线 1 号气室 B 相跨接桥与 T117 相关气室存在放电分解物。

表 6-1　　　　　　　　　　　各气室气体组分分析结果

标号	位置	SO_2	HF	H_2S	CO
−2	Ⅰ母线 3 气室直连	0.00	0.00	0.00	0.00
−1	Ⅰ母线 3 号气室转角	0.00	0.00	0.00	0.00
0	Ⅰ母线 1 号气室跨接桥	98.95	15.74	0.00	5.10
1	Ⅰ母线 1 号气室 T117	22.61	0.00	0.00	4.20
2	Ⅰ母线 1 号气室串内连接	0.00	0.00	0.00	0.00

注　标号 0、1、2 位置均为 1000kV Ⅰ母线 1 号气室；标号−2、−1 位置 1000kV Ⅰ母 3 号气室；单位：μL/L。

故障点初步确定在 1000kV Ⅰ母线 1 号气室 B 相跨接桥与 T117 相关气室。

（8）后续工作。

1）施工单位、设备厂家和检修专业人员到现场继续开展其他区域分解物检测，检测结果未见异常。

2）根据网调口令把 1000kV Ⅰ母线从冷备用改为检修。

3）根据指挥部要求向调度申请配合故障抢修的所需设备状态（T032 断路器冷备用；1 号主变压器、2 号主变压器冷备用；AL Ⅱ线线路检修）。

4）一次设备状态调整完成，布置故障抢修区安全隔离措施，故障抢修工作票拟备。

4. 故障点情况

对 GIS 设备解体后明确该起故障为 1000kV Ⅰ母线 1 号气室 B 相高位母线 GIS 盆式绝缘子绝缘故障，故障点位置情况如图 6-16、图 6-17 所示。

二、有明显泄漏点的特高压 GIS 内部故障

1. 故障前运行方式

某特高压变电站 1000kV Ⅰ母线第一套、第二套母线差动保护动作，4 号主变压器 T051 断路器、DR Ⅱ线 T022 断路器、DR Ⅰ线 T011 断路器三相跳闸（跳闸前 JL Ⅰ线 T041 断路器冷备用），Ⅰ母线失电。现场天气为雨天。

图 6-16　故障点位置

图 6-17　盆式绝缘子放电痕迹

故障前运行方式：3 号主变压器、4 号主变压器、DRⅠ线、DRⅡ线、JLⅡ线运行，JLⅠ线线路检修，T011、T012、T022、T023、T043、T051、T052、T053 断路器运行，T041、T042 断路器冷备用，如图 6-18 所示；DRⅠ线、DRⅡ线负荷分别为 −90MW 和 −91MW，JLⅡ线负荷为 355MW。

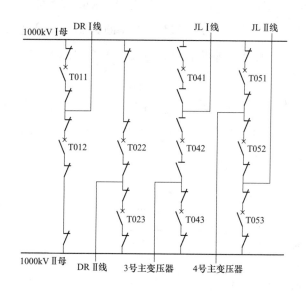

图 6-18　故障前运行方式图

2. 故障现象、信息

1000kVⅠ母线跳闸后，T011、T022、T051 断路器三相分位，如图 6-19 所示。

现场一次设备检查发现 T011、T022、T051 断路器三相分位，断路器油压正常，现场各气室 SF$_6$ 压力在正常范围内。现场检查发现预留 T021 断路器间隔 C 相 6 号、8 号气室之间隔盆浇注口处有漏气声，外观异常，通过 SF$_6$ 在线监测曲线图发现预留 T021 断路器间隔 C 相 6、8 号气室压力不断下降，漏气点如图 6-20 所示。

173

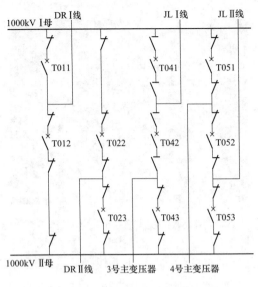

图 6-19 故障后运行方式图

图 6-20 盆式绝缘子浇注口外观示意图

3. 检查分析、隔离

（1）现场情况检查处理。二次保护检查发现 1000kV Ⅰ 母第一套、第二套母线差动保护动作、故障相别为 C 相，T011、T022、T051 断路器保护跟跳动作。第一套母线差动电流 5.835kA，第二套母线差动电流 14.04kA，故障录波故障电流 21.6kA，故障距离 0.08km。

运维人员通过气体组分分析仪进行气体分解物检测，发现预留 T021 断路器间隔 C 相 6、8 号气室气体检测异常，如表 6-2 所示，SO_2+H_2S 分别为 $216\mu L/L$、$1188.4\mu L/L$。故障点初步确认为预留 T021 断路器间隔 C 相 6 号、8 号气室之间隔盆处，如图 6-21 所示。

表 6-2 各气室气体组分分析

位置	SO_2+H_2S	HF	CO
预留 T021 断路器间隔 C 相 6 号气室	216	0.00	0.00
预留 T021 断路器间隔 C 相 8 号气室	1188.4	0.00	0.00

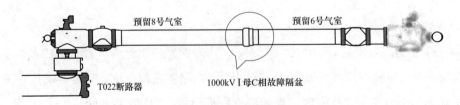

图 6-21 故障点位置示意图

1000kV Ⅰ 母 C 相其余气室完成气体分解物检测，未发现异常。

汇报网调：现场检查 T021 至 T0211 隔离开关之间预留 T021 断路器间隔的 8 号、6 号气室隔盆故障，其他设备检查正常，现场故障可隔离，要求 T022 断路器改为冷备用，并拉开 T0211 隔离开关，1000kV Ⅰ 母可以复役。

（2）故障原因分析。根据保护、故障录波器动作情况可以看出在 21：27：58，1000kV Ⅰ 母发生 C 相接地故障，母线差动保护动作，跳开 Ⅰ 母侧 T011、T022、T051 断路器三相，故障电流为 21.6kA，各断路器保护瞬时三相跟跳。

两套母线差动保护动作一致，与故录波形对比，动作行为正确，断路器保护跟跳出口正确动作，本次故障保护动作正确。

4. 故障点照片

GIS 盆式绝缘子击穿痕迹见图 6-22。

图 6-22　GIS 盆式绝缘子击穿痕迹

三、特高压 GIS 断路器故障

1. 故障前运行方式

某特高压线路复役操作过程中（T012 断路器从冷备用改为热备用操作），合上 T0122 隔离开关 7s 后，1000kV Ⅱ 母线第一、二套保护动作跳开 T023 断路器、T033 断路器、T052 断路器、T063 断路器，1000kV Ⅱ 母线失电，故障电流 26.7kA。现场听到强烈的气体泄漏声，T012 断路器附近 SF_6 气体弥漫。后经现场初步检查为 T012 断路器 B 相合闸电阻气室防爆膜破裂，气室压力降低为 0MPa。当进行 T012 断路器间隔相关气室回气准备工作时，T012 断路器 B 相灭弧室气室与合闸电阻气室间隔盆破裂，发生 SF_6 气体泄漏。

故障前，AL Ⅰ 线 T011、T012 断路器热备用，其他设备正常运行方式，如图 6-23 所示。现场天气晴。

2. 故障现象、信息

T012 断路器从冷备用改为热备用操作。操作人和监护人监控后台操作：AL Ⅰ 线

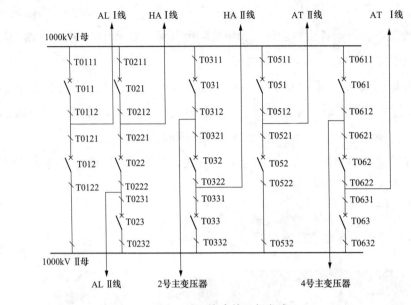

图 6-23 故障前运行方式

T0122 隔离开关合闸。监控后台显示：T0122 隔离开关合位。现场状态核对人看到开关汇控柜上 AL I 线 T0122 隔离开关合位灯亮，同时听到开关侧方向爆裂声响和机械震动声响。3～5s 后，现场再次听到爆裂声响和持续的气体喷出声响。现场状态核对人迅速撤离现场。

3. 检查分析、隔离

（1）汇报网调设备跳闸情况，对现场开展检查。由于现场 SF₆ 气体弥漫，无法开展一、二次设备现场检查，运维人员在后台检查发现 T012 断路器 B 相合闸电阻气室压力急剧降低。同时从保信子站调取各保护动作报告及故障录波信息。

因现场出现 SF₆ 泄漏，故障后气体毒性较大，人员需佩戴防毒面具，携带便携式硫化氢电子探测报警器，根据具体硫化氢浓度使用对应的安全防护用具。在泄漏点工作时，携带便携式硫化氢电子探测报警器，必须始终带在身边，随时注意根据显示硫化氢浓度，采取相关措施。每次在泄漏点使用过滤型防毒面具时间，建议控制在 30min 以内。

为确保人身安全，本次故障处理过程中，待 SF₆ 气体逐步散去后，运维和检修人员佩戴防毒面具进入现场检查一次设备状态，同时另一组人员绕道进入继保小室对二次设备进行详细检查。具体检查情况如下：

1）一次设备检查情况：T012 断路器 B 相合闸电阻气室 SF₆ 压力为 0MPa，该气室防爆膜动作，防爆膜口仍有气体不断溢出，附近散落着大量吸附剂，如图 6-24 所示。T023 断路器、T033 断路器、T052 断路器、T063 断路器间隔及 1000kV II 母线其他相关气室压力正常，外观无明显异常。

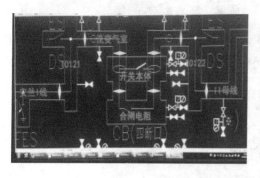

图 6-24　GIS 故障位置及现场检查情况

2）二次设备检查情况：1000kVⅡ母线第一套、第二套母线差动保护动作，故障相别 B 相，故障电流 8.9A（一次值 26.7kA）；ALⅠ线第一、二套线路保护动作，ALⅠ线高压电抗器中性点过流保护动作。

（2）隔离过程。

1）将上述检查情况详细汇报网调，并建议 T012 断路器改检修进行故障隔离。

2）网调口令：T012 断路器从热备用改为开关检修。

3）汇报网调 T012 断路器从热备用改为开关检修操作结束。

4）进行 T012 断路器间隔相关气室回气准备工作时，T012 断路器 B 相灭弧室气室与合闸电阻气室间隔盆破裂，出现 SF_6 气体泄漏。现场人员迅速撤离。

5）许可事故应急抢修单，开展故障设备检查及相关气室 SF_6 分解物检测工作。

6）对 T0132、T0122、T0121 隔离开关气室分解物检测工作结束，均无异常。

7）为恢复设备正常运行，手动操作拉开预留 T0132 隔离开关，将故障气室隔离。

8）根据调度指令，由 T052 断路器对 1000kVⅡ母线充电正常；T063、T033、T023 断路器均改为运行，1000kVⅡ母线恢复正常运行。

9）ALⅠ线对侧充电，进行 ALⅠ线 A 相高压电抗器更换后带负荷试验，带负荷试验结束后 T011 断路器改为运行，ALⅠ线恢复正常运行。

10）进行 T012 断路器检查、T012 断路器两侧电流互感器气室降半压和气体回收工作。

（3）原因分析。T012 断路器的 SF_6 气压变化曲线如图 6-25 所示，T012 断路器故障电流情况如图 6-26 所示。

根据图 6-26 和图 6-27 所示，T0122 隔离开关 B 相合闸时，由于过电压或其他原因，T012 断路器合闸电阻小开关导通，故障电流经 T012 断路器合闸电阻流向 ALⅠ线高压电抗器，ALⅠ线高压电抗器中性点电抗器过流保护动作，故障相别为 B 相，动作电流 189A。ALⅠ线电流 I_b 与 T012 断路器电流 I_b 相位差 $180°$。

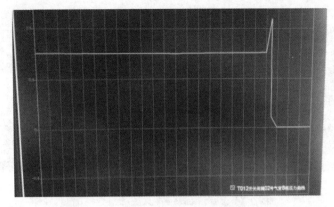

图 6-25　T012 断路器 SF₆ 在线监测信息

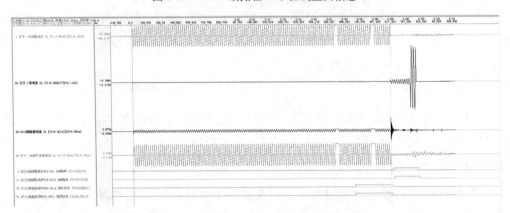

图 6-26　T012 断路器故障电流图

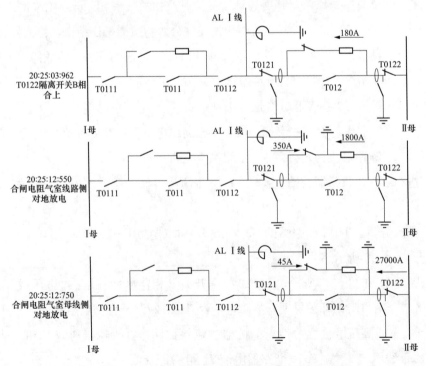

图 6-27　设备故障经过

由于 T012 断路器合闸电阻长期流过故障电流（9s 左右），T012 断路器合闸电阻线路侧发生接地故障，母线经合闸电阻流向故障点电流 1800A，AL Ⅰ 线线路保护动作，故障相别为 B 相。AL Ⅰ 线感应电及高压电抗器储能释放电流 350A，1000kV Ⅱ 母线差动保护动作，跳开 Ⅱ 母侧 T022、T033、T052、T063 断路器三相。AL Ⅰ 线电流 I_b 与 T012 断路器电流 I_b 相位相同。0.2s 后，T012 断路器合闸电阻母线侧发生接地故障，T0122 电流互感器流过 27 000A 电流。T012 断路器合闸电阻彻底接地后，T012 断路器电流 I_b 降为零。

两套母线差动保护动作一致，与故录波形对比，动作行为正确，开关保护跟跳出口正确动作，本次故障保护动作正确。两套线路保护、高压电抗器中性点动作一致，与故录波形对比，动作行为正确。

根据现场检查和保护动作行为，判断故障点位于 T012 断路器 B 相合闸电阻气室。

4. 故障点照片

特高压断路器合闸电阻气室故障如图 6-28 所示。

图 6-28　特高压断路器合闸电阻气室故障情况

四、特高压 GIS 设备内部故障引起线路跳闸

1. 故障前运行方式

某特高压变电站 HA Ⅱ 线 A 相故障 T032、T033 断路器 A 相跳闸，重合成功；5.4s 后线路 A 相再次故障 T032、T033 断路器三相跳闸，不重合。故障原因初步分析为 HA Ⅱ 线 A 相一侧站内近区故障。故障前运行为全接线运行方式，天气为小雨。

2. 故障现象、信息

从故障近区侧变电站情况看，T021、T022 断路器 A 相跳闸，T021 断路器 1067ms 后重合成功，T022 断路器 1365ms 后重合成功，运行 4322ms 后 A 相再次故障，T021、T022 断路器三跳。运维人员立即组织现场检查，各 GIS 气室 SF$_6$ 压力值正常、设备外观正常，无异常气味。

由对侧站试送 HA Ⅱ 线，试送不成功，随后运维人员开展第二次现场检查，相关设备的压力和外观、现场气味仍旧没有明显异常。

该线路为双回路同杆并架特高压线路，HAⅡ线跳闸后，HAⅠ线运行中，通过检查后台发现：HAⅡ线线路感应电压为0，避雷器指针无偏离。鉴于同杆并架线路正常运行时存在明显感应电压的情况，可以初步判断HAⅡ存在接地故障点。

现场再次检查HAⅡ线设备，发现T02167接地开关A相气室（G251）附近有异常气味。气室通气绝缘盆子注胶口处有黑色液体溢出。

3. 检查分析、隔离

（1）故障判断和隔离。

1）专业检修人员完成相关气室SF₆组分分析，确认故障点在T02167快速接地开关气室，存在内部放电故障。

2）运维人员向网调申请HAⅡ线转检修。

3）网调许可HAⅡ线从冷备用改为检修状态，HAⅡ线T021、T022断路器从冷备用改为检修状态。为了维持T02167气室内部的原始故障状态，以有利于开盖后的故障分析判断，经汇报网调许可，T02167的A相暂不合上，B、C相合上。

4）现场操作合上T02127接地开关。

5）T02167接地开关B、C相操作结束。

6）经网调许可合上T0212隔离开关（现场解锁操作），实现靠T02127接地开关对HAⅡ线A相线路的接地。

（2）抢修过程。

故障当天回收故障气室气体、相邻气室降压。随后对故障部位进行清理，对相关盆式绝缘子及导体等组部件进行更换后完成复装。

后续完成GIS设备复装后的交流耐压试验，试验通过。随后，故障设备顺利恢复送电。

（3）故障分析和设备解体。

解体检查发现，故障快速接地开关（FES）内部存在三处明显放电通道：一是FES屏蔽球壳下方与筒体对应部位的放电通道，属间隙放电性质；二是FES与串内母线之间通气盆式绝缘子（简称盆子）凸面（FES侧）的屏蔽罩根部对筒体法兰的放电通道（从盆子安装位置的凸面看7点钟方向），属间隙（近沿面）放电性质，盆子表面被熏黑；三是该盆子凸面8~11点区域的大面积树枝状放电通道，其中11点位置方向盆子严重碳化且有多处贯穿裂纹和裂缝（穿透至凹面），密封圈在此段烧毁并导致气室漏气，对应的盆子凹面也有碳化痕迹。FES球壳内部发现较多白色粉末，经化验确认为放电产生的金属氟化物，主要成分为F（氟）和Al（铝），未见其他金属成分。故障位置及放电痕迹如图6-29所示。

综合考虑断路器跳闸后重合闸成功并持续4.3s后跳闸、试送电后再次建立电压的现

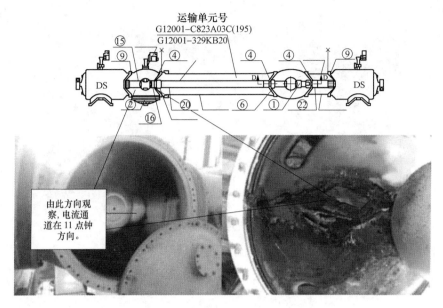

图 6-29　故障位置及放电痕迹

象以及解体检查情况和局部放电监测数据趋势，专家一致认为：此次 FES 故障的原因是偶发金属异物引起的 SF_6 间隙突发性放电，对应于 FES 屏蔽球壳下方与筒体对应部位的放电通道，可以排除因盆子质量缺陷导致故障的可能性。放电产物污染了包括盆子和盆子屏蔽罩表面在内的邻近区域，导致在重合闸成功后沿盆子表面发生放电并跳闸，导致试送电再次放电，此后盆子经受了近 15 个小时感应电流的热作用，严重烧蚀、开裂，造成气室漏气，污染了整个气室，扩大了故障影响。

根据解体情况分析，引发放电的异物为金属丝或金属颗粒，现场安装时 FES 无需打开，该异物可能产生于厂内装配过程，在运行中因操作振动或电场、重力作用下迁移至高场强区域。

4. 故障点照片

故障位置及放电痕迹如图 6-30 所示。

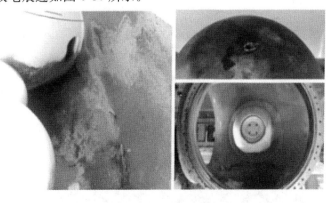

图 6-30　故障位置及放电痕迹（一）

图 6-30　故障位置及放电痕迹（二）

特高压交流变电站
运维技术

第七章

特高压变电站主变压器（高压电抗器）设备典型异常及故障分析处理

本章主要介绍特高压主变压器（高压电抗器）设备典型异常以及检查方法，对各类异常案例进行分析，介绍了异常分析和处理方法。同时对特高压变压器类设备故障类型及特点进行阐述，并结合实例对变压器类设备故障处置过程进行介绍。

第一节　特高压变压器类设备典型异常及处置

一、特高压主变压器（高压电抗器）设备典型异常分析

（一）特高压主变压器（高压电抗器）设备常见异常分类

主变压器（高压电抗器）结构复杂，组件繁多，内部外部有较强的电磁场，运行过程中可能会出现各种异常：

（1）外表异常。主要包括压力释放阀渗油、套管倾斜、绝缘子破裂、器身锈蚀、渗油、引线散股松脱、接线板裂纹等。

（2）温升异常。主要包括过负荷、风扇故障、油泵故障、绕组放电、油循环死角、内部引线发热、温度计故障、温度变送器故障、绕温附加温升回路故障等。

（3）本体油位异常（假油位、油位过高、油位过低）。主要包括呼吸器堵塞、油枕胶囊未展开或破裂、浮球破裂、拉杆断裂、漏油、油位表故障、接线盒受潮短路等。

（4）噪声和振动异常。主要包括过负荷、直流偏磁、组件松动、电缆槽盒共振、风扇故障、油泵故障、内部绝缘击穿、局部过热至油沸腾、绝缘子瓷套污秽放电等。

（二）特高压主变压器（高压电抗器）设备常见异常的检查方法

特高压变压器（高压电抗器）发生运行异常时，往往存在特定的电、磁、声、光、热、气等现象。需要利用专业的检测仪器检测、分辨上述物理或化学变化，并转化成量化的数字或可视的图谱等，用以直接或间接表征设备状态，通过检测结果，能够在设备带电运行状态下，评估设备状况，指导设备运行。

当设备存在缺陷时，应对内部缺陷位置进行定位，分析缺陷严重程度，指导检修工作。当缺陷暂不影响运行时，在停电检修前采取必要的控制措施，防止缺陷发展为故障。当缺陷危及人身、电网和设备安全时，立即停役设备。

根据检测原理的不同，可将变压器带电检测方法分为局部放电检测和非局部放电检测两大类。

1. 局部放电类

局部放电是指电力设备绝缘在足够强的电场作用下造成局部区域发生放电却又未形成固定放电通道的放电现象。变压器为液体—固体复合绝缘，运行过程中介质内部可能会出现气泡、杂质等其他物质，导致绝缘介质的场强分布不均匀，故在场强足够高的区域可能会发生局部放电。

局部放电过程中会发生正负电荷的中和，产生较陡的电流脉冲并向四周辐射电磁波，同时伴随有光、声等物理现象。通过带电局部放电检测能在不停电情况下有效发现变压器内部早期的潜伏性缺陷。

目前变压器带电局部放电检测研究应用较多的主要有 3 种方法：高频局部放电检测、特高频局部放电检测、超声波局部放电检测。

（1）高频局部放电检测。变压器高频局部放电检测就是在不停电的情况下，通过安装在变压器的铁芯、夹件或套管末屏接地线上的高频电流传感器和专用仪器来检测由局部放电而产生的高频脉冲电流。其检测信号频带一般为 $3\sim30\text{MHz}$，采用硬件滤波和软件滤波相结合的方式去除电磁干扰噪声。

高频局部放电检测表征局部放电特征的图谱主要是相位分辨的局部放电（phase resolved partial discharge，PRPD）相位图谱和等效频率—等效时间图谱。PRPD 图谱是局部放电相位分布图谱，横坐标表示相位，纵坐标表示幅值，根据脉冲的分布情况可以判断信号主要集中的相位、幅值及放电次数，进而判断放电类型。

变压器高频局部放电检测的诊断主要是将检测到的图谱与典型放电图谱进行比对，进而判断是否存在局部放电及具体放电类型。无典型放电图谱时判断为正常；在同等条件下同类设备检测的图谱有明显区别时判断为异常；具有典型局部放电图谱时判断为缺陷。

（2）特高频局部放电检测。变压器局部放电通常发生在变压器内的油纸绝缘中，脉冲宽度多为纳秒级，能激励起 1GHz 以上的特高频电磁波。变压器特高频局部放电检测通常选择将传感器安装在油阀处，通过特定接口将特高频信号接入检测仪器，然后再进行信号分析处理。其检测信号频带范围一般为 $300\sim3000\text{MHz}$。

变压器由于器身基本没有非金属缝隙，特高频信号很难传出，现场检测只能通过内置传感器进行。传感器置于变压器油箱内，可以有效屏蔽外部干扰，同时特高频信号频段高，能够避免低频背景噪声和电晕干扰，可以极大的提高局部放电检测的灵敏性和抗干扰能力。因此，特高频局部放电检测具有良好的应用前景和工程价值。

特高频局部放电检测表征局部放电特征的图谱主要是 PRPS 图谱和 PRPD 图谱，PRPS 图谱是一种实时三维图，将带有相位标识的放电脉冲按时间先后显示出来，3 个坐标轴分别代表相位、时间，信号幅值。

特高频局部放电的诊断分析可以通过放电幅值的大小对比判断，但更重要的是将 PRPS 图谱和 PRPD 图谱的特征与变压器内部典型放电图谱（如尖端放电、悬浮放电、沿面放电、油楔放电等）进行对比。判断方法和缺陷等级定义与高频局部放电检测相同。

（3）超声波局部放电检测。电力设备内部局部放电时，产生的电流脉冲使得局部放电发生的局部体积因受热短时间内增大，放电结束后恢复，体积变化导致介质的疏密瞬间变化，产生超声波。超声波信号基本处于100~200kHz频段内，变压器内传播的超声波信号集中在100~200kHz。该检测方法采用压电陶瓷为材料的谐振式传感器，将传感器固定在变压器箱壁上，将采集到的超声波信号转化为电信号，然后进行分析和定位。其主要用于变压器局部放电缺陷的精确定位。

2. 非局部放电类

变压器运行中可能出现的异常状况多种多样，其表现出来的特征现象也不同：如内部的局部放电、过热等缺陷可能会在油中溶解气体的组分上有反映，铁芯、夹件的绝缘状况可能导致其接地电流变化，套管绝缘降低可能会导致其介质损耗增加，油位降低可能导致储油柜外表温度异常等。

针对上述物理、化学变化，可采用专业的带电检测仪器进行查找、分析，确定变压器是否存在缺陷及其严重程度。包括铁芯夹件接地电流检测、红外热像检测、油色谱分析、紫外成像检测等方法。

（1）铁芯夹件接地电流检测。变压器在正常运行时，铁芯和固定铁芯的金属构件、零件、部件等处于强电场中，在电场的作用下，具有较高的对地电位。如果铁芯不接地，在电位差的作用下，会产生断续的放电现象；如果铁芯有两点及以上接地，铁芯中磁通变化时会在接地回路中产生感应电流。接地点越多，环流回路越多。这些环流会导致空载损耗增大、铁芯温度升高。当环流足够大时，将烧毁接地连片产生故障，甚至可能烧损铁芯。

因此，变压器铁芯必须保证一点接地，而带电检测变压器铁芯、夹件接地电流极为必要。现场检测常采用高精度的钳形电流表进行。由于变压器内部的漏磁通可能通过箱体法兰等气隙处发散到箱体外，会对检测造成干扰。检测时应选择数值较小的测量点作为检测结果，同时尽量保证每次检测位置一致，方便进行趋势分析。现场变压器铁芯、夹件接地电流技术要求，且与历史检测数值相比无较大变化。

（2）红外热像检测。红外热像检测实质是对设备（目标）发射的红外辐射进行探测及显示处理的过程，最终以数字或二维热像图的形式显示设备表面的温度值或温度场分布。红外热像检测在变压器带电检测中应用成熟，能够发现多个部位、多种类型的发热缺陷。

1）变压器本体：①变压器强油循环未打开；②漏磁引起的本体局部发热；③漏磁引起的螺栓发热；④接地线发热。

2）变压器套管：①套管接线板或内部连接接触不良；②套管因渗漏油导致的温度分布异常；③套管局部放电或表面污秽引起的局部发热；④套管末屏接地不良；⑤套管介损增大引起整体发热；⑥套管进水受潮。

　　3）冷却器：①散热器或本体的连接阀门未打开或堵塞；②散热器风扇故障；③潜油泵故障；④散热器管路堵塞。

　　4）储油柜：①储油柜低油位；②储油柜隔膜脱落；③储油柜阀门关闭。

　　对于变压器红外热像发现的缺陷，其严重程度的判断标准和处置原则依照相关标准执行。

　　（3）油色谱分析。不同的变压器故障及严重程度会产生不同的气体成分并溶解于变压器油中。20 世纪 70 年代初，电力系统开始将油中溶解气体分析技术应用于变压器内部故障诊断。多年来，随着实践经验的累积，取样、脱气方法的不断改进，诊断方法也取得了很大发展。可以有效判断变压器设备老化、过热、受潮、放电等早期故障，已成为保障变压器设备安全运行极为有效且必不可少的技术监督手段。

　　油中溶解气体分析技术按照工作原理分为气相色谱法、光声光谱法、红外光谱法等。目前电力系统绝大部分仪器采用气相色谱法，主要为实验室色谱仪和色谱在线检测装置，也有少部分便携式色谱仪用于现场检测。目前油色谱故障诊断常用的是 DL/T 722—2014《变压器油中溶解气体分析和判断导则》所推荐的方法。主要有：

　　1）特征气体法。根据不同故障类型产生的气体可推断设备的故障类别。

　　2）三比值法。用氢气、甲烷、乙烷、乙烯、乙炔等五种气体的三对比值来判断故障类型。

　　3）对 CO 和 CO_2 的判断。当故障涉及固体绝缘时，会引起 CO 和 CO_2 明显增长。

　　（4）紫外成像检测。紫外成像检测的原理是在发生外绝缘局部放电的过程中，周围气体被击穿产生电离，电离的氮原子在复合时发射的光谱主要落在紫外光波段，然后通过紫外成像检测仪接收该波段的光谱，处理成像后与可见光图像叠加显示，用以确定放电位置及强度。

　　该方法主要用于检测变压器外表面放电，如高压、中压及低压套管等。能够发现变压器套管顶部均压、屏蔽不当，套管表面脏污、覆冰，套管表面爬距不够，套管表面破损或裂纹等缺陷，避免闪络或击穿等设备事故。通过放电强度、放电形态和频度、放电长度范围等方面确定外表面放电缺陷的严重性。

　　3. 各方法优缺点

　　现场应用最为广泛、发现问题最多的是红外热像检测和油色谱分析。其中油色谱分析主要用于对变压器内部缺陷的发现，红外热像检测更多的是发现外部缺陷，二者都有成熟的判断依据和缺陷处置原则。

　　铁芯、夹件接地电流测量、紫外成像和套管相对电容及相对介损测量从不同角度对变压器设备状况进行检测，均能发现变压器特定类型、特定部位的缺陷。铁芯、夹件接地电流测量和紫外成像操作简单，判断直接，已经在系统中大面积推广。

局部放电类的带电检测方法是近些年兴起的新型检测方法。其中高频局部放电检测因从铁芯、夹件获取高频电流信号，易于操作，应用最为广泛。特高频局部放电信号易被屏蔽，检测需要安装内置传感器，或传感器置于注放油阀门、大盖与侧壁密封处，因其灵敏度高且抗干扰能力强，是变压器内部局部放电检测的重点发展方向。超声波局部放电检测受到变压器振动噪声大，传感器灵敏度低，内部局部放电超声信号衰减大等诸多影响，主要用于变压器内部放电缺陷的定位。

局部放电类的带电检测能够更早的发现变压器内部绝缘类潜伏性故障，且国内外已有不少成功的典型案例，故是未来带电检测的工作重心。

二、某特高压套管压力异常的分析和处理

高压套管是高压电抗器的重要组件，其运行状态对高压电抗器的安全运行有直接影响。交流特高压变电站高压电抗器用高压套管一般采用电容式油浸纸套管，其油位表或压力表是表征其运行状态的重要指示。

某特高压站巡视过程中发现某 1000kV 高压电抗器高压套管油压表指示满量程，压力过高。若是因套管内部异常造成，则可能发展为严重故障，必须立即处理。

1. 异常现象

（1）具体现象。某日巡视时，发现某高压电抗器 A 相压力表指示满量程，而 B 相压力 1.7bar，C 相压力 2.0bar，均正常，如图 7-1 所示。

图 7-1　高压电抗器 A、B、C 三相高压套管压力表指示

（2）高压套管结构。该高压套管为电容式油浸纸套管，套管底部装有充油系统，用于因温度引起的油量变化。该系统由两个金属油罐构成，每个油罐的两端安装了密封阀门，通过伸缩管与套管底部法兰相连接，油罐通过金属结构固定在套管法兰上，结构示意如图 7-2 所示，油压表安装于套管底部法兰处，正常运行压力在 0.2～3.8bar 之间。

2. 异常的分析及检查

套管内注油过多、套管内部发热、压力表故障等均可能引起压力指示过高，不同的原因处置方法不同，需一一排除。

（1）注油过多引起。查询高压电抗器巡视记录，显示该高压电抗器压力指示均在 2.0bar 以下，注油过多原因首先排除。

图 7-2　套管结构示意图

（2）内部发热引起。现场检查该套管无任何异常声响，外观正常，油路的各阀门位置正常。

该套管的安装使用说明书显示，套管压力与套管温度成一定关系，如图 7-3 所示。

从图 7-3 可以看出，高压电抗器压力随温度增长而增大，若压力表超过 5.0bar，则套管温度应高于 80℃。

对高压电抗器套管进行了红外测温，结果如图 7-4 所示。

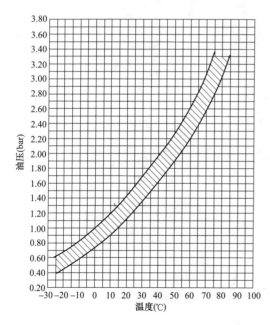

图 7-3　PNO-1100 套管油压与温度曲线关系　　　　图 7-4　A 相套管红外测温情况

红外测温显示该套管温度分布均匀、最高温度低于 30℃，无异常。实测温度与油压温度曲线完全不对应，因此，套管内部故障发热原因亦被排除。

从检查情况判断，套管故障的概率非常小，压力过大可能由压力表自身故障引起，在加强监视（红外测温、特巡等）的条件下继续运行，至计划检修时进一步检查处理。

3. 异常的处理及建议

（1）压力表检查。计划检修时，对该压力表进行了检查。剪断压力表铅封，拆除限位螺栓，关闭表计与套管间的连接阀门，最后用扳手慢慢打开压力表计上的放油塞。发现少量油流出，但压力表计的指针无任何反应，仍然保持在最大值位置，从而判定压力表故障，指示过大由表计故障引起。

图 7-5　压力表结构图（增加抗振结构前）

（2）压力表增加抗振结构。交流特高压高压电抗器振动比较强烈，该型号套管运行时间相对较短，压力表计安装方式可能存在抗振性能不足，长时振动引起表计故障。高压电抗器检修时，对表计进行了更换，更换后压力显示1.5bar，恢复正常。压力表结构图如图 7-5 所示。

更换时，在压力表计与套管法兰中间增加一个抗振结构，以增强表计的抗振性，如图 7-6 所示。

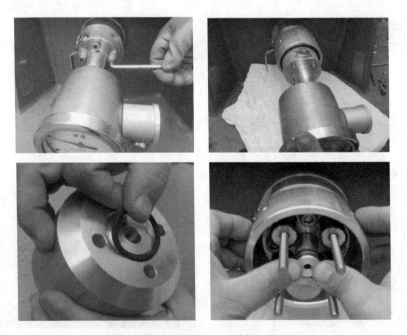

图 7-6　压力表结构图（增加抗振结构后）

（3）套管油化试验。在检修时，还使用专用取油工具提取油样，进行了油化试验，数据未见异常，数据见表 7-1。

表 7-1 套管油色谱数据（μL/L）

H_2	CH_4	C_2H_6	C_2H_4	C_2H_2	CO	CO_2	总烃
10.99	11.35	68.72	1.20	0	54.39	168.50	81.27

（4）压力告警接点接入监控系统。经查询说明书、现场核对，发现该套管的压力表提供了反应压力过高、过低的告警接点（分别对应 0.2bar，3.8bar），见图 7-7。

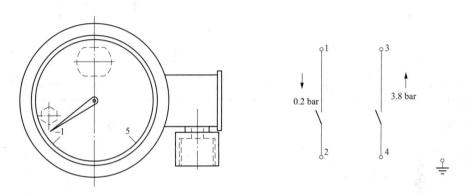

图 7-7　PNO 1100 套管油压告警接点示意图

该站告警接点未接线，运维人员未能第一时间发现压力表指示过高现象。若运行中因套管内部故障引起压力偏高，而运维人员又未及时发现，则后果不堪设想。建议各站检查同类型套管的压力表告警接点接线情况，尽量将压力异常的告警接点接入监控后台，出现压力异常时运维人员能第一时间处置，避免恶性事故发生。

4. 结论

通过带电检查检测手段判断套管压力过大是由表计本身故障引起，避免了高压电抗器被迫停运。表计安装方式存在抗振性差的缺陷，长时运行引起表计内部故障，是引发本次表计指示满量程的主要原因。在表计与套管法兰对接处增加抗振结构，能有效提高表计的抗振能力。压力表自带压力异常二次接点，建议将压力异常信号接入变电站监控后台，出现异常时运维人员能第一时间处置。

三、某主变压器铁芯接地电流异常的分析和处理

变压器运行时，其绕组及其引线与油箱之间构成不均匀的电场，铁芯就处在该电场中，绕组将通过耦合作用使铁芯对地产生一定的电位，通常称为悬浮电位。为避免铁芯悬浮电位造成对地放电，铁芯必须要接地。当铁芯出现两个及以上接地点时，接地点之间可能通过大地形成闭合的回路，产生较大环流，造成铁芯局部发热、绝缘油分解产气等问题，造成铁芯局部损伤、绝缘降低，大量的产气还会使轻瓦斯动作，因此铁芯只能一点接地。

1. 异常现象

某日，运检人员对某变电站进行铁芯夹件接地电流测试时，发现某台主变压器铁芯电流与其他五相铁芯电流值相差较大，设备运行未发现异常，数据见表 7-2。

表 7-2　　　　　　　　　铁芯、夹件电流测量值（mA）

被测变压器	夹件	铁芯
X 号主变压器 A 相	297.7	1430
X 号主变压器 B 相	303	1.0
X 号主变压器 C 相	301	1.3
Y 号主变压器 A 相	295	1.1
Y 号主变压器 B 相	299	1.0
Y 号主变压器 C 相	300	1.2

Q/GDW 1322—2015《1000kV 交流电气设备预防性试验规程》规定铁芯夹件接地电流应小于 300mA。

2. 异常原因检测与分析

（1）设备特巡。发现铁芯接地电流异常后，立即对该台主变压器进行了巡视，外观检查、噪声、振动等均未见明显异常。铁芯引线（可见部分）与变压器外壳、夹件引线等无触碰，未见异常。红外测温未见异常。

（2）历次测试数据比对。查询历次铁芯夹件电流测试记录，发现该台铁芯接地电流数据均小于 1.3mA，均正常，如表 7-3 所示。

表 7-3　　　　　　×号主变压器 A 相铁芯接地电流跟踪情况（mA）

时　　间	a 月	b 月	c 月	d 月	e 月	f 月
×号主变压器 A 相铁芯接地电流（mA）	1.2	1.1	1.3	1.3	1.2	1.3

（3）油色谱数据情况。经现场两次取油进行油色谱分析，气体数据均正常，且两次色谱数据无明显变化，如表 7-4 所示。随后的进行每月两次离线绝缘油气体分析也未见异常。

表 7-4　　　　　　　　　离线绝缘油气体含量

项　目	组　分　含　量（µL/L）					
	9 月 27 日			9 月 29 日		
	A 相	B 相	C 相	A 相	B 相	C 相
氢（H_2）	2.17	2.35	2.36	2.02	2.89	2.84
甲烷（CH_4）	1.71	0.74	0.85	1.53	0.83	0.96
乙烷（C_2H_6）	0.27	0.12	0.12	0.29	0.11	0.13
乙烯（C_2H_4）	0	0	0	0.05	0.05	0.05
乙炔（C_2H_2）	0	0	0	0	0	0

项　目	组　分　含　量（μL/L）					
	9 月 27 日			9 月 29 日		
	A 相	B 相	C 相	A 相	B 相	C 相
总烃含量	1.98	0.86	0.97	1.87	0.99	0.97
一氧化碳（CO）	68.1	61.4	70.45	70.1	62.6	76.76
二氧化碳（CO_2）	266	143	154.4	260	183	177.9

（4）局部放电检测。

1）超声波局部放电检测。为全面检查该变压器的绝缘健康状态，确定运行状态下是否存在放电及异常过热情况，随即开展超声波局部放电检测，检测时，在各侧引线、套管升高座、分接开关等变压器箱壳的对应位置进行了检测。测试发现在变压器窄边储油柜侧第一、二加强筋位置处的超声波信号较大，约为 1.1mV 外，其余测点信号的幅值均在集中在 0.04mV 左右，上述信号均未见明显的放电特征；测试结果如图 7-8 和图 7-9 所示。

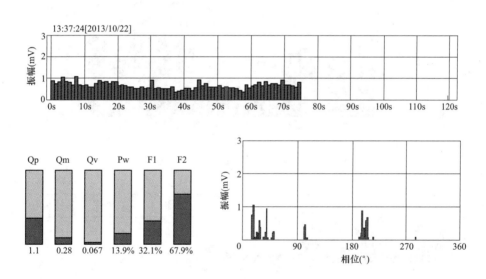

图 7-8　变压器窄边储油柜侧第一、二加强筋位置处超声波信号

2）特高频（UHF）局部放电检测。进行特高频局部放电检测前，在 300 ～ 1200MHz 频率范围进行自动搜索，根据频谱分布特征自动找到信噪比最高的 UHF 测量频段，搜索结果如图 7-10 所示。根据选频谱图，本次检测的中心频率设定为 1150MHz，频带宽度为 50MHz。检测时将特高频传感器置于变压器窄边储油柜侧第一、二加强筋位置对应的油阀上。检测发现，油阀处信号的最大幅值约为 0.04mV，但不具备局部放电谱图的典型特征，结果如图 7-11 所示。

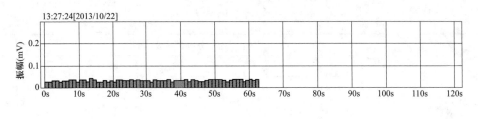

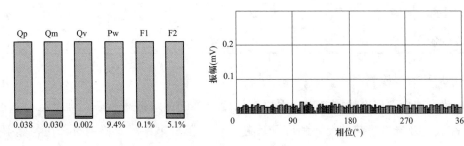

图 7-9　其他位置的超声波信号

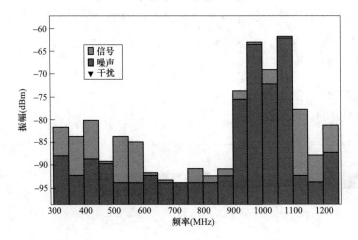

图 7-10　特高频频率范围自动搜索图谱

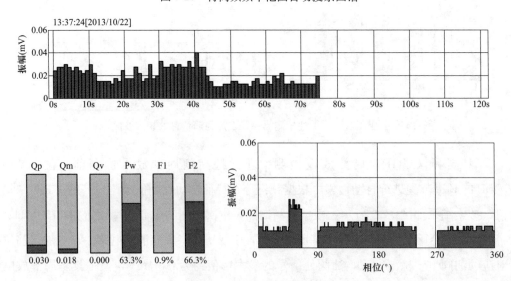

图 7-11　特高频局部放电谱图

3）基于高频电流（HFCT）局部放电技术检测。根据开展高频局部放电测试结果分析可知，变压器的铁芯、夹件的高频局部放电检测结果虽然幅值较大，但未见放电信号的明显特征，图谱如图 7-12 所示。

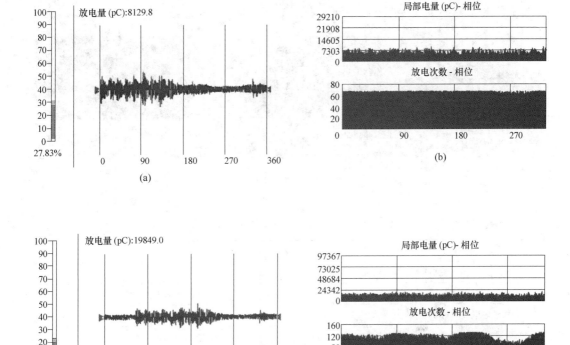

图 7-12　高频电流局部放电谱图

（a）铁芯电流放电实时显示波形；（b）铁芯 QNPh 二维谱图；（c）夹件电流放电实时显示波形；

（d）夹件 QNPh 二维谱图

（5）基于振动技术检测。进行变压器振动检测时，在变压器油箱宽边侧下方进行检测，检测时同时布置 6 个振动探头。测试信号最大幅值为 0.5～0.62g，不同负荷和位置的振动波形未见明显异常。振动波形如图 7-13 所示。

（6）铁芯接地电流与变压器负荷的相关性。通过在线和离线油色谱分析、各种带电检测，未发现该变压器有异常。

但持续跟踪中发现该相铁芯电流和变压器负荷、油箱接地电流有着关系，电流、负荷数据如表 7-5 所示。

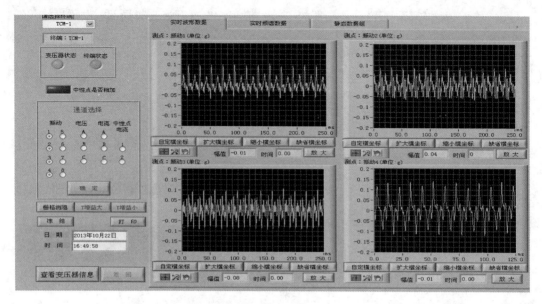

图 7-13　振动图谱

表 7-5　　　　　　　　　　铁芯电流、有功负荷、油箱接地电流数据

测试时间	27 日	28 日	29 日	30 日	1 日	2 日	3 日
A 相铁芯电流（mA）	1430	1773	1927	1468	903	918	634
B 相铁芯电流（mA）	1	1.1	1.4	0.9	1.2	1	1.5
C 相铁芯电流（mA）	1.2	1	1.3	1.1	1.1	1.2	1.3
变压器有功负荷（kW）	810	936	1062	842	469	432	319
A 相油箱接地电流（A）	32.5	40.3	43.8	33.4	20.5	21.1	15.2

从表 7-5 可以看出，变压器负荷最大时，铁芯接地电流及油箱接地电流最大；变压器负荷最小时，铁芯接地电流及油箱接地电流最小。因此，铁芯接地电流与变压器油箱接地电流存在一定的线性关系，存在铁芯本体引下线与变压器油箱有接触的可能，这种情况造成变压器油箱的接地电流从铁芯引线分流，造成铁芯接地电流偏大。现场检查，接地引线可见部分无异常，怀疑铁芯引线不可见部分与变压器油箱有触碰，示意图见图7-14。

为了进一步确定该情况，对其他相进行相同工况的模拟，将铁芯引下线与变压器油箱进行接触，示意图见图 7-15，发现其铁芯电流从 1mA 增至 1300mA。

经查厂家说明书及在备用相上检查，发现该铁芯夹件引出线不同于传统的 10kV 瓷套引出形式，而是采取接线盒接线板结构引出方式，同时在接线盒加装防雨防尘金属罩，如图 7-16 所示。该接线盒内部主变压器铁芯夹件引出线存在着与本体油箱接触的风险。一种可能情况是铁芯夹件接线鼻处热缩套破损，易与接线盒接触，造成本体油箱接地电流从铁芯夹件引下线分流。另一种情况是铁芯夹件引出线接头安装固定方向偏移，易与接线盒盖中间固定螺栓碰触，也可能造成本体油箱接地电流从铁芯夹件引下线分流。

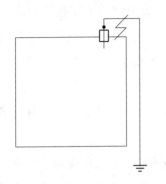

图 7-14　铁芯引线不可见部分与变压
器油箱有触碰示意图

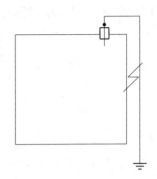

图 7-15　模拟实验示意图

图 7-16　铁芯夹件引出线接线盒

3. 停电检测情况及处理

年度检修时，电气试针对该相本体铁芯接地电流偏大原因进行检查处理，如图 7-17
和图 7-18 所示。

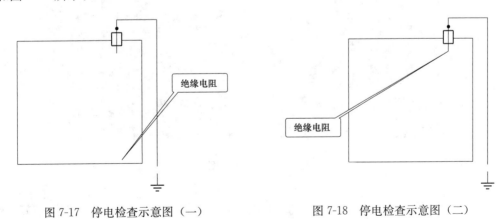

图 7-17　停电检查示意图（一）　　　　　图 7-18　停电检查示意图（二）

（1）停电检测情况分析。在 A 相本体铁芯夹件接地引下线处，拆除铁芯和夹件的接
地端子，采用 2500V 电压测量分别测量铁芯和夹件对地绝缘电阻，夹件对地绝缘良好，

而铁芯引线对地绝缘电阻为0，说明从铁芯接地引下线下端至铁芯本体存在多点接地。

在A相本体顶部，打开铁芯夹件引出线接线盒顶盖进行检查，铁芯夹件引出线接头安装固定情况良好，不存在偏移情况，接头与接线盒盖中间固定螺栓不存在碰触的现象。在下端接地端解开的情况下，采用2500V测量铁芯夹件引出线接头安装固定处对地的绝缘电阻，铁芯固定处对地依然为0，而夹件固定处对地绝缘正常。拆除铁芯接地引出端与引下线电缆接头鼻（未拔出接线盒），测量铁芯对地绝缘电阻，为1.44GΩ，而引下线电缆接头处绝缘电阻为0，说明从铁芯接地引出端至本体铁芯绝缘良好，可初步判断接地点存在于引下线电缆。

检查接地引下线电缆接接线鼻与接线盒处发现，接地引下线电缆接线鼻绝缘热缩套存在老化破损现象，易与接线盒搭接。将接地引下线电缆接头抽出接线盒后，单独测量引下线电缆对地绝缘，其绝缘电阻为1.52GΩ，说明电缆绝缘良好，如图7-19和图7-20所示。

图 7-19 停电检查现场图（一）

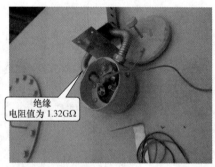

图 7-20 停电处理现场图（二）

至此综合以上检测结果与分析可初步判断出，由于铁芯接地引下线电缆接线鼻处热缩套破损，与接线盒存在接触，造成本体油箱接地电流从铁芯引下线分流，造成监测到的铁芯接地电流异常。

（2）处理措施。查明异常原因后，衡阳变压器厂家人员对引下线电缆接头进行绝缘处理，采用绝缘胶带重新包裹接头，利用热缩套进行固化，处理完毕后，测量其绝缘电阻，值为 1.32GΩ，从铁芯接地引下线地面接地处测量铁芯对地绝缘，其值为 1.66GΩ，说明处理后的铁芯接地绝缘状况良好。

4. 结论

通过带电检测及停电检查，该变压器本体铁芯电流存在异常情况原因可能主要是铁芯引线线金属裸露部分与变压器本体油箱存在接触造成。

主变压器复役后，对 A 相铁芯夹件接地电流进行测试，并与处理前的数据进行比对分析，同时与 B、C 相的铁芯夹件接地电流值进行比较，异常消失。

四、某特高压高压电抗器乙炔异常的分析和处理

某交流特高压变电站运维人员在进行油色谱在线监测数据日对比时，发现某高压电抗器 A 相出现乙炔（C_2H_2），含量 1.5μL/L，三比值法计算为低能放电，运维管理单位随即展开油色谱、铁芯夹件接地电流、局部放电等带电检测手段，对该异常现象进行检测分析、故障定位、内检。

1. 异常现象

对比发现：某高压电抗器 A 相出现乙炔（C_2H_2），含量 1.5μL/L，具体见表 7-6。

表 7-6　　　　　　　　　　油色谱在线数据情况（μL/L）

H_2	CH_4	C_2H_6	C_2H_4	C_2H_2	总烃	CO	CO_2
7.67	1.34	0.43	0.76	1.5	4.18	56.72	445.53

按 DL/T 722—2014《变压器油中溶解气体分析和判断导则》，运行中主变压器油中 C_2H_2 含量注意值 1μL/L。

2. 异常的分析和检查

（1）高压电抗器巡视情况。外观检查、噪声、振动等均未见明显异常。

红外测温无异常。

（2）铁芯夹件接地电流检测。对该高压电抗器铁芯夹件接地电流进行检测，并与前期的检测数据进行对比，见表 7-7 所示。

表 7-7　　　　　　　　　铁芯夹件接地电流检测情况（mA）

接地类型测试日期	铁芯		夹件	
	X柱	A柱	X柱	A柱
9/25	34.1	63.8	83.5	191.2
10/23	36.0	64.0	81.0	190.0
11/21	35.7	66.7	79.9	192.5
11/30	35.3	66.7	80.0	193.8

从表 7-7 可以看出，近几个月该高压电抗器 A 柱、X 柱的铁芯、夹件的接地电流未见明显异常。

（3）油色谱分析。

1）C_2H_2 含量。

在线油色谱发现该高压电抗器持续乙炔后，立即组织离线取油试验，与在线色谱进行比对。离线试验也发现有乙炔，随即开始对该高压电抗器的持续取油离线试验，并加强在线监测设备监视，持续跟踪期间 C_2H_2 的发展趋势如图 7-21 所示。

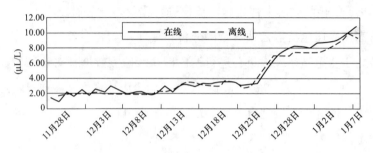

图 7-21　持续跟踪期间 C_2H_2 的发展趋势

从图 7-21 可以看出，持续的在线油色谱、离线油色谱试验表明，该高压电抗器内部确实存在 C_2H_2，且 C_2H_2 含量在持续增大，增速较快。离线、在线油色谱中 C_2H_2 的发展趋势非常接近，均表面该高压电抗器内部确实存在 C_2H_2，C_2H_2 在含量 $4.0\mu L/L$ 以下保持了较长一段时间，随后迅速增长到 $10\mu L/L$。

2）其他成分含量。油化试验发现，H_2、CH_4、C_2H_6、C_2H_4、CO、CO_2 含量相对稳定，增长幅度不大。

3）三比值法定性故障类型。以 12 月 27 日试验结果为例，见表 7-8。

表 7-8　　　　　　　　　12 月 27 日离线与在线油色谱情况（$\mu L/L$）

含量 \ 状态	H_2	CH_4	C_2H_6	C_2H_4	C_2H_2	CO	CO_2
离线	23.92	2.39	0.73	2.22	7.01	59.29	410.88
在线	19.4	0	0	0	7.8	66.9	396.8

应用三比值法进行故障定性，故障类型为"低能放电"，可能原因为"引线对电位未固定的部件之间连续火花放电，分接抽头引线和油隙闪络，不同电位之间的油中火花放电或悬浮电位之间的火花放电。"

（4）局部放电带电检测。在进行局部放电带电检测时，几个检测团队发现同样的问题，即超声波局部放电、特高频局部放电基本无信号，仅通过高频电流发现微弱的异常信号。将该相高频电流信号与正常相进行比对，怀疑异常信号为放电信号。随后提高信号检测的增益，超声波局部放电也发现了异常信号，而特高频局部放电始终未发现异常。

1）高频电流局部放电带电检测。使用 PowerPD-TP500A 在该高压电抗器 X 柱夹件检测到异常信号，图谱中脉冲波之间时间差为 2.72ms，达到检测仪器所要求的注意值范围，信号有间歇性，强度一般，如图 7-22 所示。

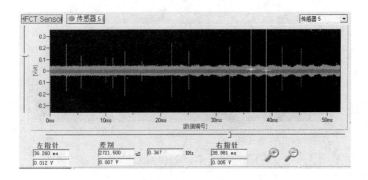

图 7-22　该相高频电流局部放电谱图

再对相邻的正常相 B 相 X 柱夹件进行检测，如图 7-23 所示。

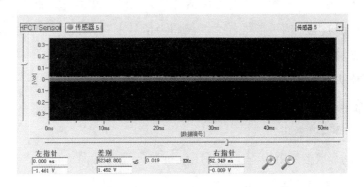

图 7-23　相邻正常相 B 相高频电流局部放电谱图

对比发现 B 相图谱未见任何异常信号，与该相图谱存在明显差异，怀疑该相高压电抗器内部存在局部放电。

2）超声波局放带电检测。高频能检测到信号，而超声波局部放电、特高频局部放电基本无信号，原因怀疑为高压电抗器内部结构复杂，电、磁屏蔽较多，异常信号衰减严重，影响了信号检测。随即增大信号增益，进一步检测。

超声波在该高压电抗器 X 柱底部很小的范围检测到异常信号，超声波与高频检测对比图谱如图 7-24 所示。

从图 7-24 可以看出，超声波信号在一个 20ms 周期内呈现两次脉冲，脉冲间隔为10ms 左右，具有局部放电特性；高频信号在 5～25ms 这一个周波内，出现两次放电，

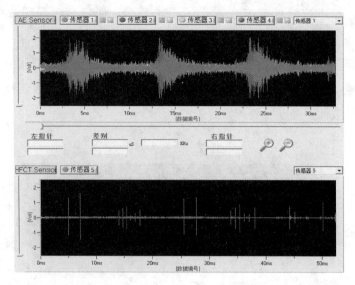

图 7-24　高增益下超声波、高频电流局部放电对比谱图

时差 10ms 左右，15ms 出现的放电信号明显比 7ms 处放电信号弱，且逐渐减小，怀疑是 7ms 处放电信号的反射信号，因此认为高频信号在一个 20ms 周期内呈现一次脉冲。

几个检测团队均认为高频信号与超声信号有固定的时间差，具备放电特征，高压电抗器内部存在局部放电点的可能性较大。但超声信号也有可能是 X 柱底部有部件松动，运行中产生的振动信号。在超声信号与高频电流信号是否来自于同一信号源这一问题上，几个检测团队意见不一致。

随即展开故障点定位，判断故障可能是 X 柱绕组底部磁屏蔽接地不良或磁屏蔽移位后对 X 柱夹件之间存在放电所致。

3）特高频局部放电带电检测。因高压电抗器外壳对特高频信号产生严重屏蔽，选择从该高压电抗器放油阀处接入特高频探头，几组检测团队反复检测，始终未发现异常信号。

研究高压电抗器箱体的物理构造，发现高压电抗器大盖与箱体非金属焊接密封，而是用螺栓连接、橡胶垫圈密封，存在电磁泄漏的通道，特高频信号能穿过橡胶垫圈传播到箱体外。因此，将特高频探头移至大盖与箱体连接处进行检测。

为了排除现场环境的干扰，采用空间噪声传感器同步对比开窗技术对系统检测的每个脉冲均进行时差和幅值信息的鉴别和排除。所测信号强度较大，测试时段内持续且稳定。该信号来自于设备内部，信号图谱具有明显的放电特征。

实测波形典型谱图如图 7-25 所示。

（5）放电点定位。高频电流及特高频确定内部有放电后，几组检测团队分别开展了放电点的定位检测，通过特高频、超声波等定位手段，定位了 4 个疑似放电点。

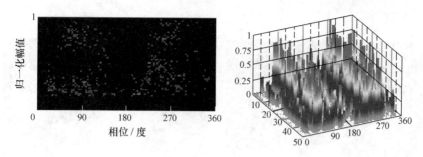

图 7-25　实测 PRPS 谱图及 PRPD 谱图

1）疑似放电点 1 位于 X 柱上方内侧夹件及绕组上端压钉附近位置（特高频定位）。

2）疑似放电点 2 位于箱体北侧磁屏蔽底部与 X 柱底部夹件范围内（超声波定位）。

3）疑似放电点 3 位于 X 柱低压套管引线与其附近夹件范围内（超声波定位）。

4）疑似放电点 4 位于北侧磁屏蔽靠近取油阀处（超声波定位）。

5）疑似放电点的位置示意图如图 7-26 所示。

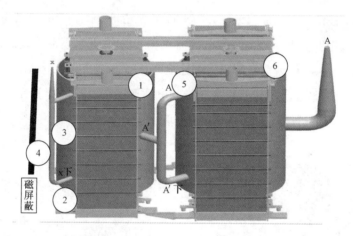

图 7-26　疑似放电点的位置示意图

1、2、3、4—分别疑似放电点；2、5、6—分别为实际异常位置

注：经过相关技术手段确定了几个疑似放电点，综合考虑后对设备进行报废处理，

对设备解体后发现实际的放电点位置。

3. 停电检查情况

（1）内检发现的问题。结合年度检修任务，对该高压电抗器进行停役，进行内检工作，发现 3 处异常。

1）铁芯引线与夹件相碰。该相高压电抗器 A 柱铁芯引线绝缘与上部夹件相碰，相碰处夹件侧发现碳迹，相应的引线绝缘皱纹纸共六层，其中外部三层皱纹纸有击穿放电现象，如图 7-27 所示。

铁芯引线绝缘与上夹件相碰处的放电痕迹可能是该处的油隙在高电场作用下的局部放电（A 柱上端部在运行中为 500kV 电压等级，会在铁芯引线绝缘外表面形成较强的电

203

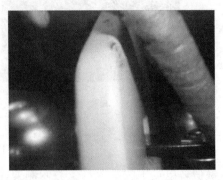

图 7-27　A 柱铁芯引线绝缘与上部夹件相碰内检图

场；且经对备用相测试，计算得到额定工作电压下 A 柱铁芯引出线与夹件引出线电位差比 X 柱的明显大）。该处放电与特高频检测定位的疑似放电点 1 接近，位于图 7-26 中 5 号点位置。

处理：对 A 柱铁芯引线加包绝缘并与夹件绝缘之间保持一定的绝缘间隙。

2）螺栓屏蔽帽安装不到位。高压电抗器 X 柱（中性点）下部引线绝缘支撑件固定螺栓屏蔽帽松动，与 X 柱夹件底部固定螺栓之间相碰，该螺栓屏蔽帽用白布擦拭有黑色痕迹，屏蔽帽与自身底座上的螺栓没有明显的电蚀痕迹，如图 7-28 所示。按图纸正确安装，该屏蔽帽与 X 柱夹件底部固定螺栓之间间距约 1.5mm。

图 7-28　X 柱下部引线绝缘支撑件螺栓屏蔽帽松动内检图

由于屏蔽帽安装不到位导致与夹件螺栓距离过近，在运行振动下接触放电。该处放电与超声波检测的疑似放电点 2 结果相符，也与夹件和铁芯接地回路的高频电流检测结果完全吻合。

处理：通过对有黑痕屏蔽帽处电场计算，在各种运行及试验工况下，取消此屏蔽帽后此处的电场均满足要求。采取的处理措施是取消此处屏蔽帽。

3）压钉螺母与屏蔽固定板接触面积不足。A 柱首端出线侧右侧器身压钉处屏蔽板连接处表面有黑色物质，屏蔽板安装板靠夹件支板侧有电蚀小坑，如图 7-29 所示。

由于 A 柱出线侧器身压钉均压环固定位置的孔径过大，紧固时易由于螺母偏心产生搭接面积不足导致悬浮电位放电。该处放电与特高频检测到的放电信号吻合，但定位不准，实际位于图 7-26 中 6 号点位置。

处理：对 A 柱首端出线侧器身压钉处的 2 个屏蔽固定板（仅 A 柱首端出线侧有），在压钉螺母和屏蔽固定板之间增加过渡铜垫圈，使屏蔽板被可靠压紧。

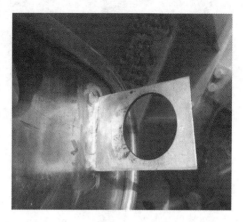

图 7-29　A 柱压钉螺母与屏蔽固定板
接触面积不足内检图

（2）返厂解体检查。内检后投入运行不久，该高压电抗器油色谱又检测到 C_2H_2，经 2 个月缓慢上升到 $2\mu L/L$，随后保持在 $2.7\mu L/L$ 以下一段时间，之后又快速上升。对该台高压电抗器之前运用三比值法对 ATⅡ线 A 相电抗器色谱数据进行分析，三比值为 $1:0:2$，油中主要特征气体为 C_2H_2、C_2H_4 及 H_2，其 CO、CO_2 气体含量没有异常增长，特征气体表明问题性质为火花放电，带电检测、定位后，确定内部有故障，再次内检未发现原因，于是返厂解体检查。

X 柱铁芯接地屏蔽有明显发黑，如图 7-30 所示。地屏铜带间有锯齿状的放电痕迹，如图 7-31 和图 7-32 所示。

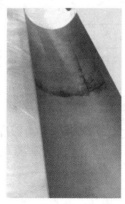

图 7-30　铁芯接地屏蔽检查情况

X 柱铁芯地屏铜带边缘呈现锯齿状放电烧蚀现象。整个地屏铜带褶皱现象明显。包扎铜带的电缆纸破损严重，铜带紧贴的电缆纸板已击穿。

X 柱铁芯接地地屏蔽装配过程中铜带移位及外包电缆纸损伤，引起铜带边缘锯齿状放电，铜带（厚 0.1mm）边缘锯齿状放电损伤了铜带的机械强度，导致铜带在运行中断

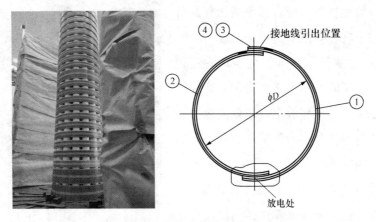

图 7-31　地屏放电处示意图（一）

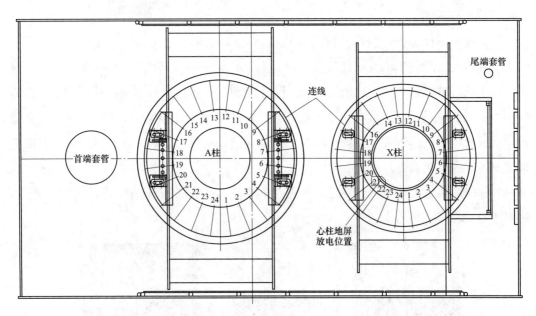

图 7-32　地屏放电处示意图（二）

裂。该断裂又进一步加剧了铜带的放电，最终造成两地屏间搭接处的击穿贯通，与这期间夹件等处局部放电信号及色谱增长特征相符。

4. 结论

本次高压电抗器 C_2H_2 异常是因该高压电抗器在生产制造环节的质量管控不到位，出厂时未能发现内部存在三个安装质量问题，问题本身不严重，但导致高压电抗器在投运后其承受系统冲击的能力较低，在经历较低水平的过电压后，内部就出现持续放电。设备制造厂家应进一步加强特高压设备出厂质量管控工作，避免设备隐患在投运后才暴露，对特高压系统造成不良影响。

带电检测是发现变压器类设备内部异常并进行异常定性、定位的重要手段。设备在运行时，运维管理单位应综合应用油、气、声、光、电等手段，加强带电检测，及时发现设备存在的隐患和缺陷。发现异常后，对异常的性质、异常的发展趋势进行判断，指导设备运行。

第二节　特高压变压器类设备故障类型及特点

本章节主要对特高压变压器类故障形成原因、故障类型和处理方式进行介绍，同时对特高压变压器类设备故障防范措施进行阐述。

一、特高压变压器类故障形成原因

特高压变压器在运行中常见的故障是绕组、套管和电压分接开关的故障，以及雷击引起过电压等使得绝缘降低形成的故障。而铁芯、油箱及其他附件的故障相对较少。

二、变压器主要故障类型

1. 雷击过电压

由雷击导致的过电压可以分为两种情况。一是由于避雷器的接地电阻增加而导致的变压器外壳电位升高，当变压器外壳电位增加到一定值时就会使得变压器的绝缘系统受损出现绝缘击穿的现象；二是变压器避雷器接地引线过长而导致的，若此时通过一段陡度的电流，则由于电压的升高和相互叠加将破坏变压器的绝缘系统。

2. 绕组故障

主要有匝间短路、绕组接地、相间短路、断线及接头开焊等，产生这些故障的原因主要有在制造或检修时局部绝缘受到损害，遗留下缺陷；在运行中因散热不良或长期过载，绕组内有杂物落入，使温度过高绝缘老化；制造工艺不良，压制不紧，机械强度不能经受短路冲击，使绕组变形绝缘损坏；绕组受潮，绝缘膨胀堵塞油道，引起局部过热；绝缘油内混入水分而劣化或与空气接触面积过大使油的酸价过高，绝缘水平下降或油面太低，部分绕组露在空气中未能及时处理等。

3. 高压出线套管故障

套管是电力变压器内绕组与油箱外连接引线的重要保护装置，也是电力变压器与外部电网或设备连接的桥梁。高压出线套管故障常见的是炸毁、闪落和漏雨等，其原因主要包括：套管瓷套的表面沉积灰尘、油污、盐雾等引起污闪；套管进水受潮；套管与绕组引线连接固定脱落造成悬浮放电；套管漏油导致缺油过热等。

4. 分接开关故障

常见的分接开关故障有接触不良引起发热烧坏，分接开关相接触头放电或各触头放电，引起上述故障的原因是连接螺栓松动，制造工艺不良，弹簧压力不足、触头表面脏污氧化使触头接触电阻增大，油的酸值过高、开关接触面被腐蚀等都会造成接触电阻过大。大电流使触头发热烧坏，分接头绝缘受潮绝缘不良，在过电压时引起击穿分接开关故障，严重时会引起瓦斯、过流、差动保护动作。

5. 铁芯故障

铁芯故障大部分是铁芯叠片造成的，原因是铁芯柱的穿心螺杆或者铁轮夹紧螺杆的绝缘损坏引起的，其后果可能使穿心螺杆与铁芯叠片造成2点连接，出现环流引起局部发热，甚至引起铁芯的局部熔毁，也可能造成铁芯叠片局部短路，产生涡流过热，引起叠片间绝缘层损坏，使变压器空载损失增大，绝缘油恶化。

6. 气体保护故障

气体保护是变压器的主保护。轻瓦斯作用于信号，重瓦斯作用于跳闸。轻瓦斯保护动作后发出信号，其原因是变压器内部有轻微故障（如存有空气、二次回路故障等）。气体保护动作跳闸时，可能因变压器内部发生严重故障，引起油分解出大量气体，也可能是二次回路故障等。

7. 变压器着火

这也是危险事故。变压器有许多可燃物质，处理不及时可能发生爆炸或者使火灾扩大。变压器着火的主要原因是套管的破损和闪落，油在储油柜的压力下流出并且在顶盖上燃烧、变压器内部故障使外壳或者散热器破裂，使燃烧着的变压器油溢出。

三、变压器故障处理原则

电力变压器是电力系统中最关键的设备之一，它承担着电压变换、电能分配和传输、并提供电力服务的任务。变压器的正常运行是对电力系统安全、可靠、优质、经济运行的重要保证，必须最大限度地防止和减少变压器故障和事故的发生。

1. 变压器故障跳闸后的处理

当变压器的断路器跳闸后，要详细记录事故发生的时间及现象、跳闸断路器的名称、编号、继电保护和自动装置的动作情况及表针摆动、频率、电压的变化等。

（1）操作事项：将直接对人员生命有威胁的设备停电；将已损坏的设备隔离；运行中的设备有受损威胁时停用或隔离；在用电气设备恢复电源；电压互感器熔丝或二次空气开关断开时，将有关保护停用；现场规程中明确规定的操作，变电站当值运行人员可自行处理，但事后必须立即向值班调度员汇报。

（2）查明跳闸原因：如有备用变压器立即将其投入，以恢复向用户供电，然后再查明故障变压器的跳闸原因；如无备用变压器则尽快根据信号指示查明保护动作的原因，同时检查有无短路、线路故障、过负荷和火光、怪声、喷油等明显的异常现象。

（3）如确实查明变压器两侧断路器跳闸不是由于内部故障引起，而是由于过负荷、外部短路或保护装置二次回路误动造成，则变压器可不经外部检查重新投入运行。如果不能确定变压器跳闸是由于上述外部原因造成的，则必须对变压器进行内部绝缘电阻、直流电阻的检查。经检查判断变压器无内部故障时，将气体保护投入到跳闸位置，变压器重新合闸，整个过程慎重行事。如经绝缘电阻、直流电阻检查判断变压器有内部故障，则需对变压器进行吊芯检查。

2. 变压器气体保护动作后的处理

变压器运行中如果局部发热，在很多情况下不会表现出电气方面的异常，而首先表现出的是油气分解的异常，即油在局部高温作用下分解为气体，逐渐集聚在变压器顶盖上端及气体继电器内。区别气体产生的速度和产气量的大小，及时区别过热故障的大小。

（1）轻瓦斯动作后的处理：轻瓦斯动作发出信号后，首先停止音响信号，并检查气体继电器内气体的多少。

（2）重瓦斯保护动作后的处理：运行中的变压器发生瓦斯保护动作跳闸，或者瓦斯信号和瓦斯跳闸同时动作，则首先考虑该变压器有内部故障的可能，对这种变压器的处理应十分谨慎。故障变压器内产生的气体是由变压器内不同部位根据气体继电器内气体性质、集聚数量级速度来判明的，判断变压器故障的性质及严重程度对变压器故障处理至关重要。若集聚的气体是无色无臭且不可燃的，则瓦斯动作原因是因油中分离出来的空气引起的，可判定属于非变压器故障原因，变压器可继续运行；若气体是可燃的，则极可能是变压器内部故障所致。对这类变压器，在未经检查并试验合格前不允许投入运行。变压器瓦斯保护动作是内部事故的前兆或本身就是 1 次内部事故，因此对这类变压器的强送、试送和监督运行都应特别小心，事故原因未查明前不得强送。

（3）变压器差动保护动作后的处理：差动保护是为了保证变压器安全可靠的运行，即当变压器本身发生电气方面的层间、匝间短路故障时尽快将其退出，减少事故情况下变压器损坏的程度。规程规定，对容量较大的变压器，如并列运行 6300kVA 及以上、单独运行 10 000kVA 及以上的变压器要设置差动保护装置。与瓦斯保护相同之处是这两种保护动作都比较灵敏、迅速，是变压器本身的主要保护。不同之处在于瓦斯保护主要是反映变压器内部过热引起油气分离的故障，差动保护则是反映变压器内部（差动保护范围内）电器方面的故障。差动保护动作，则变压器两侧（三绕组变压器则是三侧）的断路器同时跳闸。

（4）其他保护动作后的处理：除上述变压器两种保护外还有定时限过电流保护、零序保护等。主变压器定时限过电流保护动作跳闸时首先应解除音响，然后详细检查有无越级跳闸的可能，即检查各出线断路器保护装置的动作情况，各信号继电器有无信号，各操作机构有无卡死等现象。如查明是因某一出线故障引起的超级跳闸，则拉开出线断路器，将变压器投入运行，并恢复向其余各线路送电；如果查不出是否超级跳闸，则应将所有出线断路器全部拉开，并检查主变压器其他侧母线及本体有无异常情况，若查不出明显的故障，则变压器可以空载试投送 1 次，运行正常后再逐路恢复送电。当在送某一路出线断路器时又出现越级跳主变压器断路器，则应将其停用，恢复主变压器和其余出线的供电。若检查中发现某侧母线有明显故障征象，而主变压器本体无明显故障，则可切除故障母线后再试合闸送电，若检查时发现主变压器本体有明显的故障征兆时不允许合闸送电，应汇报上级听候处理。零序保护动作一般是系统发生单相接地故障引起的，事故发生后立即汇报调度。

3. 变压器故障防范措施

变压器故障会严重影响电力的稳定供应，但如果在日常运行中严格按规范要求操作，加强设备后期安全维护，有相当多的故障是完全可以避免的。这样，不但可以降低变压器故障的发生，减轻电力中断造成的不良影响，还可以节约大量的时间和经费，减少社会成本的支出。

（1）定期进行安全检验，确保避雷器接地的可靠性。每年应该对变压器进行安全检验，查看引线有无断股现象的发生以及引线是否符合其他规定。在旱季还应对接地电阻进行检测，保证其最大值不超过 5Ω。此外，还应在每年进行相应的预防试验，更换不合格的避雷器，以减少雷击过电压对变压器的损害。

（2）准确掌握变压器负荷变化，保持变压器的良好性能。对此，必须确保变压器在其设计允许的负荷范围内运行，同时，注意控制变压器的顶层绝缘油油温，避免因油温过高造成绝缘老化。

（3）做好经常性维护工作。定期对变压器表面及套管的污垢、灰尘进行清理，保持绝缘子及瓷套管的清洁。在油冷却系统中，应该经常查看散热器是否正常运行，是否存在生锈、渗漏、污垢淤积以及其他一些可能限制油流动的机械损伤。此外，还应该对变压器的油色、油位进行检查，发现问题后及时采取应对措施，消除隐患。

（4）采取积极措施，应对绝缘油劣化。实践中，为了应对绝缘油劣化，可以采取如下措施：对绝缘油进行加热处理，可以将使油中的水分蒸发，从而将水分与绝缘油分离；对于绝缘油采用真空法处理，可以去除油中所含的气体；此外，对绝缘油中含有的固体杂质，则可以通过过滤法去除。应注意对变压器油样做经常性的击穿试验。

（5）定期进行分接开关的检查。对变压器的分接开关进行检查时，应着重检查以下部分：开关机械转动的灵活性，转轴的密封性，以及上部指示位置与下部实际接触位置是否一致；开关固定螺栓是否在开关的频繁切换操作过程变得松动；动、静触头的接触面是否良好，是否有烧蚀情况；编织软联结线是否完好，若有断股，则必须予以更换。定期对分接开关进行检查，及时发现问题，及时处理问题，才能将可能的故障消灭在萌芽状态。

第三节　变压器类设备故障处置实例介绍

一、主变压器低压侧断路器故障引起主变压器故障

1. 故障前的运行方式

全站设备正常运行方式，无检修任务。天气晴，微风，环境温度5℃。AVC将电容器组612断路器自动投入运行。1号主变压器低压侧601断路器只带612电容器组和1号站用变压器，1号主变压器负荷为372MW，3号主变压器负荷为380MW。

2. 设备故障分析及保护动作分析

612断路器投入1min11s后，1号主变压器低压侧发生AB相间故障转化为ABC三相短路故障。1号主变压器本体重瓦斯动作，跳开三侧断路器。3号主变压器负荷为567MW，无负荷损失。

（1）保护动作情况。以发生AB相间短路故障时刻为"0"时刻，保护动作时序如下：

612电容器ABC相过流Ⅰ段保护动作	340ms
612电容器B相过流Ⅰ段保护动作	614ms
1号主变压器CSC-336C1本体重瓦斯动作	654ms
601断路器分位	686ms
T031断路器分位	691ms
T032断路器分位	691ms
5021断路器分位	692ms
5022断路器分位	695ms

注：以上保护动作时序以AB相短路故障发生时刻为"0"时刻计算。

1号主变压器低压侧后备保护定值为2.45A（一次值14.7kA），一时限1s跳低压侧，二时限1.5s跳主变压器三侧。612电容器保护定值过流一段1.2A（一次值1.5kA），0.1s，过流二段0.8A（一次值1kA），0.5s。保护装置动作正确。

（2）监控信息。故障发生时，室外传来一声巨响，随后检查监控后台信息如下：

1）一次接线图：T031、T032、5021、5022、601、401断路器分位闪光，612断路器无位置，412断路器分，低压自动投入装置未动作，610断路器合位。

2）光字牌动作情况：1号主变压器本体重瓦斯动作、本体压力突变报警、TV断线、1号主变压器各侧断路器出口跳闸、冷却器全停、电度表失压告警、PST变压器保护装置异常；3号主变压器冷却器全停报警；612电容器保护过流一段动作、保护低电压动作、保护柜跳警光字牌亮。

（3）故障录波分析。1号主变压器低压侧发生AB相间故障，故障电流为6A（一次

24kA），故障持续时间 103ms，后转化为 ABC 三相短路，故障电流为 6.6A（一次电流为 26.4kA），故障持续时间 561ms。在 AB 相间故障发生后 654ms，1 号主变压器本体 B 相重瓦斯保护动作，跳开主变压器三侧断路器。

612 断路器投入后至故障前，601 断路器 A、B、C 三相电流存在畸变，电流幅值小于额定电流，电流幅值约为 300A，电容器额定电流为 600A。具体录波如图 7-33 所示。

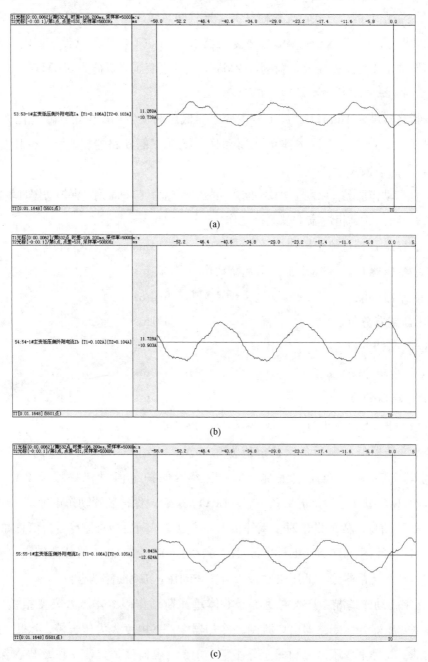

图 7-33　故障前 601 断路器电流

(a) I_a；(b) I_b；(c) I_c

（4）故障隔离。1号主变压器及以下系统转检修，对1号主变压器及以下系统进行检查和试验。

3. 现场检查情况

检查情况：612断路器A、B相灭弧室炸裂，触头严重烧损，C相瓷套伞裙有破损。AB相灭弧室瓷套散落于612断路器周围约50m，B相气室底部已烧穿。612断路器A、B相静触头连同一次引线甩至612-1隔离开关母线侧。断路器处于未分到位状态，如图7-34所示。

图7-34　612断路器现场故障情况

612电流互感器A、B相断路器侧、612B相TA与电抗器之间支持绝缘子有放电痕迹，电流互感器C相灭弧室瓷套，隔离开关A、B、C相支持绝缘子，B、C相引线支持绝缘子，612串联电抗器B、C相支持绝缘子，613电容器间隔串联电抗器A相支持绝缘子、B相引线支持绝缘子均有不同程度的破损。

1号主变压器本体外观及1000kV、500kV间隔设备检查无异常。

4. 变压器试验情况

（1）油化试验。对1号主变压器三相取油进行色谱分析，A、C相无异常，B相乙炔含量为94.8μL/L，氢气含量为198；4h后再次对1号主变压器进行三相取油样色谱分析，A、C相无异常，B相乙炔含量为297.14μL/L，总烃含量为271.25μL/L，氢气含量为495.17μL/L。可见主变压器B相油中溶解气体含量严重超过规程规定。具体数值见表7-9。

表7-9　　　　　　　　　　1号主变压器油色谱数据（μL/L）

调度号	试验时间	H_2	CH_4	C_2H_6	C_2H_4	C_2H_2	CO	CO_2	总烃
A	9：00	16.7	10.3	2.6	4.8	0	270.7	857.3	17.7
A	13：00	27.9	12.9	3.1	4.2	0	301.4	973.2	20.2
B	9：00	198	44.3	4	43.6	94.8	462.3	1131.4	186.7
B	13：00	495.17	123.31	11.12	139.68	297.14	630.39	1174.47	571.25
C	9：00	19	6	1.6	1.2	0	265.8	802.5	8.8
C	13：00	37.6	5.9	1.2	0.9	0	267.8	917.3	8.0
标准值		150				1			150

针对612电流互感器本体外观及支持绝缘子有放电痕迹的情况，对612TA进行了油色谱分析，色谱数据表明设备内部无异常。

（2）高压试验。对三相进行直流电阻、绝缘试验、绕组变形等试验，A、C相均无异常。B 相介质损耗、电容量均超过标准要求,频响试验结果显示 B 相低压绕组存在变形。B 相铁芯、夹件间绝缘为零。

5. B 相变压器钻芯检查情况

对 1 号主变压器 B 相进行了钻芯检查,通过检查发现,变压器中压套管正下方箱底有大量匝间绝缘碳化物,低压侧箱底和下节油箱箱壁有大量散落的游离碳,上部端圈内部有明显的碳化痕迹和散落的绝缘碳化物,如图 7-35 和图 7-36 所示。

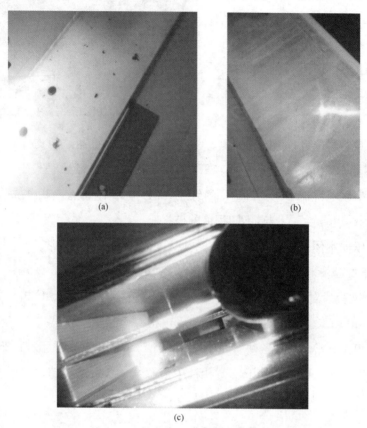

图 7-35　变压器内部检查情况

（a）中压套管正下方的匝间绝缘碳化物；（b）下节油箱箱壁上散落的游离碳；

（c）上部端圈内的碳化痕迹及散落绝缘物

图 7-36　上部端圈散落的绝缘碳化物

6. 原因分析

从故障录波来看，612 断路器合闸后，断路器持续存在畸变电流，说明断路器存在合闸不到位，断路器内部持续燃弧，在合闸后持续 1min11s，长时间燃弧导致灭弧室内部温度和压力剧增，A、B 两相灭弧室炸裂，引起 A、B 相间短路故障，持续时间 103ms。由于相间电弧影响，引发 A、B、C 三相短路故障，持续时间 561ms。相间电弧对断路器相邻的 TA、隔离开关等绝缘子表面造成灼伤。炸裂的灭弧室及瓷套碎片损伤周围设备。从 612 断路器解体分析来看，机构箱输出用于分合闸操作传动的双头拉杆两侧固定螺母已经松开，松动导致双头拉杆长度较正常位置增加 42mm，连接长度发生变化，导致断路器合闸时，合闸不到位，内部持续燃弧，导致断路器 A、B 相灭弧室炸裂，炸裂后最终导致三相短路故障。综合分析，由于 612 断路器故障，由 A、B 相相间故障发展到 A、B、C 三相短路故障。由于变压器低压侧为角形接线，B 相低压侧绕组出口短路电流最大，引起主变压器 B 相绕组变形、放电，从而导致 B 相重瓦斯动作。

7. 抢修恢复及后续工作

（1）使用现有备用相代替 B 相运行。

（2）612 断路器更换本体，经过检测试验合格后投入运行。

（3）原有 B 相返回变压器厂家开展解体分析工作，进行吊罩、器身脱油处理、断路器引线拆除、上铁轭夹件拆解、绕组逐一拆解等工序。发现低压绕组露上端区域出现明显的绕线绝缘破损、裸露、碳化及变形现象，如图 7-37 所示。

图 7-37　低压绕组破损

主柱（包含低、中、高三个绕组）上下端绝缘表面和绝缘油道均有黑色碳化物存在，主要分布在低压—中压绕组之间，下部绝缘油道多处散落黑色碳化物质及细微金属颗粒。

解体后确定修复方案：重新绕制低压绕组，采用半硬铜自黏换位导线，并对高、中、调、励磁四个绕组仔细检查清理。然后组装旁柱器身（包含调压和励磁绕组），对主柱器身绝缘件重新更换并组装高、中、低压绕组。最后，恢复铁芯、引线，总装静放后进行出厂试验。修复后变压器低绕组满足抗短路能力要求。

二、特高压主变压器内部故障造成轻瓦斯告警

（一）缺陷发现情况

某特高压变电站监控后台光字牌"3 号主变压器本体非电量保护告警""本体 C 相轻

瓦斯告警",并经运维人员现场检查确认,属危急缺陷。

(二)缺陷检查过程

图 7-38 气体继电器情况

1. 现场检查

3 号主变压器 C 相主体变压器轻瓦斯告警信号出现后,运维人员立即开展现场一、二次设备检查,同时汇报调度、上级部门和相关领导。

现场检查 3 号主变压器 C 相主体变压器气体继电器观察窗油位(气体容积超过 300mL,轻瓦斯告警定值为 270mL±10mL)(A、B 相正常相为满油位),如图 7-38 所示。

3 号主变压器主体变压器非电量保护装置报 C 相轻瓦斯告警,动作情况如图 7-39 所示。

图 7-39 瓦斯保护动作情况

其他一、二次设备无明显异常。

检查油色谱在线监测数据,3 号主变压器 C 相主体变压器 3：00 数值：乙炔 2.8μL/L、总烃 7.2μL/L。3：59 手动启动油色谱在线监测,得到数值：乙炔 32.7μL/L、总烃 55.9μL/L。4：50 手动启动油色谱在线监测,得到数值：乙炔 44.5μL/L、总烃 72.1μL/L。

2. 油色谱数据检查

(1)在线监测数据。

1)乙炔：检查油色谱在线检测数据,在发现告警当天,乙炔浓度数值从 0 逐步升

高至 $44.5\mu L/L$。

2）总烃：检查油色谱在线检测数据，在发现告警当天，总烃浓度数值从 $2.5\sim3.5\mu L/L$ 之间逐步升高至 $72.1\mu L/L$。

（2）离线检测数据。3 号主变压器自投产以来主体变压器油中溶解气体历次试验乙炔浓度均为 0，总烃浓度最大为 $1.7\mu L/L$。

（三）处理及分析

1. 色谱分析

考虑到 3 号主变压器 C 相主体变压器油色谱在线监测乙炔、总烃数值出现快速增长的趋势，决定拉停该主变压器，将主变压器转到检修状态。

现场再次进行 3 号主变压器 C 相主体变压器取油、取气工作并化验。经对在线监测数据及离线检测数据的组分分析，初步认为 3 号主变压器 C 相内部可能存在电弧放电，如表 7-10 所示。

表 7-10　　　　　　　　　　　3 号主变压器 C 相油色谱分析情况

样品	试验单位	H_2/ppm	CO/ppm	CO_2/ppm	CH_4/ppm	C_2H_6/ppm	C_2H_4/ppm	C_2H_2/ppm	总烃/ppm
在线监测	省检修公司	82	139	352	11	1.4	10	39	61
上部油样	省电科院	123	138	174	15	1.9	13	43	72
集气盒取	省检修公司	591	344	274	24	1.2	10	43	78
气口油样	省电科院	885	399	179	35	1.9	13	48	98
集气	省检修公司	42 333	119 753	681	5113	0.56	34	699	5847
盒气体	省电科院	584 000	246 000	200	5970	0.80	18	484	6472

注　$1ppm=1\times10^{-6}$。

2. 进箱检查

对主变压器进行各绕组直流电阻、变比和局部放电测试未见异常，因此由技术人员进入油箱检查，发现 S 柱高压绕组外部靠近旁柱围屏下端的部分绝缘件有放电痕迹，如图 7-40 所示。确定主变压器存在主绝缘故障。

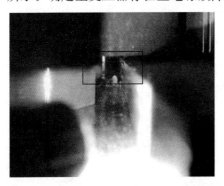

图 7-40　主变压器内部放电痕迹

对主变压器解体后，发现近S柱侧钢拉带外包纸绝缘有爬电痕迹。在故障部位下铁轭绝缘垫块间隙也发现金属异物。

检查结论：根据检查结果和专题讨论，判断该故障是由金属异物引起的。本次故障源的的金属异物，在运行时发生放电，使附近油产生气体、绝缘劣化。随后，附近绝缘件受损逐渐扩大，33档处第4道撑条与拉带铁轭绝缘纸板形成局部放电路径，在故障运行状态下进一步扩大。

自第6道围屏纸筒内侧的纸筒和撑条均无异常痕迹，可判断，故障范围应不涉及高压绕组。

TJR3软铜绞线为变压器制造所需常用材料，使用范围广，变压器制造过程中的该种材料使用部位包括：

1）高压引线：高压中部出线、端部引线；

2）中压引线：端部引线；

3）器身绝缘：上铁轭和旁柱上的补偿绕组。

根据现场取出异物的位置和形状，初步认为金属异物的带入非制造过程产生，是由于人为放置。由于监控设备不能覆盖制造全过程，无法判断异物带入器身的时段。

3. 修复方案

由于运输难度巨大，不具备返厂检修的条件。根据测试和进箱检查结果以及变压器内部绕组绝缘结构判断，该故障部位和性质不涉及绕组，故障范围应位于绕组外部的易更换绝缘，可在现场恢复，利用检修厂房、移动式汽相干燥设备等进行器身脱油、真空干燥处理等检查和修复工作。

修复方案包括：

（1）对S柱下铁轭绝缘进行修复；

（2）更换铁轭拉带绝缘；

（3）更换S柱高压绕组外侧1～8道围屏；

（4）恢复器身、引线结构；

（5）变压器整体恢复及工艺处理；

（6）运至备用相基础就位；

（7）现场试验。

特高压交流变电站
运维技术

第八章 特高压变电站二次回路典型异常及故障分析处理

　　变电站二次回路是连接变电站内一次设备与控制、计量和保护等装置的重要回路。二次回路出现异常或故障，会影响一次设备的正常运行，严重情况下还会造成电力系统安全事故，威胁电网的安全稳定运行。本章主要介绍特高压变电站内的电压电流回路、隔离开关二次回路及断路器二次回路，并结合二次回路可能出现的典型异常及原因，总结了二次回路典型异常处理方法。

第一节　特高压变电站电压电流回路异常分析处理

　　电力系统二次回路中的交流电流、交流电压回路的主要作用是实时获得电力系统各运行设备的电压、电流信息，并从中获取电力系统的频率、有功、无功等运行参数，进而实时反映电力系统的运行状况。同时将测量的电压、电流值供给继电保护、安全自动装置等二次设备使用。

一、典型间隔电压回路接线情况

　　特高压变电站线路及主变压器的电压互感器均为电容式电压互感器，其二次部分一般有四个绕组，各绕组负荷情况如图 8-1 所示。

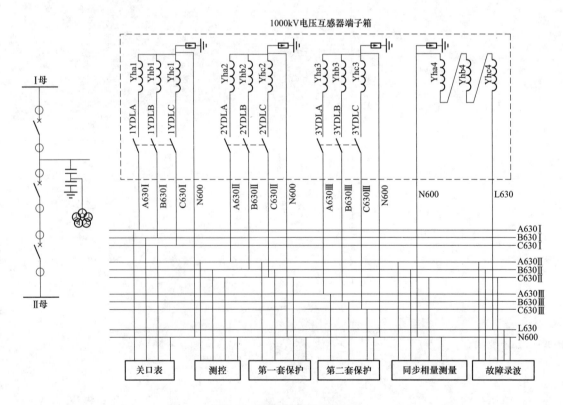

图 8-1　典型间隔 TV 配置图

在《国家电网公司十八项电网重大反事故措施》中，对电压互感器二次回路接地的要求如下：

（1）公用电压互感器的二次回路只允许在控制室内有一点接地。为保证可靠接地，各电压互感器的中性线不得接有可能断开的断路器或熔断器。

（2）已在控制室一点接地的电压互感器二次绕组，必要时可在开关场将二次绕组中性点经放电间隙或氧化锌阀片接地，其击穿电压峰值应大于 $30I_{max}$ V（I_{max} 为电网接地故障时通过变电站的可能最大接地电流有效值，单位为 kA），应定期检查放电间隙或氧化锌阀片，防止造成电压二次回路多点接地的现象。

（3）来自开关场电压互感器二次的四根引入线和电压互感器开口三角绕组的两根引入线均应使用各自独立的电缆。

二、典型间隔电流回路接线情况

特高压变电站中 1000kV GIS 设备的电流互感器布置在断路器两侧，电流互感器二次绕组配置采用交叉无死区配置、保护范围最大化的原则。某线—变压器串典型电流回路配置情况如图 8-2 所示。

另外，在特高压变电站中，1000kV 变压器分为主体变压器和调压补偿变压器，1000kV 主变压器的套管 TA 典型配置情况如图 8-3 所示。

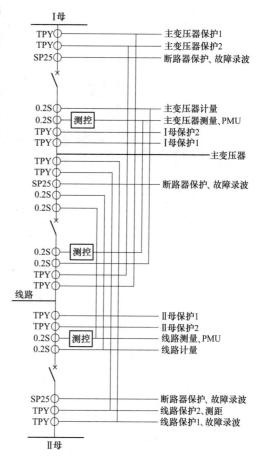

图 8-2　典型间隔 TA 配置图

在《国家电网公司十八项电网重大反事故措施》中，对电流互感器二次回路接地的要求如下：

公用电流互感器二次绕组二次回路只允许、且必须在相关保护屏柜内一点接地；独立的、与其他电压互感器和电流互感器的二次回路没有电气联系的二次回路应在开关场一点接地。

三、电压回路典型异常

电力系统中，电压回路出现异常将会给测量、计量、保护及自动装置带来严重影响。电压回路典型异常可细分如下：

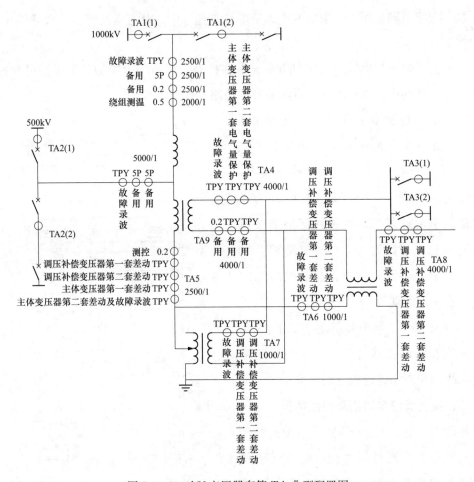

图 8-3　1000kV 变压器套管 TA 典型配置图

1. 电压互感器二次回路小空气开关跳闸

（1）电压互感器端子箱内二次小空气开关跳开；

（2）测控屏后电压小空气开关跳开；

（3）保护屏后电压小空气开关跳开；

（4）电压二次回路短路。

2. 电压互感器二次侧交流电压回路断线

（1）电压互感器二次侧小空气开关跳闸；

（2）电压互感器二次侧交流电压回路端子松动、断线、虚接。

3. 电压互感器二次电压波动、偏低或偏高

（1）二次电压波动，电压互感器二次连接松动、电压空气开关接触不良、电容分压器低压端子未接地，如果阻尼器是速饱和电抗器，则有可能是参数配合不当；

（2）二次电压低，二次连接不良，电磁单元故障或电容单元 C_2 损坏；

（3）二次电压高，电容单元 C_1 损坏，分压电容接地端未接地；

（4）电容式电压互感器发生铁磁谐振；

（5）保护、测控装置采样板故障。

4. 电压互感器二次电压 $3U_0$ 偏高

（1）电压二次回路 N600 虚接、未接地；

（2）电压二次回路 N600 回路断线；

（3）电压互感器二次中性线两点接地；

（4）主变压器低压侧零序电压告警；

（5）附近高压直流系统单级大地回路运行，站内主变压器产生直流偏磁。

四、电压回路典型异常处理方法

电压二次回路出现异常时，运维人员应掌握方法，迅速排查异常原因，并及时处理。

1. 二次回路小空气开关跳闸异常检查处理方法

（1）电压互感器二次回路上二次电压小空气开关一般分两级，一级小空气开关在现场电压互感器端子箱，二级小空气开关在保护屏后，监控后台光字牌有区分设置。当出现二次小空气开关跳闸信号时，根据光字牌信号即可查明是哪一个小空气开关跳开，如果是保护用电压空气开关跳开，会伴随有"TV 断线"信号；如果是测量用电压空气开关跳开，测控装置和监控后台显示的电压值为 0；如果是计量用电压空气开关跳开，对应电能表会提示告警。

（2）检查电压互感器端子箱内二次电压小空气开关是否跳开。若小空气开关跳开，则首先检查空气开关有无短路痕迹，然后用万用表交流电压档分别测量空气开关电压上端头和下端头电压，并检查连接线有无松动，确认上端头电压正常，下端头无电压，并检查空气开关无明显异常后，可试合一次，若再次跳开，应禁止再次试合。若测量或者计量回路二次回路小空气开关跳开，运维人员应记录其故障的起止时间，以便估算漏算的电量；若保护、自动装置回路二次小空气开关跳开，运维人员应注意该回路的保护装置动作情况，必要时在试合前向调度申请停用相关保护装置、退出相关自动装置。

（3）检查保护、测控屏后的电压二次小空气开关是否跳开，是否有明显异常。首先检查空气开关有无短路痕迹，然后用万用表交流电压档分别测量屏后端子排上至电压空气开关上下端头的接线端子，并检查连接线有无松动，确认至电压空气开关上端头的接线端子电压正常，至电压空气开关下端头的接线端子无电压，外观检查无明显异常后可试合一次，若再次跳开，应禁止再次试合，必要时申请停用相关保护装置、退出相关自动装置。

（4）检查二次小空气开关跳开的二次回路，对照图纸查明该回路所带负荷情况。其负荷主要有：保护和自动装置的电压测量回路，故障录波器的录波启动回路、测量和计量回路及同步相量测量回路等。查明对应的电压二次回路是否发生短路，若检查发现短路点，则禁止试合，运维人员应汇报调度并通知检修处理。

2. 二次侧交流电压回路断线异常检查处理方法

(1) 检查发出交流电压回路断线的保护装置，确认屏后电压小空气开关是否跳开。若空气开关跳开，首先检查空气开关有无短路痕迹，然后用万用表交流电压档分别测量屏后端子排上至电压空气开关上下端头的接线端子，并检查连接线有无松动，确认至电压空气开关上端头的接线端子电压正常，至电压空气开关下端头的接线端子无电压，外观检查无明显异常后可试合一次，若再次跳开，应禁止再次试合，必要时申请停用相关保护装置、退出相关自动装置；

(2) 若电压小空气开关正常，对比同一电压互感器其他二次绕组所在电压回路电压，判断电压回路断线相别，申请停用相关保护装置、退出相关自动装置；

(3) 用万用表交流电压档分段测量对应断线相二次回路电压，查找该电压二次回路是否存在端子松动、断线、虚接等情况。

3. 二次电压波动、偏低或偏高异常检查处理方法

(1) 若监控后台显示二次电压波动、偏低或偏高，应首先检查电压互感器端子箱内电压是否正常，初步判断问题出现在电压互感器一次侧还是二次侧。用万用表交流电压档分别测量电压互感器端子箱内电压空气开关上端头和下端头电压，并检查连接线有无松动。若空气开关上端头电压正常，下端头电压不正常，则检查空气开关接触是否完好，必要时更换对应的电压空气开关。若空气开关上、下端头电压相同且均不正常，则可拉开测量绕组电压空气开关，再测量电压空气开关上端头电压，若上端头电压不正常，说明问题出在一次侧，若上端头电压波动，则可能是电容分压器低压端子未接地或电压互感器发生铁磁谐振，如果阻尼器是速饱和电抗器，则有可能是参数配合不当；若上端头电压偏低，则可能是电磁单元故障或电容单元 C_2 损坏；若上端头电压偏高，则可能是电容单元 C_1 损坏，分压电容接地端未接地，另外运维人员可利用红外测温仪测量电压互感器各部分温度是否正常，进一步判断本体是否有问题。若空气开关上、下端头电压相同且数值均正常，说明问题出在电压互感器端子箱外的各二次回路，则用万用表交流电压档分段检查该电压回路电压值，查找该电压二次回路是否存在二次连接松动、接触不良等情况。

(2) 检查监控后台、测控或保护装置，若仅是某个电压二次回路电压值异常，或是某相电压异常，其他相电压正常，则用万用表交流电压档分段检查该电压回路电压值，查找该电压二次回路是否存在二次连接松动、接触不良等情况。

(3) 如果是三相电压均不正常，同时伴随三相电流值异常，则检查保护或测控装置采样板是否异常。用万用表交流电压档测量屏后的电压输入端子，若电压正常，但是保

护或者测控装置上显示不正常，则说明保护或者测控内部采样回路异常，若采样板烧坏则申请停用相关保护装置、退出相关自动装置，及时更换装置采样板。

4. 二次电压 $3U_0$ 偏高异常检查处理方法

（1）若全站二次电压 $3U_0$ 均偏高，检查全站 N600 一点接地情况，分析是否存在未接地、虚接、松动等异常；检查站内主变压器运行情况，判断噪声是否明显增大；检查故障录波器里主变压器中性线上电流直流分量是否明显增加，判断站内是否出现直流偏磁现象。

（2）若某一保护装置发出三次谐波过量告警，则对比同源其他保护装置二次电压情况，检查该保护电压二次回路 N600 端子是否存在松动、虚接及断线现象。

（3）若检查保护电压二次回路 N600 端子无松动、断线情况，或者 $3U_0$ 偏高且伴随有保护拒动或误动，则判断可能是该电压回路存在两点接地情况。此时应将该电压二次回路原引向 N600 接地点的端子拆除，用万用表电阻档，检查该回路是否有另一接地点，并分段排查，找到另一接地点及时消除，恢复原接地。

（4）特高压变电站主变压器 110kV 低压侧为不接地系统，特高压主变压器保护有零序电压告警功能，若监控后台报"主变压器低压侧零序电压告警"，应先查看保护装置电压采样值，若出现一相电压降低、其他两相电压升高、线电压仍对称的现象，此时可判断为不接地系统有单相接地故障。查找故障点时要采取防止跨步电压伤人措施（穿好绝缘鞋，站在远处检查设备等），找到故障点后应及时向调度申请采取相应的隔离措施。

五、电流回路典型异常

电力系统中，电流回路出现异常也会给测量、计量、保护及自动装置带来严重影响。电流回路典型异常可细分如下：

1. 电流互感器二次回路开路

（1）电流互感器二次线端子接头松动；

（2）室外端子箱、电流接线盒受潮，端子螺栓锈蚀严重，接触不良；

（3）电流互感器二次回路电流短接片划开，未恢复；

（4）电流互感器二次回路大电流端子被取下；

（5）电流互感器二次回路断线。

2. 电流互感器二次回路两点接地

（1）电流回路二次电缆绝缘异常降低；

（2）大电流端子锈蚀，绝缘击穿。

3. 电流互感器二次电流数值异常

（1）保护、测控装置采样板异常；

（2）电流互感器二次回路绝缘降低导致分流。

六、电流回路典型异常处理方法

电流二次回路出现异常时，运维人员应掌握方法，迅速排查异常原因，并及时处理。

1. 电流互感器二次回路开路异常检查处理方法

（1）电流互感器二次侧开路时，应首先确定是哪一组电流回路以及开路的相别，对保护有无影响，并将检查情况汇报调度，停用可能误动的保护装置。

（2）在检查电流互感器二次回路开路时，工作人员需站在绝缘垫上、戴绝缘手套，并使用合格的绝缘工具，在严格监护下进行。

（3）逐段检查对应电流二次回路端子排是否烧毁，电流短接片是否被划开、大电流端子是否被取下等，尽快查明开路位置。

（4）尽量减小一次侧负荷电流，设法在开路附近处进行短路处理，如不能进行短路处理，应向调度申请停电处理。

2. 电流互感器二次回路两点接地异常检查处理方法

（1）若两点接地导致保护误动跳闸，则用绝缘摇表检查对应的电流二次回路对地绝缘情况，并确定具体相别，若电流二次回路绝缘降低，则分段检查该相电流二次回路电流互感器侧还是保护侧绝缘异常。

（2）检查大电流端子是否严重锈蚀。

（3）检查电流互感器二次接线盒是否受潮，二次电缆绝缘是否降低。

（4）若两点接地还未导致保护误动，保护装置可能会伴随出现差流告警等情况。此时应检查对应保护装置上三相电流及差流是否正常，若发现差流确实存在，则申请停用可能误动的保护装置，再查找接地点。若检查发现有明显的异常接地点时，应做好安全措施方能带电处理；若无明显的异常接地点时，应申请停电检查处理。

3. 电流互感器二次电流数值异常检查处理方法

（1）运维人员在巡视二次设备时，若发现某保护或测控装置三相电流或差流等存在异常，应检查电流数值异常的保护或测控装置自检信息，屏内有无异味等明显异常。

（2）用钳形电流表测量电流二次回路电流值，并与保护或测控装置采样值进行对比，判断采样板是否存在异常。

（3）若检查发现电流二次值存在明显三相不平衡现象，且某相偏低时，则可能是该相分流导致。

（4）在断路器就地端子箱内将对应电流二次回路短接封好，再划开电流短接片，进行保护侧电流二次回路的绝缘检查和直阻检查。

（5）若保护侧二次回路的绝缘异常，则以同样的方法分段查找绝缘异常电缆。

（6）若保护侧二次回路绝缘和直阻检查正常，则说明可能是电流互感器侧出现绝缘异常，此时申请停电检查处理。

（7）停电后，分段检查电流二次接线盒至就地端子箱和二次接线盒至电流互感器本体二次回路，查找是否存在电流二次回路电缆绝缘异常。

第二节　特高压变电站隔离开关二次回路异常分析处理

在特高压变电站进行倒闸操作时，隔离开关是操作最为频繁的设备，也是故障发生较多的设备之一。其中由于隔离开关二次回路异常，导致倒闸操作不能正常进行的情况比较常见。

一、高压变电站隔离开关控制回路

隔离开关的分闸和合闸主要通过隔离开关的控制回路控制其电机的正转与反转，从而实现隔离开关的分、合闸。为了保证隔离开关的正确动作，要求隔离开关控制回路实现的功能主要有以下几点：

（1）可以实现（远方/就地）电动分、合闸。

（2）隔离开关的操作脉冲必须是短时的，在完成操作后必须确保操作脉冲能自动解除，即隔离开关分、合闸到位后应能自动切断其控制回路。

（3）隔离开关应具有相应位置状态的指示信号。

（4）隔离开关的五防功能要完善（逻辑闭锁、电气闭锁、机械闭锁）。

（5）隔离开关手动操作能确保安全。

（6）隔离开关电机回路电源异常时，应能断开控制回路。

以某特高压站 1000kV 隔离开关为例，控制及电机回路如图 8-4 所示，其中主要元件符号说明如表 8-1 所示。

表 8-1　　　　　　　　　隔离开关控制及电机回路符号说明

符号	说明	符号	说明
P/N	直流 220V 电源	WK3	合闸回路微动开关
L/N	交流 220V 电源	WK4	分闸回路微动开关
R1	起动电阻	WK5	手动解锁微动开关
R2	制动电阻	ZJ1	合闸接触器
KDSJ	隔离开关电机电源空气开关	ZJ2	分闸接触器
KDSK	隔离开关控制电源空气开关	JSQ	手动解锁线圈
DS	电动机电枢绕组	K1	近控分/合闸控制开关
JC	电动机励磁绕组	SA	远控/近控切换开关
WK1	机构箱门微动开关	KJS1	就地联锁/解锁切换开关
WK2	机械解锁微动开关	F2	辅助开关

在图 8-4 中测控闭锁触点的作用是实现隔离开关控制回路中的逻辑闭锁功能，是由测控装置判断隔离开关五防逻辑是否满足，而开出的一副逻辑闭锁触点。电气闭锁的作用是实现隔离开关控制回路中的电气闭锁功能，其回路由与隔离开关相关的断路器、隔离开关、接地开关等的位置辅助触点串联而成。如果隔离开关五防条件不能完全满足，电气闭锁回路将不会接通。

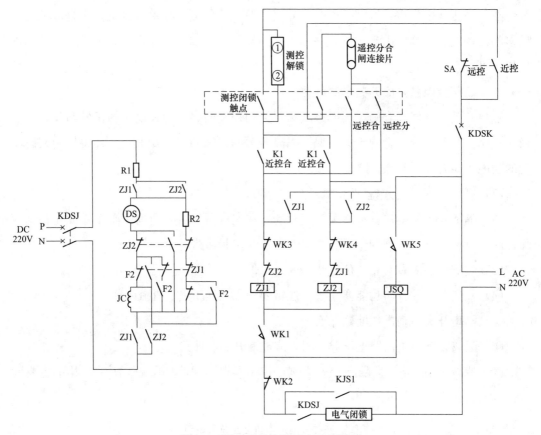

图 8-4 隔离开关控制及电机回路图

下面以远控分/合闸为例，介绍隔离开关分/合闸控制及电动机回路。隔离开关进行远控分/合闸时，其控制命令下行的路径是监控后台→测控装置→就地汇控柜→隔离开关机构箱。

远控合闸时，如图 8-5 红线标注所示，回路［L-KDSK-SA（远控）-测控遥控公共触点-遥控分/合闸压板-远控合- WK3-ZJ3-WK3-WK2-KDSL-电气闭锁-N］接通，隔离开关合闸接触器 ZJ1 励磁，其主触头 ZJ1 常开触点闭合，此时电动机回路（P-KDSJ-R3-ZJ3-DS-ZJ2-F2-JC-ZJ3-N）回路接通，电动机励磁绕组 JC 励磁，励磁电流方向自上而下，电动机正转，隔离开关开始合闸；由于合闸脉冲是短暂的，为了保证能合闸到位，合闸接触器 ZJ1 还有一副自保持动合触点，隔离开关合闸到位时，其合闸微动开关 WK3 断开，切断合闸控制回路；合闸接触器 ZJ1 失磁，其主触头 ZJ1 动合触点断开，切断电机回路，但是由于惯性电机仍会旋转，隔离开关机构内的辅助开关 F2 合闸到位后，其动合触点闭合，动断触点断开，此时电动机制动回路（DS-R2-ZJ2-ZJ3-F2-JC-F2-ZJ2-DS）接通，电动机通过制动回路迅速消耗剩余能量，达到制动目的。

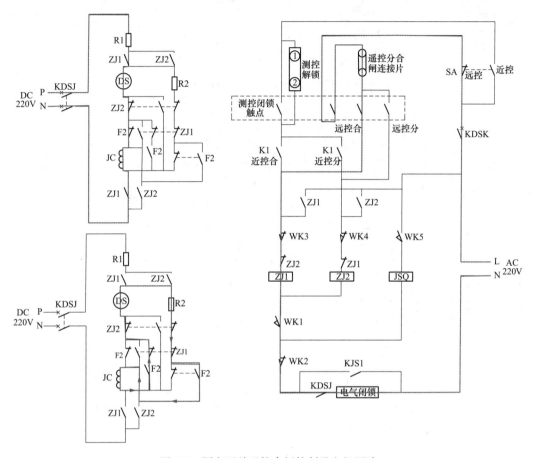

图 8-5　隔离开关远控合闸控制及电机回路

远控分闸时，如图 8-6 红线标注所示，回路［L-KDSK-SA（远控）-测控遥控公共触点-遥控分/合闸连接片-远控分-WK4-ZJ2-WK3-WK2-KDSL-电气闭锁-N］接通，隔离开关分闸接触器 ZJ2 励磁，其主触头 ZJ2 动合接点闭合，此时电机回路（P-KDSJ-R3-ZJ2-DS-ZJ2-JC-ZJ2-N）回路接通，电动机励磁绕组 JC 励磁，励磁电流方向自下而上，电动机反转，隔离开关开始分闸；同样分闸脉冲也是短暂的，为了保证能分闸到位，分闸接触器 ZJ2 还有一副自保持动合触点，隔离开关分闸到位时，其分闸微动开关 WK4 断开，切断分闸控制回路；分闸接触器 ZJ2 失磁，其主触头 ZJ2 动合触点断开，切断电机回路，但是由于惯性电机仍会旋转，隔离开关机构内的辅助开关 F2 分闸到位后，其动合触点断开，动断触点闭合，此时电机制动回路（DS-R2-ZJ2-ZJ3-F2-JC-F2-ZJ2-DS）接通，电机通过制动回路迅速消耗剩余能量，达到制动目的。

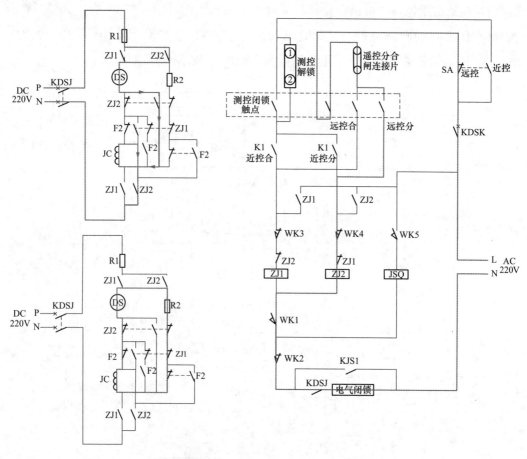

图 8-6 隔离开关远控分闸控制及电机回路

二、隔离开关二次回路典型异常

隔离开关二次回路典型异常主要有隔离开关拒分/拒合、分合闸不到位、位置指示异常等，结合隔离开关的控制及电机回路，可细分如下：

1. 隔离开关拒分、拒合

（1）控制电源异常；

（2）远方/就地切换开关位置不正确；

（3）五防逻辑不满足要求；

（4）电气闭锁回路触点异常；

（5）电机电源异常；

（6）辅助触点异常；

（7）控制回路断线（遥控分/合闸压板未投入、接线松脱、分/合闸接触器故障等）；

（8）测控装置与监控系统通信中断。

2. 隔离开关分/合闸不到位

（1）电源异常；

（2）辅助触点异常；

（3）微动开关行程调整不准确；

（4）接触器异常。

3. 隔离开关位置指示异常

（1）微动开关行程调整不准确；

（2）辅助触点异常；

（3）隔离开关位置指示灯异常；

（4）二次回路电缆绝缘异常。

三、隔离开关二次回路典型异常处理方法

隔离开关二次回路出现异常时，运维人员应掌握方法，迅速排查异常原因，并及时处理。

1. 隔离开关拒分、拒合检查处理方法

（1）检查操作设备是否正确。

（2）检查测控装置相应压板是否投入、测控远方/就地切换开关是否切至就地位置、通信是否正常。

（3）检查隔离开关测控装置上的逻辑闭锁条件是否满足，若五防条件不满足，则检查确定对应不满足的具体条件是否与实际相符，若不相符，则处理好对应的位置辅助触点异常后，再进行操作。

（4）检查隔离开关汇控柜（机构箱）内远方/就地切换开关位置是否正确。

（5）检查隔离开关控制、电动机电源是否正常、空气开关是否跳开，用万用表电压档（交流或直流根据隔离开关控制、电动机电源情况选择）测试控制、电动机电源电压是否正常。

（6）检查隔离开关的电气闭锁回路是否正常，断开隔离开关控制电源空气开关，用万用表电阻档分段测量隔离开关的电气闭锁回路，若电气闭锁回路中的相关位置辅助接点异常，则处理好后，再进行操作。

（7）检查隔离开关机构箱有无明显异常，接触器或电动机是否正常，如接触器动作而电动机不转，可能是电动机缺相，电动机故障或电源相序出错，应立即断开电动机电源及操作电源，查明原因处理。

（8）检查电动机热偶继电器是否动作未复归。

（9）若上述检查均无问题，则用万用表电压档，从电源开始，分别逐段测量隔离开关控制回路、电动机回路，判断找出二次回路的异常点（如虚接、松动等），处理好后，再进行操作。

2. 分/合闸不到位检查处理方法

（1）检查隔离开关机构有无明显卡涩；

（2）检查隔离开关机构箱内元器件有无明显异常；

（3）检查辅助触点（行程触点）是否正常；

（4）检查分（合）闸接触器是否异常；

（5）电动机、控制电源是否正常。

3. 隔离开关位置指示异常检查处理方法

（1）检查监控后台、测控装置及现场汇控柜隔离开关位置指示是否一致，如果监控后台指示不正确，测控装置、汇控柜及现场机械拐臂正常到位，则检查测控与后台的通信是否异常；

（2）如果测控装置和监控后台指示均不正常，汇控柜及现场机械拐臂正常到位，则可能是汇控柜到测控的二次电缆绝缘异常、端子松动、给测控位置用的辅助触点异常，分段测量位置开入回路，查找原因；

（3）如果只有汇控柜位置指示灯不亮，检查隔离开关位置指示灯是否异常、给汇控柜位置指示灯用的辅助触点是否异常；

（4）如果监控后台、测控装置、汇控柜位置指示均不正常，检查信号电源是否正常、隔离开关机构箱内微动开关行程是否正常、隔离开关机械拐臂是否操作到位等，再用万用表分段测量其位置信号回路，查找原因。

第三节　特高压变电站断路器二次回路异常分析处理

电力系统中，断路器不仅能开断负荷电流，改变电力系统运行方式，而且还能开断故障电流，隔离故障，保证电力系统的安全稳定运行，因此它是最重要的电气设备之一。在特高压变电站中，1000kV 和 500kV 断路器基本都是气体绝缘组合电器结构（GIS），断路器的分/合闸控制主要通过断路器二次控制回路实现，断路器二次回路出现异常，将影响断路器的正常跳、合闸。

一、特高压变电站断路器控制回路

断路器控制回路是实现断路器分/合闸的重要组成部分，由于断路器型号种类不同，故断路器控制回路的接线方式也很多，但是基本原理是相似的。断路器的控制主要是通过二次电气回路实现，为此必须有相应的二次设备，在控制室内的控制屏上应有能发出分/合闸命令的控制开关，在断路器上应有执行命令的操作机构，并将它们用二次电缆连接起来，即断路器控制回路。因此要求断路器控制回路实现的功能主要有以下几点：①断路器既能就地手动分、合闸，又能在远方监控系统分/合闸，还应在继电保护和重合闸等自动装置作用下自动跳、合闸；②应能监视跳、合闸回路的完整性，跳、合闸回路发生故障时，应能发出控制回路断线信号；③应有防止断路器"跳跃"的功能；④应能实现三相不一致跳闸；⑤应能反应断路器的分、合闸位置状态，自动跳合闸时应有明显的信号；⑥断路器操作动力消失或不足，如液压降低、气压降低、弹簧未储能时，应能闭锁跳闸、重合闸和合闸回路并告警；⑦绝缘气体压力降低时，能发出 SF$_6$ 告警信号，继续降低时，根据压力情况能闭锁跳合闸并告警，跳合闸电源应能监视。

以某特高压站 1000kV 断路器为例，下面将介绍断路器的二次控制回路。

1. 断路器手合、手跳回路

图 8-7 所示为断路器的手跳、手合回路，图中主要元件符号说明如表 8-2 所示。断路器控制开关及各切换开关的触点配置如表 8-3～表 8-5 所示。

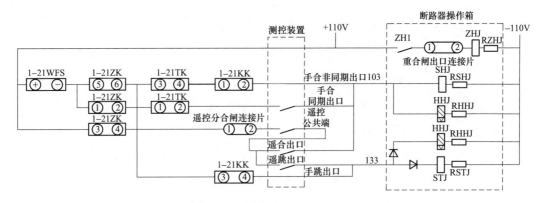

图 8-7　断路器手跳、手合回路

表 8-2　　　　　　　　　　　　断路器手跳、手合回路符号说明

符号	说明	符号	说明
3-21WFS	测控五防锁	ZHJ	重合闸继电器
3-21ZK	测控远方/就地切换开关	SHJ	手合继电器
3-21TK	测控同期/非同期切换开关	STJ	手跳继电器
3-21KK	测控断路器控制开关	HHJ	合后双位置继电器
ZH1	保护开出的重合闸出口触点		

表 8-3　　　　　　　　　　　　断路器控制开关接点配置

断路器控制开关 3-21KK					
运行方式	触点	3-2	3-4	5-6	7-8
合闸	↗	×	—	×	—
预合	↑	—	—	—	—
预跳		—	—	—	—
跳闸	↙	—	×	—	×

表 8-4   测控远方/就地切换开关触点配置

测控远方/就地切换开关 3-21ZK				
运行方式 \ 触点	3-2	3-4	5-6	7-8
就地	↑	×	—	×	—
远方	←	—	×	—	×

表 8-5   测控同期/非同期切换开关触点配置

测控同期/非同期切换开关 3-21TK				
运行方式 \ 触点	3-2	3-4	5-6	7-8
同期	↑	×	—	×	—
非同期	←	—	×	—	×

当远方（指监控系统）操作时，3-21ZK 切至远方位置，合闸时，回路［＋110V-3-21ZK（3-4）-遥控分合闸压板-遥控公共端-遥合出口-103-SHJ-RSHJ-－110V］接通，手合继电器 SHJ 励磁，断路器通过合闸控制回路合闸，此时断路器的合闸方式（指检同期、检无压、强制合闸）由监控系统遥控时选择，测控装置根据监控系统的命令，检测合闸条件满足时，遥合出口触点才会开出；分闸时，回路［＋110V-3-21ZK（3-4）-遥控分合闸连接片-遥控公共端-遥跳出口-133-STJ-RSTJ-－110V］接通，手跳继电器 STJ 励磁，断路器通过跳闸控制回路跳闸。

当在测控上就地操作时，3-21ZK 切至就地位置，同期合闸时，回路［＋110V-3-21WFS-3-21ZK（3-2）-3-21TK（3-2）-手合同期出口-103-SHJ-RSHJ-－110V］接通，手合继电器 SHJ 励磁，断路器通过合闸控制回路合闸；非同期合闸时，回路［＋110V-3-21WFS-3-21ZK（5-6）-3-21TK（3-4）-手合非同期出口-103-SHJ-RSHJ-－110V］接通，手合继电器 SHJ 励磁，断路器通过合闸控制回路合闸；分闸时，回路［＋110V-3-21WFS-3-21ZK（5-6）-3-21KK（3-4）-手跳出口-133-STJ-RSTJ-－110V］接通，手跳继电器 STJ 励磁，断路器通过跳闸控制回路跳闸。

另外断路器重合闸出口时，回路（＋110V-ZH1-重合闸出口连接片-ZHJ-RZHJ-－110V）接通，重合闸继电器 ZHJ 励磁，断路器也可通过合闸控制回路合闸。

2. 断路器合闸控制回路

图 8-8 所示为断路器合闸控制回路，图中主要元件符号说明如表 8-6 所示。

图 8-8 中 SA1 是现场汇控柜内远方/就地切换开关，在远方位置时，SA 动断触点闭合，动合触点断开，切至就地位置时，SA 动断触点断开，动合触点闭合；SOA 是断路器位置辅助触点，断路器在分位时，其动断触点闭合，动合触点断开，断路器在合位时，

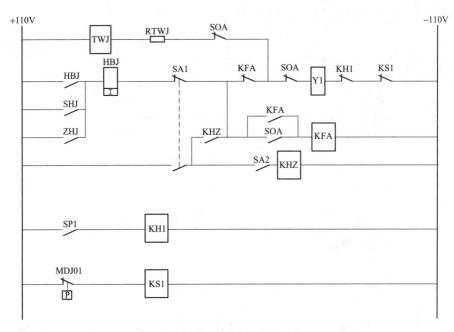

图 8-8　断路器合闸控制回路

表 8-6　　　　　　　　　　　　　断路器合闸控制回路符号说明

符号	说明	符号	说明
TWJ	跳闸位置继电器	SOA	断路器位置辅助触点
HBJ	合闸保持继电器	Y1	合闸线圈
SA1	汇控柜远方/就地切换开关	KH1	油压低合闸闭锁继电器
SA2	汇控柜分/合闸控制开关	KS1	气压低分合闸闭锁继电器 1
KHZ	合闸继电器	SP1	断路器油压触点
KFA	防跳继电器	MDJ01	断路器气室气压触点

其动断触点断开，动合触点闭合；SP1 是断路器油压触点，当断路器油压低于合闸闭锁油压值时，SP1 触点闭合，油压低合闸闭锁继电器 KH1 励磁，其动断触点会断开，油压正常时，SP1 触点断开，油压低合闸闭锁继电器 KH1 失磁，其动断触点闭合；MDJ01 是断路器气室 SF_6 压力触点，当断路器气室 SF_6 压力低于分合闸闭锁气压值时，MDJ01 触点闭合，气压低分合闸闭锁继电器 1KS1 励磁，其动断触点会断开，断路器气室 SF_6 压力正常时，MDJ01 触点断开，气压低分合闸闭锁继电器 1KS1 失磁，其动断触点闭合。

图 8-9 所示为断路器远方合闸回路。远方（监控系统、测控、保护）合闸时，由于手合继电器 SHJ 励磁，其动合触点 SHJ 闭合（或者重合闸出口时，重合闸继电器 ZHJ 是励磁的，其动合触点闭合），则回路（+110V－SHJ/ZHJ 动合触点-HBJ 线圈-SA1 动断触点-KFA 动断触点-SOA 动断触点- Y1 合闸线圈-KH1 动断触点-KS1 动断触点-

－110V)接通，合闸线圈 Y1 励磁，断路器合闸。

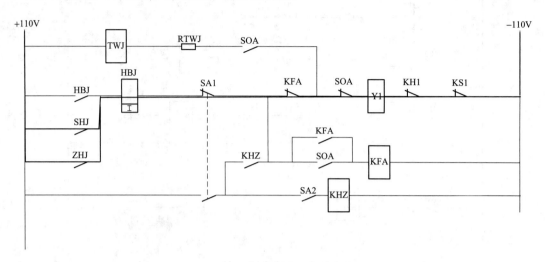

图 8-9　断路器远方合闸回路

　　图 8-10 所示为断路器就地合闸回路。就地（现场汇控柜）合闸时，SA2 切至合闸，则回路（＋110V-SA1 动合触点-SA2 动合触点-KHZ 继电器-－110V）接通，合闸继电器 KHZ 励磁，其动合触点闭合，回路（＋110V-SA1 动合触点-KHZ 动合触点-KFA 动断触点-SOA 动断触点- Y1 合闸线圈-KH1 动断触点-KS1 动断触点-－110V）接通，合闸线圈 Y1 励磁，断路器合闸。

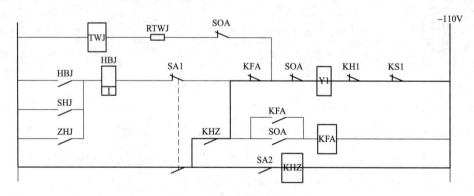

图 8-10　断路器就地合闸回路

　　由于合闸命令是一个短脉冲，为了保证合闸成功，合闸控制回路里还有合闸保持继电器 HBJ，合闸控制回路接通时，合闸保持继电器 HBJ 励磁，其动合触点闭合，使该回路自保持，直到合闸成功，断路器动断辅助触点 SOA 断开，才会切断合闸回路。值得注意的是，当断路器油压低于合闸闭锁值或者断路器气室 SF_6 压力低于分合闸闭锁值时，KS1 或者 KH1 动断触点断开，会切断合闸控制回路，保证断路器在不良工况下禁止合闸。

　　断路器进行合闸操作时，若出现 SHJ 动合触点黏连、ZHJ 动合触点黏连、分闸控制开关 SA2 异常、KHZ 动合触点黏连等异常情况时，相当于合闸命令一直保持，如此时断路器合于永久性故障，就会出现断路器的"跳跃"现象，因此断路器控制回路里还设置了防跳回路。

断路器的防跳回路有机构防跳回路与操作箱防跳回路两种，有条件时应推广采用断路器就地机构防跳回路，取消保护操作箱防跳回路。一方面，采用操作箱防跳回路后，当断路器切至就地操作时，就会失去防跳功能；另一方面操作箱内的防跳回路通过两个防跳继电器实现（电流继电器、电压继电器），防跳回路的启动条件除了合闸黏连外，还需要有持续的保护跳闸信号输入。如图 8-11 所示，是断路器的操作箱防跳回路原理图，有跳闸指令时，电流继电器 TBJ-I 励磁，其动合触点 TBJ-I 闭合，启动防跳电压继电器 1TBJ-U，防跳电压继电器 1TBJ-U 励磁，一方面其动断触点 1TBJ-U 断开，切断合闸回路，另一方面其动合触点 1TBJ-U 闭合，使防跳电压继电器 2TBJ-U 自保持，防跳电压继电器 2TBJ-U 的动断触点断开，也去切断合闸回路，使断路器不再合闸。

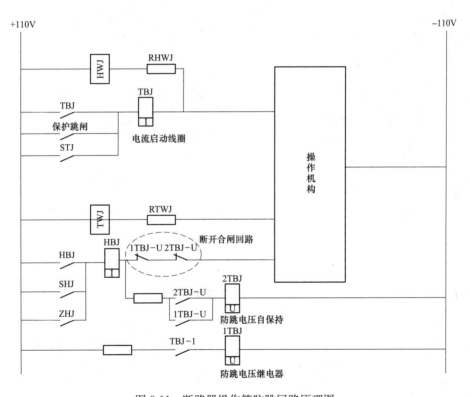

图 8-11　断路器操作箱防跳回路原理图

当断路器机构有问题（如机构脱扣，发生偷跳），不能使断路器正常合闸，而断路器合闸脉冲仍然存在，就会出现断路器反复合闸、分闸的"跳跃"现象，由于此时没有跳闸脉冲的输入，操作箱防跳回路便不起作用。相对于操作箱防跳回路，机构防跳回路更加简洁、可靠。如图 8-8 所示，断路器合闸到位后其动合触点 SOA 闭合，则防跳回路

（＋110V-SHJ/ZHJ 动合触点-HBJ 线圈-SA1 动断触点-SOA 动合触点-KFA 继电器-
－110V）或者回路（＋110V-SA1 动合触点-KHZ 动合触点-SOA 常开接点-KFA 继电器
－110V）接通，防跳继电器 KFA 励磁，一方面其动合触点闭合形成自保持，另一方面
其动断触点断开，切断合闸回路，使断路器不能合闸，防止上述断路器的"跳跃"，只
有当合闸命令解除时，防跳回路才会断开，防跳继电器失电，断路器才能再次合闸。

3. 断路器跳闸控制回路

图 8-12 所示为断路器的分闸控制回路，主要元件符号说明如表 8-7 所示。

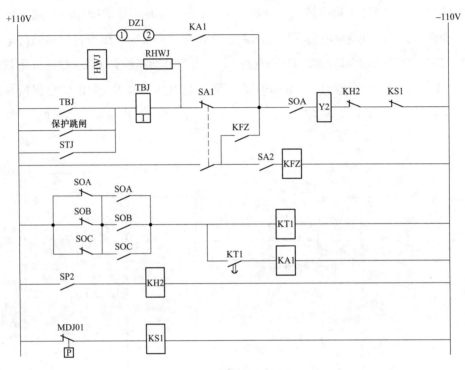

图 8-12　断路器分闸

表 8-7　　　　　　　　　　　　　断路器分闸控制回路符号说明

符号	说明	符号	说明
HWJ	合闸位置继电器	DZ1	三相不一致跳闸连接片
TBJ	跳闸保持继电器	KT1	三相不一致时间继电器
TXJ	跳闸信号继电器	Y2	跳闸线圈
SA1	汇控柜远方/就地切换开关	KH2	油压低分闸闭锁继电器
SA2	汇控柜分/合闸控制开关	KS1	气压低分合闸闭锁继电器1
KFZ	分闸继电器	SP2	断路器油压触点
KA1	三相不一致跳闸继电器	MDJ01	断路器气室气压触点

如图 8-13 所示为断路器远方跳闸回路。远方（监控系统、测控、保护）跳闸时，由

于手跳继电器 STJ 是励磁的，其动合触点 STJ 闭合（或者保护动作出口时，保护跳闸接点闭合），则回路（＋110V-STJ/保护跳闸触点-TBJ 线圈-SA1 动断触点-SOA 动合触点-Y2 跳闸线圈-KH2 动断触点-KS1 动断触点－110V）接通，跳闸线圈 Y2 励磁，断路器跳闸。

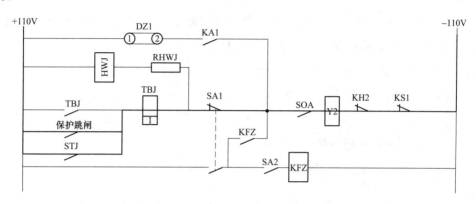

图 8-13　断路器远方跳闸回路

图 8-14 所示为断路器就地跳闸回路。就地（现场汇控柜）跳闸时，SA2 切至分闸，则回路（＋110V-SA1 动合触点-SA2 动合触点-KFZ 继电器－110V）接通，分闸继电器 KFZ 励磁，其动合触点闭合，回路（＋110V-SA1 动合触点-KFZ 动合触点-SOA 动合触点-Y2 跳闸线圈-KH2 动断触点-KS1 动断接点－110V）接通，跳闸线圈 Y2 励磁，断路器跳闸。

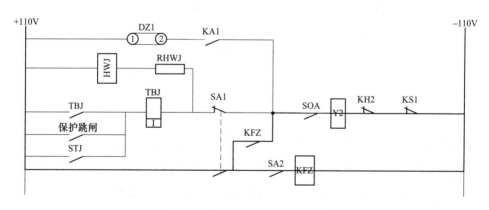

图 8-14　断路器就地跳闸回路

由于跳闸命令是一个短脉冲，为了保证跳闸成功，跳闸控制回路里还有跳闸保持继电器 TBJ，跳闸控制回路接通时，跳闸保持继电器 TBJ 也励磁，其动合触点闭合，使该回路自保持，直到跳闸成功，断路器常开辅助触点 SOA 断开，才会切断跳闸回路。值得注意的是，当断路器油压低于跳闸闭锁值或者断路器气室 SF_6 压力低于分合闸闭锁值时，KS1 或者 KH2 动断触点断开，会切断跳闸控制回路，保证断路器在不良工况下禁止跳闸。

图 8-15 所示为断路器三相不一致跳闸回路。断路器分合闸时，若由于机构等原因导致三相分合闸不一致（例如合闸时 A 相未合）时，则三相不一致回路（＋110V-SOA 动断触点-SOB/SOC 动合触点-KT1 继电器—110V）接通，三相不一致时间继电器励磁，开始计时，达到三相不一致整定时间时，其延时闭合触点 KT1 闭合，回路（＋110V－SOA 动断接点-SOB/SOC 动合接点-KT1 延时闭合触点-KA1 继电器—110V）接通，三相不一致跳闸继电器 KA1 励磁，其常开接点闭合，回路（＋110V-DZ3-KA1 动合触点-SOA 动合触点-Y2 跳闸线圈-KH2 动断触点-KS1 动断触点—110V）接通，跳闸线圈 Y2 励磁，断路器跳闸。

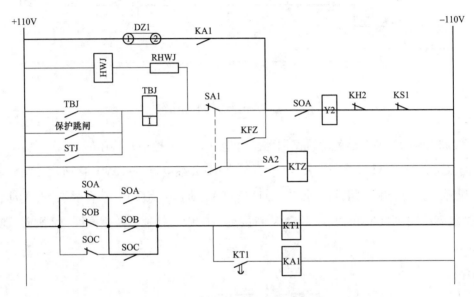

图 8-15　断路器三相不一致跳闸回路

4. 断路器控制回路信号

断路器控制回路涉及的信号有很多，下面重点介绍两个重要信号回路，即事故总信号回路和控制回路断线信号回路。图 8-16 所示为断路器的信号回路。

断路器在合闸位置时，断路器位置辅助触点动合闭合，动断断开，根据图 8-12 可知，其合闸位置继电器 HWJ 励磁，其动断触点（1HWJ、2HWJ）断开；根据图 8-8 可知，其跳闸位置继电器 TWJ 失磁，其动断触点闭合。当第一组跳闸回路断线时，1HWJ 失磁，其动断触点闭合，报第一组控制回路断线；当第二组跳闸回路断线时，2HWJ 失磁，其动断触点闭合，报第二组控制回路断线；当合闸回路断线时，没有信号，因此断路器在合闸位置时，主要用于监视断路器跳闸回路的完整性。

断路器在跳闸位置时，断路器位置辅助触点动合断开，动断闭合，根据图 8-12 可知，其合闸位置继电器 HWJ 失磁，其动断触点（1HWJ、2HWJ）闭合；根据图 8-8 可知，其跳闸位置继电器 TWJ 励磁，其动断触点断开。当第一组跳闸回路断线时，没有

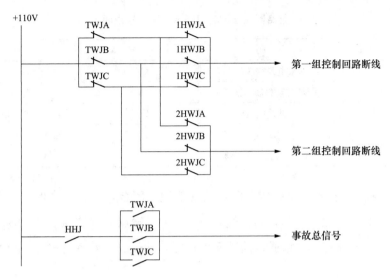

图 8-16　断路器信号回路

信号；当第二组跳闸回路断线时，没有信号；当合闸回路断线时，TWJ 失磁，会同时报第一组控制回路断线和第二组控制回路断线，因此断路器在跳闸位置时，主要用于监视断路器合闸回路的完整性。

5. 断路器油压控制回路

图 8-17 所示为断路器油压控制回路，主要元件符号说明如表 8-8 所示。

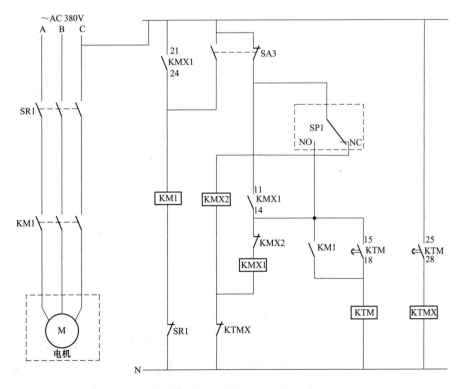

图 8-17　断路器油压控制回路

表 8-8   断路器油压控制回路示意图符号说明

符号	说明	符号	说明
SR1	油泵电源空气开关	KMX1	油泵打压启动继电器
SA3	手动/自动打压切换开关	KMX2	油泵打压停止继电器
M	油泵电机	KTM	油泵运转超时时间继电器
SP1	油压触点	KTMX	油泵运转超时信号继电器
KM1	油泵电机工作继电器		

图 8-17 中 SA3 在自动打压位置时，其动断触点闭合，动合触点断开，SA3 在手动打压位置时，其动断触点断开，动合触点闭合；油压触点 SP1 在油压正常时，其动合触点 NO 断开，动断触点 NC 接通，油压低于打压启动值时，其动合触点 NO 接通，动断触点 NC 断开。

图 8-18 所示为油泵打压启动控制回路。SA3 自动打压位置时，油压低于打压启动值时，回路（C-SA3 动断触点-SP1 动合触点-KMX2 动断触点-KMX1 继电器-KTMX 动断触点-N）接通，油泵打压启动继电器 KMX1 励磁，一方面其一副动合触点（13-14）闭合，形成自保持回路，另一方面一副动合触点（23-24）也闭合，此时回路［C-KMX1 动断触点（23-24）-KM1 继电器-SR1 动断触点-N］接通，油泵电机工作继电器励磁，一方面其主触头 KM1 闭合，电机 M 开始工作运转打压。另一方面其一副动合触点 KM1 闭

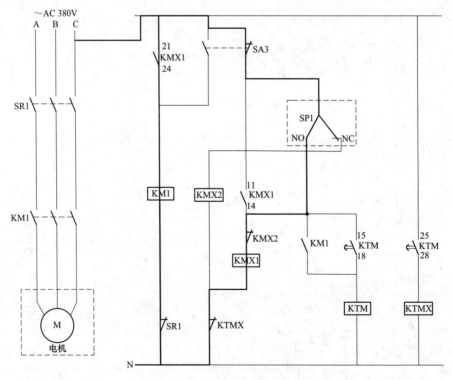

图 8-18 油泵打压启动控制回路

合，回路［C-SA3 动断触点-KMX1 动合触点（13-14）-KM1 动合触点-KTM 继电器-N］接通，油泵打压超时时间继电器 KTM 励磁，开始计时。

图 8-19 所示为油泵打压停止控制回路。在规定打压时间内，如果油压恢复正常，达到停泵值，则回路（C-SA3 动断触点-SP1 动断触点-KMX2 继电器-KTMX 动断触点-N）接通，油泵打压停止继电器 KMX2 励磁，其动断触点断开，KMX1 继电器失磁，其一副动合触点 KMX1（13-14）断开，切断自保持回路，另一副动合触点 KMX1（23-24）断开，KM1 失磁，其主触头断开，油泵电机 M 失去电源，油泵停止打压，另一方面 KM1 动合触点断开，KTM 失磁，打压超时继电器 KTM 停止计时。

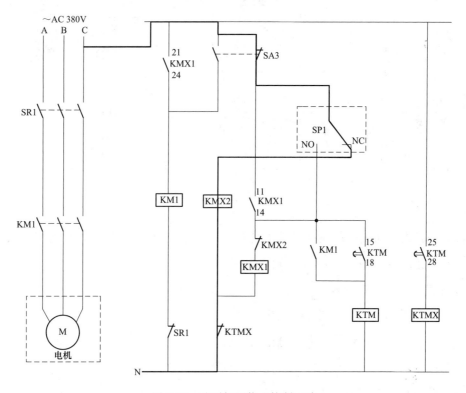

图 8-19　油泵打压停止控制回路

图 8-20 所示为油泵打压超时控制回路。在规定打压时间内，如果油压仍未达到停泵值，则回路［C-SA3 动断触点-KMX1 动合触点（13-14）-KM1 动合触点-KTM 继电器-N］一直接通，油泵打压超时时间继电器，时间定值到，其一副延时闭合触点 KTM（15-18）闭合，形成自保持回路，另一副延时闭合触点 KTM（25-28）闭合，回路［C-KTM(25-28)-KTMX-N］接通，油泵打压超时信号继电器 KTMX 励磁，其动断触点 KTMX 断开，切断油泵打压启动回路，KMX1 失磁，其动合触点 KMX1(13-14) 断开，切断油泵打压回路，KM1 失磁，其主触头断开，油泵电机 M 失去电源，油泵停止打压。

二、断路器二次回路典型异常

在变电站中，断路器本体及二次回路出现异常时，对电力系统的影响也比较严重，

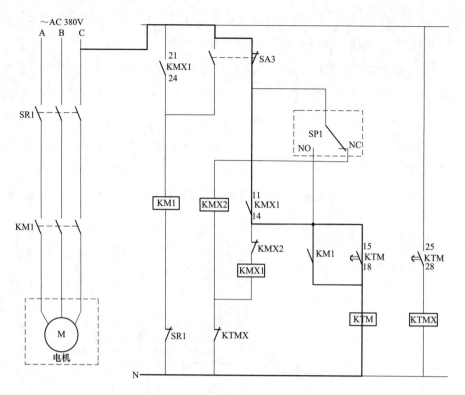

图 8-20　油泵打压超时控制回路

其中涉及断路器二次回路的典型异常主要有断路器拒绝分、合闸、控制回路断线、打压超时、位置指示异常等，具体原因分析如下：

1. 断路器控制回路断线

（1）弹簧机构的弹簧未储能或储能未满；

（2）液压、气动机构的压力降低至闭锁值以下；

（3）断路器气室 SF_6 压力降低至闭锁值以下；

（4）分、合闸线圈短路烧坏、断线；

（5）分、合闸回路接线端子松动、断线；

（6）断路器常开（动合）、常闭（动断）辅助触点接触不良；

（7）直流控制电源小空气开关跳开。

2. 断路器拒绝合闸

（1）监控系统通信异常；

（2）测控装置异常；

（3）远方/就地切换开关位置不正确；

（4）遥控分/合闸连接片未放；

（5）第一组直流控制电源失去；

（6）合闸线圈故障或合闸接触器未动作；

（7）直流系统两点接地，导致合闸线圈短路；

（8）断路器常闭（动断）辅助触点接触不良；

（9）合闸回路接线端子松动，回路断线；

（10）断路器油压低于合闸闭锁值；

（11）断路器 SF_6 气压低于分合闸闭锁值。

3. 断路器拒绝分闸

（1）监控系统通信异常；

（2）测控装置异常；

（3）远方/就地切换开关位置不正确；

（4）未投入遥控分/合闸压板；

（5）直流控制电源失去；

（6）分闸线圈故障；

（7）直流系统两点接地，导致分闸线圈短路；

（8）断路器常开（动合）辅助触点接触不良；

（9）分闸回路接线端子松动，回路断线；

（10）断路器油压低于分闸闭锁值；

（11）断路器 SF_6 气压低于分合闸闭锁值；

（12）保护动作跳闸时，未投入跳闸出口压板，三相不一致动作跳闸时，未投入三相不一致压板。

4. 断路器油泵打压超时

（1）油泵电动机热继电器动作；

（2）油泵起泵停泵压力值不合理；

（3）油压触点异常；

（4）油泵打压超时继电器故障或者其时间整定不合理；

（5）油泵电动机电源小空气开关跳开或者油泵电动机电源断线，电机缺相运行；

（6）油泵电动机故障。

5. 断路器位置指示异常

（1）断路器位置辅助触点异常；

（2）断路器位置指示灯故障；

（3）二次回路电缆绝缘异常；

（4）遥信电源异常。

三、断路器二次回路典型异常处理方法

断路器二次回路异常，可能导致故障状态下无法跳闸，严重影响电力系统安全稳定运行。因此断路器二次回路出现异常时，运维人员应掌握方法，迅速排查异常原因，并及时处理。

1. 断路器控制回路断线处理方法

（1）检查直流控制电源消失信号有无同时报出，若直流控制电源消失信号同时报出，则检查直流控制电源小空气开关是否跳开，检查无明显异常后，可试合一次；

（2）检查断路器的弹簧储能情况、液压或气动机构压力情况以及 SF_6 绝缘断路器的 SF_6 压力情况；

（3）检查断路器机构箱内分合闸线圈是否烧坏；

（4）检查断路器操作箱的分合闸位置继电器或者防跳继电器是否烧坏；

（5）用万用表直流电压档分段测量断路器分、合闸控制回路，检查分、合闸控制回路是否存在接线松动、端子虚接等异常；

（6）检查断路器常开（动合）、常闭（动断）辅助触点是否接触不良。

2. 断路器拒绝合闸处理方法

（1）检查监控系统与测控装置的通信是否正常。

（2）检查测控装置是否失电，电源空气开关是否跳开。

（3）检查测控装置的远方/就地切换开关位置是否正确，遥控操作时是否切至就地位置。

（4）检查测控装置的遥控分合闸压板是否投入，同期/非同期切换开关位置是否正常。

（5）检查断路器操作箱上第一组直流控制电源小空气开关及其上级直流电源空气开关是否跳开，有无明显异常，若无明显异常，可试合一次。

（6）检查现场汇控柜上的远方/就地切换开关位置是否正确。

（7）检查断路器机构箱内有无明显异常，有无元件烧坏。

（8）检查 SF_6 气体压力、液压压力是否正常，弹簧机构是否储能正常。

（9）检查直流系统是否有绝缘降低信号，是否存在两点接地。

（10）若以上检查均正常，则可能是控制回路存在断线、接线松动、端子虚接、继电器触点或断路器辅助触点异常。用万用表直流电压档，分别逐段测量断路器合闸控制回路，检查合闸控制回路是否存在接线松动、端子虚接、继电器触点或断路器辅助触点等异常。

3. 断路器拒绝分闸处理方法

（1）检查监控系统与测控装置的通信是否正常。

（2）检查测控装置是否失电，电源空气开关是否跳开。

（3）检查测控装置的远方/就地切换开关位置是否正确，遥控操作时是否切至就地位置。

（4）检查测控装置的遥控分合闸连接片是否投入。

（5）检查断路器操作箱上直流控制电源小空气开关及其上级直流电源空气开关是否跳开，有无明显异常，若无明显异常，可试合一次。

（6）检查现场汇控柜上的远方/就地切换开关位置是否正确。

（7）检查断路器机构箱内有无明显异常，有无元件烧坏。

（8）检查 SF_6 气体压力、液压压力是否正常，弹簧机构是否储能正常。

（9）若以上检查均正常，则可能是控制回路存在断线、端子松动、虚接、继电器触点或断路器辅助触点异常。用万用表直流电压档，分别逐段测量断路器分闸控制回路，检查分闸控制回路是否存在接线松动、端子虚接、继电器触点或断路器辅助触点等异常。

（10）在保护动作事故状态下断路器拒绝跳闸时，在确定拒分后立即手动拉开断路器，然后进行检查。检查保护跳闸出口连接片是否正确投入，三相不一致跳闸连接片是否正确投入等。

4. 断路器油泵打压超时处理方法

（1）现场检查电动机是否仍在运行，若电机仍在运行，则应尽快检查断路器油压是否达到停泵值，若油压未达到停泵值，则应断开油泵电动机电源。检查断路器油压是否下降，若油压有明显下降，则说明油泵故障或机构油管内存在漏油现象，同时应查找操作机构是否存在漏点。

（2）若油压已达到停泵值，拉合信号电源空气开关一次进行复归，若油泵仍继续打压，则可能为电动机或油泵二次回路存在问题。

（3）检查油泵三相交流电源是否正常，是否存在缺相（如熔断器熔断、端子松动等）。

（4）检查油泵电动机是否发热，电动机热偶继电器是否动作未复归。

（5）检查油泵打压控制回路油压接点是否正常。若油泵电机控制电源取自油泵电机交流电源，检查时可拉开油泵电机交流电源，用万用表电阻档测量对应油压触点的通断情况，判断油压触点是否正常；油泵电动机控制电源取自断路器直流控制电源，检查时可直接用万用表直流电压档测量对应油压触点接线端子两端电位情况，判断油压触点是否正常。

（6）检查油泵打压超时时间继电器时间定值整定是否正常，油泵起泵、停泵压力值是否正常，两者是否配合。

（7）检查油泵打压启动继电器、停止继电器，油泵电机工作继电器、油泵打压超时信号继电器等是否正常，辅助触点是否异常等。

5. 断路器位置指示异常处理方法

（1）检查监控后台、测控装置及现场汇控柜断路器位置指示是否一致，如果监控后台指示不正确，测控装置、汇控柜位置指示一致，则检查测控与后台的通信是否异常。

（2）如果测控装置和监控后台指示均不正常，汇控柜指示正常，则可能是汇控柜到测控的二次电缆绝缘异常、端子松动、给测控位置用的辅助触点异常，分段测量双位置开入回路，查找原因。

（3）如果仅汇控柜位置指示灯不亮，检查断路器位置指示灯是否异常、给汇控柜位置指示灯用的辅助触点是否异常。

（4）如果监控后台、测控装置、汇控柜位置指示均不正常，检查遥信电源是否正常、断路器行程开关是否正常，再用万用表分段测量其双位置信号回路，查找原因。

特高压交流变电站
运维技术

第九章 特高压交流变电站消防系统

本章主要介绍特高压交流变电站消防设施配置及管理要求，微型消防站和企业消防队的建设要求，针对特高压交流变电站内主要设备、重点部位的消防预案进行介绍。

第一节　特高压交流变电站消防系统概述

变电站消防系统作为变电站各系统构成中的一项重要组成部分，主要任务是通过有效手段监测火灾、控制火灾、扑灭火灾，以达到保障变电站工作人员人身安全及电力设备安全稳定运行的根本目的。

一、特高压交流变电站消防系统的组成

消防系统一般可分为火灾自动报警联动系统、喷淋系统、消火栓系统、气体灭火系统、干粉灭火系统、应急疏散系统。其中根据变电站设备及建筑的特点，特高压交流变电站消防系统包括火灾自动报警联动系统、泡沫（水）喷淋系统、消火栓系统、灭火器系统、设备区消防小间、应急疏散系统。

二、变电站消防管理要求

（1）运维单位应按照国家及地方有关消防法律法规制定变电站现场消防管理具体要求，落实专人负责管理，并严格执行。

（2）运维单位应结合变电站实际情况制定消防预案，消防预案中应包括应急疏散部分，并定期进行演练。消防预案内应有变压器类设备灭火装置、烟感报警装置和消防器材的使用说明。

（3）变电站现场运行专用规程中应有变压器类设备灭火装置的操作规定。

（4）变电运维人员应熟知消防设施的使用方法，熟知火警电话及报警方法，掌握自救逃生知识和消防技能。

（5）变电站消防管理应设专人负责，建立台账并及时检查。

（6）应制定变电站消防器材布置图，标明存放地点、数量和消防器材类型，消防器材按消防布置图布置。变电运维人员应会正确使用、维护和保管。

（7）变电站防火警示标志、疏散指示标志应齐全、明显。

（8）变电站设备区、生活区严禁存放易燃易爆及有毒物品。因施工需要放在设备区的易燃、易爆物品，应加强管理，并按规定要求使用，使用完毕后立即运走。

（9）在防火重点部位或场所以及禁止明火区动火作业，应填用动火工作票。

（10）火灾处理原则：

1）突发火灾事故时，应立即根据变电站现场运行专用规程和消防应急预案正确采取紧急隔、停措施，避免因着火而引发的连带事故，缩小事故影响范围。

2）参加灭火的人员在灭火时应防止压力气体、油类、化学物等燃烧物发生爆炸及防止被火烧伤或被燃烧物所产生的气体引起中毒、窒息。

3）电气设备未断电前，禁止人员灭火。

4）当火势可能蔓延到其他设备时，应果断采取适当的隔离措施，并防止油火流入电缆沟和设备区等其他部位。

5）灭火时应将无关人员紧急撤离现场，防止发生人员伤亡。

6）火灾后，必须保护好火灾现场，以便有关部门调查取证。

三、变电站设备防火基本要求

1. 变压器防火配置基本要求

（1）特高压变压器应设置固定自动灭火系统及火灾自动报警系统。

（2）室外油浸式变压器之间小于 10m 时必须设置防火墙，应符合下列要求：

1）防火墙的高度应高于变压器储油柜；防火墙的长度不应小于变压器的储油池两侧各 1.0m。

2）防火墙与变压器散热器外廓距离不应小于 1.0m。

3）防火墙应达到一级耐火等级。

（3）变压器防爆筒的出口端应向下，并防止产生阻力。

（4）变压器附近应设置场地消防小室。

（5）变压器应设置防火重点部位标识标牌。

（6）应编制变压器火灾事故处理预案，存放在消防档案中。

2. 电缆防火配置基本要求

电缆从室外进入室内的入口处、电缆竖井的出入口处、电缆接头处、主控制室与电缆夹层之间、靠近充油设备的电缆沟、电缆主沟和支沟交界处、电缆交叉密集处、长度超过 60m 的电缆沟或电缆隧道均应采取防止电缆火灾蔓延的阻燃或分隔措施，并应根据变电站的规模及重要性采取下列一种或数种措施：

措施一：采用防火隔墙或隔板，并用防火材料封堵电缆通过的空洞。电缆局部涂料或局部采用防火胶带，并宜全程设置防火槽盒；

措施二：当动力电缆与控制电缆或通信电缆敷设在同一电缆沟或电缆隧道内时，宜采用防火槽盒或防火隔板进行分隔；

措施三：交直流电缆同沟敷设，应做好防火隔离。采用防火胶带包裹或防火槽盒隔离。

（1）电缆沟防火措施标准。

1）在电缆沟进出口处应进行防火封堵，在封堵两侧刷不少于 1.5m 防火涂料。

2）在电缆沟中的下列部位，应按设计设置防火墙：公用沟道的分支处；多段配电装置对应的沟道分段处；沟道中每间距约 60m 处；至控制室或配电装置的沟道入口、厂区围墙处；暗式电缆沟应在防火墙处设置防火门。

3）动力电缆与控制电缆不应混放、分布不均及堆积乱放。电缆沟内电缆应分层布置，并采用防火隔板、防火槽盒等防火措施进行隔离。

4）靠近充油设备的电缆沟，应设有防火延燃措施，盖板应采用高强度材料并加以封堵，能有效防止油渗漏至电缆沟内。

5）电缆沟应保持整洁，不得堆放杂物，电缆沟严禁积油。

（2）电缆层防火措施标准。

1）在电缆进入电缆层出应涂刷不少于 1.5m 的防火涂料；

2）电缆层内应设置满足电缆火灾探测要求的火灾探测器；

3）电缆层应保持整洁，不得堆放杂物。

（3）电缆竖井防火措施标准。

1）在竖井中，宜每隔约 7m 设置阻火隔层；在通向控制室、继电保护室的竖井中均应进行防火封堵；电缆贯穿隔墙、楼板的孔洞处，电缆引至电气柜、电气盘或控制屏、合的开孔部位，也均应进行封堵；

2）按照 100m² 保护面积配置 3kg 以上自爆式干粉灭火器 2 组；

3）电缆竖井应保持整洁，不得堆放杂物。

3．开关柜防火配置基本要求

（1）未配置母线差动保护的开关柜，重点是大电流柜及重负荷柜应配置一定数量的合格的自动灭火产品，其安装图如图 9-1 所示。

（2）开关柜上方的二次电缆桥架应采用防火材料包裹，如图 9-2 所示。

图 9-1　自动灭火产品安装图

图 9-2　二次电缆桥架防火隔离

4．蓄电池室防火配置基本要求

（1）蓄电池室每组宜布置在单独的室内，如确有困难，应在每组蓄电池之间设置防火墙、防火隔断。蓄电池室门应向外开。

（2）蓄电池室应装有通风装置，通风道应单独设置。

（3）蓄电池室应使用防爆型照明和防爆型排风机，断路器、熔断器、插座等应装在蓄电池室外。蓄电池室的照明线应采用暗线敷设。

（4）直流蓄电池输出电缆应独立敷设。

5．二次屏柜防火配置基本要求

（1）保护屏柜孔洞应做好防火封堵；

（2）进入配电装置室电缆防火涂料不少于1.5m。

6．电容器、干式电抗器防火配置基本要求

（1）电容器组日常巡视时应加强红外测温，电容器室门应向疏散方向开启。

（2）户外干式空芯电抗器日常巡查时注意设备外表是否有绝缘脱落、龟裂、爬电、表层环氧粉化现象，同时加强红外测温，观察是否存在鸟窝，干式空芯电抗器周围禁止堆放杂物。

（3）户内布置电抗器应根据电抗器的损耗发热量设计有效的散热措施，保持电抗器运行温度在允许范围内。电抗器室风机宜与电抗器开关联动，确保设备投入后风机能相应启动。

（4）干式铁芯电抗器宜设温控装置，并提供超温报警以及跳闸触点。

（5）油浸铁芯电抗器在户内布置时应充分考虑防火、防油泄漏和散热措施，宜布置在房屋底层。

（6）干式电抗器本体出现冒烟、起火、沿面放电等情况，应先断开电源侧断路器，拉开电抗器隔离开关，隔离故障设备后方可灭火。

第二节　特高压交流变电站消防设施配置

一、火灾自动报警系统建设基本要求

1．火灾自动报警系统的组成

变电站火灾自动报警系统由火灾报警控制器（联动型）、火灾探测器、手动火灾报警按钮、声光报警器、消防模块、消防电话和应急广播、消防应急照明和疏散指示系统等部件组成。火灾自动报警系统应具备消防点位布置图。

（1）火灾报警控制器：是火灾自动报警系统中的核心组成部分。

（2）火灾探测器：能够对火灾参数（如烟、温、光、火辐射）响应并自动产生火灾报警信号的器件。变电站内火灾探测器主要包括点型光电感烟探测器、线型光束感烟探测器、缆式线型感温火灾探测器、点型感温探测器、紫外火焰探测器等。

（3）手动火灾报警按钮：手动产生火灾报警信号的触发器件。

（4）声光报警器：用以发出区别于环境声光的火灾警报信号的装置，以声光音响方式向报警区域发出火灾警报信号，警示人员采取安全疏散、灭火救灾措施。

（5）各类消防模块：主要包括输入模块、输入/输出模块、短路隔离模块等。

（6）消防电话和应急广播。

（7）消防应急照明和疏散指示。

2. 火灾报警控制器配置标准

（1）火灾报警控制器应设置在有专人值班的值班室。

（2）火灾报警控制器主电源采用220V交流供电并有明显的永久性标志，有条件的接入UPS电源，严禁使用电源插头和漏电开关。

（3）控制器应配有蓄电池，电池供电时间不少于8h，具备主、备电源自动切换功能。

（4）火灾报警主机应安装牢固、平稳、无倾斜；配电线路清晰、整齐、美观、避免交叉，并牢固固定，专用导线或电缆应采用阻燃型屏蔽电缆，传输线路应采用穿金属管、经阻燃处理的硬质塑料管或封闭式线槽保护方式布线。配电线路宜与其他配电线路分开敷设在不同电缆井、沟内；确有困难时，消防配电线路应采用矿物绝缘类不燃性电缆，且分两侧敷设。

（5）"消防装置故障"信号、"消防装置总告警"或"消防火灾总告警"信号，应接入本地监控后台和调控中心，具备条件的应接入智能辅控一体化平台。

（6）火灾报警控制器应有保护接地，并具备明显接地标志。采用专用接地装置，接地电阻不应大于4Ω。

3. 火灾探测器配置标准

（1）火灾探测器的设置原则：

1）主控制室、通信机房、继保室、配电装置室、应设置点式感烟或吸气式感烟；

2）变电站的电缆层、电缆竖井和电缆隧道应设置缆式线型感温、分布式光纤、点式感烟或吸气式感烟；

3）电抗器室、电容器室应设置点式感烟或吸气式感烟（如有含油设备，应采用感温）；

4）蓄电池室应设置防爆感烟和可燃气体探测器。

油浸式变压器应设置缆式线型感温＋缆式线型感温或缆式线型感温＋火焰探测器组合。

（2）室内安装的烟感探测器、温感探测器按面积大小进行适当配置，安装位置应便于日常维护。

（3）主变压器、开关室、电容器室、电抗器室、接地变压器室和主变压器室等层高较高场所或正下方有带电设备的房间，采用便于更换的火灾探测装置。

（4）感温电缆应在被探测物上呈"S"形紧贴敷设，并采用固定卡具进行固定，感温电缆宜采用具有抗机械损伤能力的带金属结构层产品。

4. 手动火灾报警按钮配置标准

（1）手动火灾报警按钮（见图9-3）应设置在室外出入口处或走廊通道，安装高度应在1.3～1.5m；

（2）安装应牢固，无明显松动，不倾斜，其标识应粘贴在按钮正下方；

（3）手动报警按钮的复归钥匙应按照生产类钥匙进行管理，在变电站内钥匙箱进行定置保管。

5. 声光报警器配置标准

（1）声光报警器（见图9-4）应设置在室外出入口处或走廊通道，一般建议安装在手动火灾报警按钮正上方，安装高度应大于2.2m；

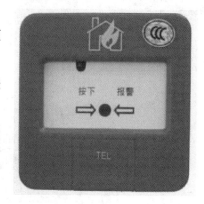

图 9-3　手动火灾报警按钮实物图

（2）安装应牢固，无明显松动，不倾斜，其标识应粘贴在报警器正下方；

（3）声光报警器安装高度适宜，四周无遮挡物，易观察识别。

6. 消防模块配置标准

（1）每个报警区域内的模块（见图9-5）宜相对集中设置在本报警区域内的金属模块箱中，本报警区域内的模块不应控制其他报警区域的设备；

图 9-4　声光报警器实物图

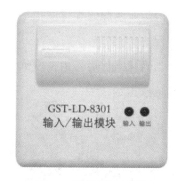

图 9-5　消防模块实物图

（2）模块应安装牢固、无倾斜，配线清晰、整齐、美观，并牢固固定；

（3）消防模块严禁设置在配电（控制）柜（箱）内；

（4）消防模块应命名准确，标识清晰。

7. 消防电话和应急广播配置标准

（1）变电站内配置有消防电话和应急广播，广播的控制装置、消防电话总机应设置在专人值班场所；

（2）变电站配有消防电话总机的，各生产设备房间（区域）应设置消防专用电话分机，分机应固定安装在明显且便于使用的部位。消防专用电话网络应为独立的消防通信系统；

（3）消防应急广播、消防电话的正下方应有标识，消防电话的标识应有别于普通电话，如图9-6所示。

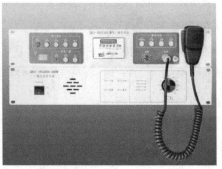

图9-6 消防电话、消防应急广播实物图

8. 消防应急照明和疏散指示系统配置标准

（1）消防应急照明和消防安全疏散指示标志应设置在疏散通道、安全出口处，如图9-7所示；

（2）消防应急照明的自带蓄电池应满足不少于20min照明时间；

（3）疏散指示应设置在疏散走道及其转角处距地面高度1.0m以下的墙面或地面上；

（4）消防应急照明和疏散指示系统的联动控制设计，联动控制器联动消防应急照明配电箱实现；

（5）当确认火灾后，由发生火灾的报警区域开始，顺序启动全楼疏散通道的消防应急照明和疏散指示系统。

图9-7 应急照明、疏散指示实物图

9. 消防点位布置图配置标准

（1）变电站火灾报警控制器旁应配置消防点位布置图；

（2）消防点位布置图应体现功能房间布局、点位编号、点位类型等信息，布置图中的信息应准确、直观，可采用塑封图、泡沫板、亚克力板等形式；

（3）变电站消防点位有更新时，布置图应同步更新。

二、变压器固定灭火系统建设基本要求

变电站油浸式变压器应设置合成型泡沫喷雾系统、水喷雾灭火系统或其他固定式灭火装置。

1. 主变压器泡沫喷淋灭火系统配置标准

泡沫喷淋灭火系统由开式喷头、管道系统、火灾探测器、报警控制组件和泡沫罐等组成，如图 9-8、图 9-9 所示。

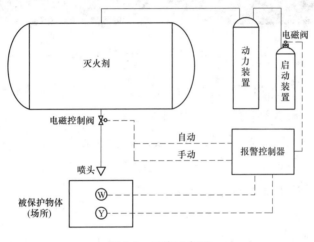

图 9-8　系统示意图

（1）泡沫喷淋灭火系统应同时具备自动、手动和应急机械手动启动方式。在自动控制状态下，系统自接到火灾信号至开始喷放泡沫的延时不宜超过 60s。

（2）喷头的设置应使泡沫覆盖变压器油箱顶面和变压器进出绝缘套管升高座孔口。

（3）灭火系统的储液罐、启动源、氮气动力源应安装在专用房间内，专用房间的室内温度应保持在 0℃ 以上。

图 9-9　SP 泡沫喷淋装置

（4）供液管道管材，湿式部分宜采用不锈钢管，干式部分宜采用热镀锌钢管。

（5）合成型泡沫喷淋灭火系统灭火剂用量应按扑救一次火灾计算，具体用量按设计规范计算。

（6）应加装主变压器消防设备开关防误联锁箱（见图9-10），实现火灾报警信号与主变压器断路器位置接点进行联锁控制，保证其动作可靠性。

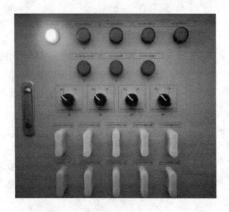

图9-10　主变压器消防喷淋系统开关连锁箱

（7）每台主变压器的"消防火灾告警"信号应独立上传至本地后台和调控中心。安装了主变压器防误联锁控制箱的，主变压器固定灭火装置启动信号与控制回路异常信号原则上应接入公用测控装置，若公用测控屏点位不能满足全部信号接入时，可接入对应主变压器测控屏，并同时上送本地后台与调控中心。如上送点位不足，异常信号可分类合并上送，但启动信号应按主变压器台数分别上送。

2. 主变压器水喷淋灭火系统配置标准

主变压器水喷淋灭火系统由水源、供水设备、供水管网、雨淋报警阀组、洒水喷头等组成，能在被保护对象发生火灾时喷水的自动灭火系统，如图9-11所示。

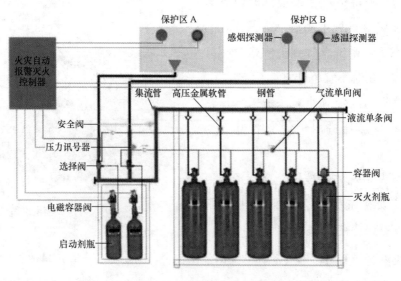

图9-11　水喷淋灭火系统示意图

（1）消防水池的容量，应符合当地实际要求，合用水池应采取确保消防用水量不作他用的技术措施，消防水池应有补水措施，满足《消防给水及消火栓系统技术规范》要求，补水时间不宜超过 48h，消防水池有效总容积大于 $2000m^3$ 时不应大于 96h。

（2）使用的水泵（包括备用泵、稳压泵）应完整、无损坏，铭牌清晰；消防水泵设主、备电源，且能自动切换；消防给水系统在主泵停止运行时，备用泵能切换运行；一组消防泵吸水管应单独设置且不应少于两条；水泵出水管管径及数量应符合设计要求；水泵出水管上设试验和检查用的压力表、放水阀门和泄压阀，压力表经检验合格；放水阀、泄压阀状态指示标识清楚。

（3）消防水系统管道上应标明清晰的水流方向指示。

三、消防给水系统建设基本要求

（1）变电站和开关站应设置消防给水系统和消火栓。消防水源应有可靠保证，同一时间按一次火灾考虑，供水水量和水压应符合有关标准。变电站和开关站内的建筑物耐火等级不低于二级，体积不超过 $3000m^3$，且火灾危险性为戊类时，可不设消防给水。

（2）向环状管网输水的进水管不应少于两条，当其中一条发生故障或检修时，其余的进水管应能满足消防用水总量的供给要求。

（3）消防给水系统应按二级负荷供电。

（4）消防给水系统的阀门应有明显的启闭和日常工作状态标志。

（5）消防用水可由城市给水管网、天然水源或消防水池供给。利用天然水源时，其保证率应不小于 97%，且应设置可靠的取水设施。

（6）配有消防水池的变电站，由两台消防泵（一用一备）通过水管从消防水池抽水，经气压罐加压后输送到消防管网，最终送至室外、室内的消火栓。除消防泵外，可装设两台稳压水泵作为管网的稳压装置，使管网压力保持在 0.3～0.5MPa。

（7）主变压器设水喷雾灭火时，消防水池的容量应满足水喷雾灭火和消火栓的用水总量。室外消火栓用水量不应小于 10L/s。消防水池的补水时间不宜超过 48h，对于缺水地区不应超过 96h。

（8）独立建造的消防水泵房，其耐火等级不应低于二级。消防水泵房设置在首层时，其疏散门宜直通室外；设置在地下层时，其疏散门应靠近安全出口。消防水泵应保证在火警后 30s 内启动。消防水泵与动力机械应直接连接。消防水泵按一运一备或二运一备比例设置备用泵，备用泵的流量和扬程应符合标准。应有备用电源和自动切换装置，工作正常。

（9）室内消火栓配置标准：

1）室内消火栓给水管网与自动喷水灭火系统、水喷雾灭火系统的管网应在报警阀或雨淋阀前分开设置。

2）室内消火栓应设置在明显易于取用的地点，保证每一个防火分区同层有两支水枪的充实水柱同时到达任何部位；栓口离地面或操作基面高度宜为 1.1m，其出水方向宜向下或与设置消火栓的墙面成 90°角；栓口与消火栓箱内边缘的距离不应影响消防水带的连接；每个室内消火栓处设置直接启动消防水泵的按钮，并应有保护设施。

3）同一建筑物内应采用统一规格的消火栓、水枪和水带。每条水带的长度不应大于 25.0m。

（10）室外消火栓配置标准。

1）室外消火栓应沿道路设置，距路边不应大于 2.0m，距房屋外墙不宜小于 5.0m，并设有保护设施。

2）室外消火栓间距不应大于 120.0m，保护半径不应大于 150.0m。

3）室外消火栓宜采用地上式消火栓。地上式消火栓应有 1 个 DN150 或 DN100 和 2 个 DN65 的栓口。

4）室外消火栓、阀门、消防水泵接合器等设置地点应设置相应的永久性固定标识。

（11）带电设施附近的消火栓应配置喷雾水枪。

四、其他消防设施建设基本要求

1. 场地消防小室配置标准

室外油浸式主变压器、电容器或油浸式电抗器附近设应设有场地消防小室。场地消防小室应包含消防砂箱和灭火器小室。

消防砂箱配置标准如下：

（1）消防砂箱容积应不小于 1.0m³，内装干燥的细黄砂，并配置 3～5 把消防铲。消防砂桶内应装满干燥黄砂。

（2）消防砂箱、消防砂桶和消防铲均应标记成大红色，砂箱的上部应有白色的"消防砂箱"字样，箱门正中应有白色的"火警 119"字样，箱体侧面应标注使用说明，消防砂箱的放置位置应与带电设备保持足够的安全距离，如图 9-12 所示。

（3）灭火器小室配置标准。灭火器小室内应配置足量的推车式干粉灭火器、手提式灭火器、消防桶、消防铲、消防水带、消防水枪以及消防扳手等消防设施，如图 9-13 所示，具体配置数量要求如表 9-1 所示。

2. 灭火器配置标准

（1）变电站内建（构）筑物、设备应按照其火灾类别及危险等级配置移动式灭火器。灭火器的选择应考虑配置场所的火灾种类和危险等级、灭火器的灭火效能和通用性、灭火剂对保护物品的污损程度、设置点的环境条件等因素。

图 9-12　消防砂箱

图 9-13　灭火器小室

表 9-1 　　　　　　　　　　　　灭火器小室消防设施配置数量表

灭火器材 配置部位	水成膜泡沫		磷酸铵盐干粉					黄砂		灭火级别	保护面积（m²）	危险等级	备注
	9L	45L	2kg	3kg	4kg	5kg	50kg	桶(25L)	箱(1.0m³)				
一、主控通信楼													共3层
1 办公休息区	—	—	5	—	—	—	—	—	—	A	430	轻	
2 控制室	—	—	—	—	—	2	—	—	—	E（A）	80	A	
3 通信计算机房	—	—	—	—	—	2	—	—	—	E（A）	160	严重	
4 办公室等其他区域	—	—	4	—	—	—	—	—	—	A	360	轻	办公室、会议室、资料室
5 蓄电池室	—	—	—	—	2	—	—	—	—	C（A）	50	中	
6 工具间等其他区域	—	—	7	—	—	—	—	—	—	A	650	轻	工具间、办公室、食堂、走廊
二、1000kV继电器室	—	—	—	2	—	—	—	—	—	E（A）	200	中	—
三、主变压器继电器室	—	—	—	2×2	—	—	—	—	—	E(A)	2×150	中	2座
四、站用电室	—	—	—	2	—	—	—	—	—	E（A）	230	中	—
五、检修备品备件库	—	—	—	6	—	—	—	—	—	混合(A)	750	中	
六、消防水泵房	—	—	—	—	2	—	—	—	—	B	108	中	
七、警卫传达室	—	—	2	—	—	—	—	—	—	A	50	轻	—
八、主变压器继电器室	—	—	—	—	—	4×2	—	—	4×3	B	12×270	中	12只变压器共用
九、室外配电装置	—	—	—	—	—	—	40	—	—	—	—	—	

（2）在同一灭火器配置场所，宜选用相同类型和操作方法的灭火器，当选用两种或两种以上类型灭火器时，应采用灭火剂相容的灭火器。当同一场所存在不同种类火灾时，应选用通用型灭火器。

（3）灭火器应设置在人行通道、楼梯间和出入口等处，位置明显和便于取用的地点，且不得影响安全疏散。对有视线障碍的灭火器设置点，应设置指示其位置的发光标志。露天设置的灭火器应有遮阳挡水和保温隔热措施，灭火器的摆放应稳固，其牌应朝外，定期检查，确保有效。

（4）变电站现场灭火器具体配置规格和数量要求如表 9-1 所示。

（5）E 类火灾（带电火灾）应选择磷酸铵盐干粉灭火器、碳酸氢钠干粉灭火器、卤代烷灭火器或二氧化碳灭火器，不得选用装有金属喇叭喷筒的二氧化碳灭火器。干粉灭火器从出厂日期算起的使用期限为 10 年，灭火器过期、损坏或检验不合格者，应及时报废、更换。

1）手提式干粉灭火器的总质量不应大于 20kg，手提式灭火器应设置在专用灭火器箱内或挂钩、托架上，其顶部离地面高度不应大于 1.50m，底部离地面高度不宜小于 0.08m；灭火器箱不得上锁，上侧应悬挂灭火器标志牌；灭火器摆放应稳固，其铭牌应朝外如图 9-14 所示。

2）油浸式变压器区域应设推车式干粉灭火器如图 9-15 所示；推车式干粉灭火器应配有喷射软管，其长度不小于 4.0m。

图 9-14　手提式干粉灭火器

图 9-15　推车式干粉灭火器

（6）以水为基础灭火剂的水基型灭火器（见图 9-16），以氮气或二氧化碳为驱动气体，能够在液体燃料表面形成一层抑制可燃液体蒸发的水膜，并加速泡沫的流动，是一种高效的灭火剂，可用于扑灭低压电气火灾。从出厂日期算起的使用期限为 6 年，灭火器过期、损坏或检验不合格者，应及时报废、更换。

3. 正压式消防空气呼吸器配置标准

（1）在空气流通不畅或可能产生有毒气体的场所灭火时，应使用正压式消防空气呼吸器（见图 9-17），应按每站 2 套配置。正压式消防空气呼吸器应定期检查，确保有效。

图 9-16　水基型灭火器　　　　　　图 9-17　正压式消防空气呼吸器

（2）正压式消防空气呼吸器的公称容积宜不小于 6.8L 并至少能维持使用 30min。

（3）正压式消防空气呼吸器应放置在有人值班场所，柜体应为红色并固定设置标志牌。

4. 防火门配置标准

（1）变压器室、电容器室、蓄电池室、电缆夹层、配电装置室的门应向疏散方向开启，且当门外为公共走道或其他房间时，该门应采用乙级防火门。

（2）配电装置室的中间隔墙上的门应采用由不燃材料制作的双向弹簧门。

第三节　微型消防站建设

一、建设原则

微型消防站以"救早、灭小"为目标，按照"有人员、有器材、有战斗力"标准建设，达到"1min 响应启动、3min 到场扑救、5min 协同作战"的要求。

二、分级标准

单位微型消防站分为三级：

（1）设有消控室的变电站，应建立一级微型消防站。

（2）无消控室、员工总人数在 50 人（含）以上的变电站，应建立二级微型消防站。

（3）无消控室、员工总人数在 50 人以下的变电站，应建立三级微型消防站。

三、建设要求

1. 人员配备

（1）基本要求。各微型消防站人员配备应满足应急处置"1min 响应启动、3min 到场扑救、5min 协同作战"的要求，原则上一级站应不少于 10 人，二级站不少于 8 人，三级站不少于 6 人。

（2）人员组成。微型消防站人员可由接受过基本消防技能培训的保安员、消控室操作员、后勤管理人员、单位消防志愿者等兼任。

（3）岗位设置。各微型消防站应设站长、值班员、消防员等岗位，设有消控室的场所应设消控室操作员，可根据微型消防站的规模设置班（组）长等岗位。站长一般由本单位消防安全管理人员兼任。消防员负责防火巡查和初起火灾扑救工作。

（4）分组编排。一级微型消防站每班次在岗人员不应少于 4 人。其中，能到场参与火灾扑救的在岗人员不应少于 3 人；二级微型消防站同时在岗人员不应少于 2 人；三级微型消防站同时在岗人员不应少于 1 人，如表 9-2 所示。

（5）人员素质。微型消防站人员应当接受岗前培训；培训内容包括扑救初起火灾业务技能、防火巡查基本知识等。

表 9-2　　　　　　　　　　微型消防站各岗位值班要求

岗位	一级站		二级站		三级站	
	设置	人数	设置	人数	设置	人数
消防员	是	≥2	是	≥2	是	≥1
消控室值班（操作）员	是	≥2	否	/	否	/
班（组）长	视情况决定					

2. 装备配备

各微型消防站应配备一定数量的灭火、通信、防护等器材装备，并合理设置消防器材装备存放点，标准如表 9-3 所示。

表 9-3　　　　　　　　　　微型消防站装备配备参考标准

序号	类别	器材名称	单位	一级		二级		三级	
				数量	标准	数量	标准	数量	标准
1		水枪	把	2	必配	2	必配	1	必配
2		水带（型号根据实际配备）	盘	5	必配	4	必配	3	必配
3	灭火器材	消火栓扳手	把	2	必配	1	必配	1	必配
4		ABC 型干粉灭火器（4kg 装）	具	10	必配	5	必配	2	必配
5		灭火毯	条	2	必配	2	必配	1	必配
6		强光照明灯	个	3	必配	2	必配	1	必配
7		消防斧	把	1	必配	1	必配	1	选配
8	破拆器材	绝缘剪断钳	把	/	选配	/	选配	/	选配
9		铁锹	把	/	选配	/	选配	/	选配

序号	类别	器材名称	单位	一级		二级		三级	
				数量	标准	数量	标准	数量	标准
10	个人防护装备	消防头盔	顶	4	必配	3	必配	2	必配
11		消防员灭火防护服	套	4	必配	3	必配	2	必配
12		消防员灭火防护靴	双	4	必配	3	必配	2	必配
13		消防安全腰带	条	4	必配	3	必配	2	必配
14		消防手套	双	4	必配	3	必配	2	必配
15		消防安全绳	根	4	必配	3	必配	2	必配
16		正压式空气呼吸器	套	4	必配	3	必配	/	选配
17		消防过滤式综合防毒面具	个	4	必配	3	必配	2	必配
18	通信器材	固定电话（值班室、寝室同号分机）	台	1	必配	1	必配	1	必配
19		对讲机	台	4	必配	/	选配	/	选配

四、主要职责

各微型消防站应积极开展日常消防安全检查、灭火应急演练。

1. 常态防火检查

（1）各单位微型消防站应制定完善日常防火检查、火灾隐患整改制度，明确日常排查、火灾隐患登记、报告、督办、整改、复查等程序。

（2）微型消防站应当安排人员开展日常防火检查，根据有关规定和单位实际，确定检查人员、内容、部位和频次。

（3）日常防火检查的主要内容包括：油、水、电、气的管理情况，安全出口、疏散通道是否畅通，消防设施器材、消防安全标志是否完好有效，重点部位值班值守情况等。

（4）对防火检查巡查发现的火灾隐患，应立即整改消除，无法当场整改的，要及时报告单位消防安全管理人员，制定整改计划，明确整改措施、整改时限，限期消除。同时，采取管控措施，确保整改期间的消防安全。

2. 快速灭火救援

（1）微型消防站应制定完善灭火应急救援行动规程和定期演练制度。

（2）微型消防站应定期开展灭火救援器材装备和疏散逃生路线熟悉，确保器材装备完好有效、疏散逃生路线畅通。

（3）微型消防站应按照"1min邻近员工先期处置、3min灭火战斗小组到场扑救、5min增援力量协同作战"的要求，制定完善灭火应急救援和疏散预案，定期开展培训授课、训练演练，提高快速反应能力。

五、运行机制

1. 日常管理

（1）各单位应按照"谁使用，谁管理"的原则加强微型消防站日常管理，制定完善微型消防站日常管理、训练、保障制度。

（2）各单位微型消防站应根据有关制度，加强日常管理，定期开展体技能和战术训练。

（3）微型消防站实行建设登记备案制度。有公安消防部门建站要求的微型消防站建成后，应及时报主管公安消防部门验收、备案，由主管公安消防部门统一编号，登记相关信息。单位微型消防站人员、装备有调整的，应及时报主管公安消防部门备案。

（4）各单位微型消防站应加强档案资料建设，有关建设情况、活动记录应及时存档。

2. 值班备勤

微型消防站应科学分班编组，合理安排执勤力量，实行24h值班（备勤），确保战斗力。各微型消防站应根据实际和公安消防部门要求，可加入消防区域联防协作组织，配合做好有关活动，定期开展联勤联训。

3. 指挥调度

各单位应制定完善微型消防站灭火救援调度指挥和通信联络程序，落实专人值班，确保值班电话24h畅通。

第四节　变电站企业消防队建设

一、总则

（1）企业消防队的建设，应与特高压交流变电站建设项目同步设计、建设、使用，由属地消防管理部门进行审核、验收和业务指导。

（2）企业消防队应承担以下任务：

1）消防安全检查；

2）火灾扑救和应急救援；

3）上级交办的其他消防工作。

二、装备配备

（1）车辆配备。

1）企业消防队的消防车辆配备数量应为：特高压交流变电站应配置2辆；

2）泡沫消防车宜选用抗溶性水成膜泡沫灭火剂或水成膜泡沫灭火剂。

（2）器材配备。

1）企业消防队的灭火器材配备，应不低于表 9-4 的规定。

表 9-4　　　　　　　　　　企业消防队灭火器材配备

名　称	数　量
机动消防泵（含手抬泵）	2 台
移动式消防炮（手动炮、遥控炮等）	2 个
直流水枪	6 支
喷雾水枪	6 支
簧片枪	6 支
泡沫比例混合器、泡沫液桶、泡沫枪、泡沫钩管	2 套
高倍数泡沫发生器	2 套
挂钩梯	3 架
常压水带	500m
中压水带	500m
高压水带	1000m
消火栓扳手、水枪、分水器、集水器、截流器以及水带接口、包布、护桥、挂钩、墙角保护器	按所配车辆技术标准要求配备，并按不小于 2：1 的备份比备份
平斧、万能铁铤、轻铁铤、铁铤、铁锹、消防大锤、消防钩（爪、尖型）、r 字镐、断线钳、管钳、撬棒、阴沟盖钩	1 套

2）企业消防队的抢险救援器材品种及数量应符合表 9-5 的规定。

表 9-5　　　　　　　　　　企业消防队抢险救援器材配备表

名称	器材名称	主要用途及要求	配备
侦检	可燃气体检测仪	可检测事故现场多种易燃易爆气体的浓度	*
	有毒气体探测仪	探测有毒气体、有机挥发性气体等。具备自动识别、防水、防爆性能	1 套
	消防用红外热像仪	黑暗、浓烟环境中人员搜救或火源寻找。性能符合 GA/T 635 的要求，有手持式和头盔式两种	*
	测温仪	非接触测量物体温度，寻找隐藏火源。测温范围：－20～450℃	1 个
警戒	各类警示牌	事故现场警戒警示。具有发光或反光功能	1 套
	闪光警示灯	灾害事故现场警戒警示。频闪型，光线暗时自动闪亮	2 个
	隔离警示带	灾害事故现场警戒。具有发光或反光功能，每盘长度约 250m	10 盘
破拆	液压破拆工具组	建筑倒塌、交通事故等现场破拆作业。包括机动液压泵、手动液压泵、液压剪切器、液压扩张器、液压剪扩器、液压撑顶器等，性能符合 GB/T 17906 的要求	1 套
	机动链锯	切割各类木质障碍物（增加锯条备份）	1 具
	无齿锯	切割金属和混凝土材料（增加锯条备份）	1 具
	手动破拆工具组	由冲杆、拆锁器、金属切断器、凿子、钎子等部件组成，事故现场手动破拆作业	1 套
	多功能挠钩	事故现场小型障碍清除、火源寻找或灾后清理	1 套
	绝缘剪断钳	事故现场电线电缆或其他带电体的剪切	2 把

续表

名称	器材名称	主要用途及要求	配备
救生	救生缓降器	高处救人和自救。性能符合 GA 413 的要求	*
	气动起重气垫	交通事故、建筑倒塌等现场救援。有方形、柱形、球形等类型，依据起重重量，可划分为多种规格（方形、柱形气垫每套不少于 4 种规格，球形气垫每套不少于 2 种规格）	1 套
	多功能担架	深井、狭小空间、高空等环境下的人员救助。可水平或垂直吊运，承重不小于 120kg	1 副
	救生抛投器	远距离抛投救生绳或救生圈。气动喷射，投射距离不小于 60m	*
堵漏	木制堵漏楔	压力容器的点状、线状泄漏或裂纹泄漏的临时封堵（每套不少于 28 种规格）	1 套
	金属堵漏套管	管道孔、洞、裂缝的密封堵漏。最大封堵压力不小于 1.6MPa（每套不少于 9 种规格）	1 套
	粘贴式堵漏工具	罐体和管道表面点状、线状泄漏的堵漏作业。无火花材料。包括组合工具、快速堵漏胶等	1 组
	注入式堵漏工具	阀门或法兰盘堵漏作业。无火花材料。配有手动液压泵，泵缸压力不小于 74MPa（含注入式堵漏胶 1 箱）	1 组
	电磁式堵漏工具	各种罐体和管道表面点状、线状泄漏的堵漏作业	*
	无火花工具	易燃易爆事故现场的手动作业。一般为铜质合金材料（配备不低于 11 种规格）	11 套
排烟照明	移动式排烟机	灾害现场排烟和送风。有电动、机动、水力驱动等几种	1 台
	移动照明灯组	灾害现场的作业照明。由多个灯头组成，具有升降功能，发电机可选配	1 套
	移动发电机	灾害现场供电。功率不小于 5kW（若移动照明灯组已自带发电机，则可视情不配）	1 台
其他	水幕水带	阻挡稀释易燃易爆和有毒气体或液体蒸汽	100m
	空气充填泵	气瓶内充填空气。可同时充填两个气瓶，充气量应不小于 300L/min	*
	多功能消防水枪（导流式直流喷雾水枪）	火灾扑救，具有直流喷雾无级转换、流量可调、防扭结等功能	6 支

3）企业消防队队员防护装备配备品种及数量应符合表 9-6、表 9-7 的规定。

表 9-6   **消防员基本防护装备配备表**

序号	名称	主要用途及性能	配备	备份比	备注
1	消防头盔	用于头部、面部及颈部的安全防护。技术性能符合 GA44 的要求	2 顶/人	4：1	—
2	消防员灭火防护服	用于灭火救援时身体防护。技术性能符合 GA10 的要求	2 套/人	2：1	—
3	消防手套	用于手部及腕部防护。技术性能不低于 GA7 中 1 类消防手套的要求	2 副/人	4：1	宜根据需要选择配备 2 类或 3 类消防手套

续表

序号	名称	主要用途及性能	配备	备份比	备注
4	消防安全腰带	登高作业和逃生自救。技术性能符合 GA 494 的要求	1根/人	4∶1	—
5	消防员灭火防护靴	用于小腿部和足部防护。技术性能符合 GA6 的要求	2双/人	1∶1	—
6	正压式消防空气呼吸器	缺氧或有毒现场作业时的呼吸防护。技术性能符合 GA124 的要求	1具/人	5∶1	宜根据需要选择配备 6.8L、9L 或双 6.8L 气瓶，并选配他救接口。备用气瓶按照正压式空气呼吸器总量 1∶1 备份
7	佩戴式防爆照明灯	消防员单人作业照明	1个/人	5∶1	—
8	消防员呼救器	呼救报警。技术性能符合 GA 401 要求	1个/人	4∶1	配备具有方位灯功能的消防员呼救器，可不配方位灯
9	方位灯	消防员在黑暗或浓烟等环境中的位置标识	1个/人	5∶1	
10	消防轻型安全绳	消防员自救和逃生。技术性能符合 GA 494 的要求	1根/人	4∶1	—
11	消防腰斧	灭火救援时手动破拆非带电障碍物。技术性能符合 GA 630 的要求	1把/人	5∶1	优先配备多功能消防腰斧
12	消防员灭火防护头套	灭火救援时头面部和颈部防护。技术性能符合 GA 869 的要求	2个/人	4∶1	原名阻燃头套
13	防静电内衣	可燃气体、粉尘、蒸汽等易燃易爆场所作业时躯体内层防护	2套/人	—	—
14	消防护目镜	抢险救援时眼部防护	1个/人	4∶1	—

表 9-7　　　　　　　消防员特种防护装备配备表

序号	名称	主要用途及性能	配备	备份比	备注
1	消防员隔热防护服	强热辐射场所的全身防护。技术性能符合 GA 634 的要求	4套/班	4∶1	优先配备带有空气呼吸器背囊的消防员隔热防护服
2	消防员避火防护服	进入火焰区域短时间灭火或关阀作业时的全身防护	*	—	
3	电绝缘装具	高电压场所作业时全身防护。技术性能符合 GB 6568.1 的要求	2套/站	—	
4	内置纯棉手套	应急救援时的手部内层防护	4副/站	—	
5	消防阻燃毛衣	冬季或低温场所作业时的内层防护	*	—	
6	防高温手套	高温作业时的手部和腕部防护	4副/站	—	

序号	名称	主要用途及性能	配备	备份比	备注
7	消防通用安全绳	消防员救援作业。技术性能符合GA 494的要求	2根/班	2:1	—
8	正压式消防氧气呼吸器	高原、地下、隧道以及高层建筑等场所长时间作业时的呼吸保护。技术性能符合GA 632的要求	*	—	承担高层、地铁、隧道或在高原地区承担灭火救援任务的普通消防站配备数量不宜低于2具/站
9	消防过滤式综合防毒面具	开放空间有毒环境中作业时呼吸保护	*	—	滤毒罐按照消防过滤式综合防毒面具总量1:2备份
10	手提式强光照明灯	灭火救援现场作业时的照明。具有防爆性能	3具/班	2:1	

4）企业消防队应设置可受理不少于两处同时报警的火灾录音电话，通信、摄影器材的品种及数量应不低于表9-8的规定。

表9-8 企业消防队通信、摄影器材配备

类别	器材名称	普通消防队
通信器材	基地台	1台/站
	手持对讲机	3对/班
	卫星电话	2台/站
	POC手机	2台/站
	无线车载台	1台/车
摄影器材	数码照相机	1台/站

5）企业消防队的消防水带、灭火剂等器材装备，应按照不低于投入执勤配备量1:1的比例保持库存备用量。

三、人员配备

1. 人员编制

企业消防队人员数量应配备不少于18人。

2. 人员构成

（1）企业消防队应由正、副队长、驾驶员、消防员、安全员、通信员组成。

（2）企业消防队的驾驶员可兼任通信员，正、副队长可兼任安全员。

（3）消防车每车执勤人数不宜少于4人，可采用2班倒或3班倒的方式轮值。

（4）企业消防队成员年龄在十八周岁以上、四十五周岁以下的男性公民担任；队长、副队长应当具有高中以上文化程度，经过市级或省级公安消防部门培训，具有相应的消防专业知识和组织指挥能力；其他队员具有初中以上文化程度。

（5）企业消防队成员应经过公安消防部门培训合格，取得消防职业资格证书或者其他上岗证书并通过企业组织的《国家电网公司电力安全工作规程》考试。

3. 岗位职责

（1）企业消防队队长、副队长应履行以下职责：

1）协助所在特高压变电站站长开展企业消防队日常管理；

2）组织指挥火灾扑救和应急救援；

3）组织制定和落实执勤、管理制度，掌握人员和装备情况，组织开展灭火救援业务训练、落实安全措施；

4）组织熟悉所在站点的道路、水源以及灭火救援预案，掌握特高压交流变电站火灾事故的特点及处置对策，组织建立业务资料档案；

5）组织开展消防安全检查、消防宣传教育培训；

6）副队长协助队长工作，队长离开工作岗位时履行队长职责。

（2）企业消防队驾驶员应履行以下职责：

1）熟悉所在特高压交流变电站的道路、水源情况，熟悉灭火救援预案；

2）熟练掌握车辆构造及车载固定装备的技术性能和操作使用方法，能够及时排除一般故障；

3）负责车辆和车载固定灭火救援装备的维护和保养，及时补充消防车辆的油、水、电、气和灭火剂。

（3）企业消防队消防员应履行以下职责：

1）根据职责分工，完成火灾扑救任务；

2）熟悉站点的道路、水源以及灭火救援预案；

3）保养好个人和分管的器材装备，保证完整好用，掌握器材装备的操作使用方法；

4）参加防火巡查和消防宣传教育。

（4）企业消防队安全员应履行以下职责：

1）掌握有关安全常识和防护技能；

2）熟悉各类防护装备的操作和检查方法，检查安全防护器材和安全防护措施；

3）掌握现场警戒、安全撤离方法和要求，遇有突发险情及时发出撤离信号、清点核查人数。

（5）企业消防队通信员应履行以下职责：

1）按照火灾报告、救援求助的指令，及时发出出动信号，并做好记录；

2）熟练使用和维护通信装备，及时发现故障并报修；

3）掌握所在站点的道路、水源以及灭火救援预案，熟记通信用语和有关单位、部门的联系方法；

4）及时整理灭火与应急救援工作档案；

5）及时向值班队长报告工作中的重要情况。

第五节　特高压交流变电站消防预案

一、油式变压器类（主变压器、高压电抗器）火灾事故应急处置方案

1. 总则

油式变压器类设备发生火灾，属设备危急缺陷，如不及时有效的进行抢救则后果极为严重，一定要引起足够重视。为了对设备进行保护，也使生产人员能够在火情发生时迅速应对，特制定本现场处置方案。

2. 事故特征

（1）危险性分析：有爆炸危险；

（2）事故地点及设备名称：油式变压器；

（3）事故性质：危急缺陷；

（4）事故征兆：火灾报警系统报警，油温高，设备冒烟，有火苗。

3. 应急处置

（1）现场应急处置流程及措施。

1）火灾报警系统报主变压器（高压电抗器）火灾报警时，立即汇报当班值长及企业消防队，第一时间通过视频监控系统查看事故主变压器（高压电抗器），查看是否失火，同时派人现场确认。

2）现场确认确实失火后，若火势不大则立即汇报网调及生产指挥中心申请停运主变压器（高压电抗器）。

3）若火势蔓延迅速，则立即汇报网调后停运主变压器（高压电抗器）。

4）在确认火灾发生的第一时间通知企业消防队做好灭火准备，同时派值班员拨打火灾报警电话119后，派一名保安在门口守候，准备引导社会消防及进入。

5）设备停运改检修后，立即启动泡沫喷淋系统，首先确认着火区，然后按下相应着火区域设备启动瓶按钮等待10s，按下相应设备相别电磁阀按钮，对着火设备进行灭火。企业消防队应按规定在接到火警通知后1min内响应，3min到位，并在现场运维负责人员的指挥下开展灭火，其他运维人员就选取微型消防站的消防器材进行辅助灭火。

6）检查相邻设备运行情况，是否有着火的可能及隔离是否完好，如泡沫喷淋系统未能启动，则应使用消防小间里的手推车灭火器进行灭火。组织人员灭火时应注意安全避免主变压器（高压电抗器）爆炸引起人员伤亡。

7）大火扑灭后，汇报网调及生产指挥中心，同时通知运检人员进行后续抢修处理。

8）火灭后，派人现场监视，以防死火复燃。在灭火过程中，应安排一名值班员，负责现场的安全监督，防止设备爆炸伤人。

（2）后期处置流程及措施。

1）现场检查火灾后设备损失情况，检查由于火灾造成的设备缺陷及相关损失。

2）清理确认相关损失及缺陷后，做好安全措施，工作负责人办理工作许可手续，交待安全注意事项及分工情况后方可开始工作。

3）开工更换故障设备时应备品备件齐备，并且保障更换的备品备件完好。

4）更换完备品备件后应对其进行再次检查，高压试验合格后，保存好试验报告。

5）工作结束后工作负责人填写检修结论，与当班值长进行交底。按有关规定办理工作终结手续。

6）检修试验人员整理试验数据编写事故抢修报告。

7）当值运维人员分析失火原因，并编写事故快报。

4. 注意事项

（1）充油设备灭火时防止变压器、高压电抗器爆炸伤人。

（2）防止损坏其他无关设备；

（3）防止误入带电间隔，防止灭火过程中造成安全距离不够造成的触电事故；

（4）站用电切换后要及时检查另一路站外电源的运行情况，保证站用电正常供电，容易受到站用电切换影响的设备应加强巡视，保障1000kV交流系统不受影响。

二、低压电容器、低压电抗器火灾事故应急处置方案

1. 总则

低压电容器、低压电抗器着火，应及时查看火情，断电、做好安措，并组织人员在保证安全的情况下第一时间扑救，把损失降到最低，特制定本现场处置方案。

2. 事故特征

（1）危险性分析：设备烧毁；

（2）事故地点及设备名称：站内各低压电容器、低压电抗器；

（3）事故性质：危急缺陷；

（4）事故征兆：设备冒烟或出现火苗，低压电容器/低压电抗器断路器跳闸。

3. 应急处置

（1）现场应急处置流程及措施。

1）发现低压电容器/低压电抗器着火、冒烟或断路器跳闸时，立即汇报当班值长并通知企业消防队做好灭火准备，同时派值班员拨打火灾报警电话119后，派一名保安在门口守候，准备引导社会消防队进入。

2）断路器未跳开的应立即将设备停运，转检修后，对着火设备进行灭火。企业消防队应按规定在接到火警通知后1min内响应，3min到位，及时在现场运维负责人员的指挥下开展灭火，其他运维人员就近取微型消防站的消防器材进行辅助灭火。灭火时注意防止电容器爆炸和大风天气造成人员伤亡。

3）投入另一条母线上的低压电容器/低压电抗器。

4）大火扑灭后，汇报网调及生产指挥中心，同时通知检修人员进行后续抢修处理。

5）检查相邻设备运行情况。

6）火灭后，派人现场监视，以防死灰复燃。在灭火过程中，应安排一名值班员，负责现场的安全监督，防止人员误入带电间隔，灭火时注意安全距离。

（2）后期处置流程及措施。

1）现场检查火灾后设备损失情况，检查由于火灾造成的设备缺陷及相关损失。

2）清理确认相关损失及缺陷后，做好安全措施，工作负责人办理工作许可手续，交待安全注意事项及分工情况后方可开始工作。

3）开工更换故障设备时应备品备件齐备，并且保障更换的备品备件完好。

4）更换完备品备件后应对其进行再次检查，高压试验合格后，保存好试验报告。

5）工作结束后工作负责人填写检修结论，与当班值长进行交底。按有关规定办理工作终结手续。

6）检修试验人员整理试验数据编写事故抢修报告，同时分析失火原因并编写事故报告。

4. 注意事项

（1）高空作业时，系好安全带，防止高空坠落；

（2）防止损坏其他无关设备；

（3）严密监视相邻设备运行情况，避免对另一间隔造成影响出现特高压系统停运事故。

三、站用变压器故障爆炸着火事故应急处置方案

1. 总则

站用变压器故障引起爆炸着火，应及时查看火情，断电、做好安措，并组织人员在第一时间扑救，把损失降到最低，特制定本现场处置方案。

2. 事故特征

（1）危险性分析：站用变压器烧毁；

（2）事故地点及设备名称：高压站用变压器、低压站用变压器；

（3）事故性质：危急缺陷；

（4）事故征兆：站用电自动切换，站用电变压器冒烟，站用变压器喷火苗。

3. 应急处置

（1）现场应急处置流程及措施。

1）监控后台发现站用电自动切换后，汇报当班值长，现场检查后发现站用变压器失火，立即汇报当班值长及企业消防队。

2）检查站用电切换是否正常，另两路电源是否运行正常。

3）将事故站用变压器转检修后，对着火设备进行灭火。企业消防队应按规定在接到火警通知后 1min 内响应，3min 到位，及时在现场运维负责人员的指挥下开展灭火，其他运维人员就近取微型消防站的消防器材进行辅助灭火，灭火时注意防止变压器爆炸造成人员伤亡。

4）在确认火灾发生的第一时间通知企业消防队做好灭火准备，同时派值班员拨打火灾报警电话 119 后，派 1 名保安在门口守候，准备引导社会消防队进入。

5）大火扑灭后，汇报站调及生产指挥中心，同时通知运检人员进行后续抢修处理。

6）检查相邻设备运行情况。

7）火灭后，派人现场监视，以防死灰复燃。在灭火过程中，应安排一名值班员，负责现场的安全监督，防止人员误入带电间隔，灭火时注意安全距离。

（2）后期处置流程及措施。

1）现场检查火灾后设备损失情况，检查由于火灾造成的设备缺陷及相关损失。

2）清理确认相关损失及缺陷后，做好安全措施，工作负责人办理工作许可手续，交待安全注意事项及分工情况后方可开始工作。

3）开工更换故障设备时应备品备件齐备，并且保障更换的备品备件完好。

4）更换完备品备件后应对其进行再次检查，高压试验合格后，保存好试验报告。

5）工作结束后工作负责人填写检修结论，与当班值长进行交底。按有关规定办理工作终结手续。

6）检修试验人员整理试验数据编写事故抢修报告，同时分析失火原因并编写事故报告。

4. 注意事项

（1）高空作业时，系好安全带，防止高空坠落；

（2）防止损坏其他无关设备；

（3）充油设备灭火时注意安全防止充油设备爆炸伤人；

（4）严密监视相邻设备运行情况，避免对另一间隔造成影响出现站用电系统全停事故。

四、电缆火灾事故应急处置方案

1. 总则

当电缆发生火灾事故，应及时查看火情，和周围带电设备进行隔离做好安全措施，并组织运维人员及消防员在第一时间扑救，防止殃及周围设备。把损失降到最低，特制定本现场处置方案。

2. 事故特征

（1）危险性分析：引起电缆烧毁、相关设备停电；

（2）事故地点及设备名称：电缆沟、主控楼电缆竖井；

（3）事故性质：危急缺陷；

（4）事故征兆：电缆沟冒烟或有火苗窜出。

3. 应急处置

（1）现场应急处置流程及措施。

1）发现电缆沟内有冒烟或火苗时，应立即汇报当班值长及企业消防队。

2）如室外电缆着火，立即组织灭火。企业消防队应按规定在接到火警通知后1min内响应，3min到位，及时在现场运维负责人员的指挥下开展灭火，其他运维人员就近取微型消防站的消防器材进行辅助灭火。

3）如小室内电缆着火，进入小室时应佩戴防毒面具，应立即使用微型消防站及小室内干粉灭火器进行灭火。

4）在确认火灾发生的第一时间通知企业消防队做好灭火准备，同时派值班员拨打火灾报警电话119后，派1名保安在门口守候，准备引导社会消防队进入。

5）大火扑灭后，汇报电缆所属调度及生产指挥中心，同时通知运检人员进行后续抢修处理。

6）火灭后，派人现场监视，以防死灰复燃。在灭火过程中，应安排一名值班员，负责现场的安全监督，防止人员误入带电间隔，灭火时注意安全距离。

（2）后期处置流程及措施。

1）准备工作：①工作负责人在办理工作许可手续后，检查安全措施是否完备，交待安全注意事项及分工情况后方可开始工作；②工作负责人组织班前会，交代工作安全注意事项。

2）处置步骤：①汇报调度及生产指挥中心；②拨打火警电话119；③迅速组织人员灭火，应用着火电缆沟或电缆竖井附近微型消防站的移动式灭火器进行灭火，注意保持安全距离；④火扑灭后，做好隔离措施；⑤通知检修人员处理。

3）工作终结：①工作负责人填写检修结论，与当班值长交底；②按有关规定办理工作终结手续；③检修试验人员整理试验数据编写事故抢修报告。

4. 注意事项

（1）使用灭火器时，防止冻伤，防止对其他人员造成伤害；

（2）防止损坏其他无关设备；

（3）防止触电事故；

（4）工器具和材料确认：确认此次事故抢修所必需的工器具和抢修材料。

特高压交流变电站
运维技术

第十章 特高压变电站运维一体化
仿真事故案例分析

第一节　1000kV仿真变电站设备及系统介绍

一、1000kV仿真变电站基本情况

1000kV仿真变电站原型为我国东南沿海某特高压变电站,是华东电网特高压输变电工程的重要节点,1000kV仿真变电站远景规划3000MVA主变压器4组,1000kV出线8回,500kV出线10回,图10-1是1000kV仿真变电站的鸟瞰图。

图10-1　1000kV仿真变电站鸟瞰图

1000kV仿真变电站1000、500kV配电装置采用3/2断路器接线,均为GIS设备,110kV采用单母线结构,采用AIS设备,共有1000kV线路6回,500kV线路4回,35kV线路1回供0号站用变压器,直流系统采用单母线单分段接线,共有3组充电机,2组蓄电池,故障录波装置采用ZH5中元华电故障录波器。

二、电气主接线及调度关系

1. 变电站接线情况

1000kV仿真变电站接线图如图10-2所示。

1000kV仿真变电站主变压器2组,总容量6000MVA(2×3000MVA),变压器由特变电工沈阳变压器厂生产。

1000kV系统采用3/2断路器接线方式,有1000kV线路6回,分为5串,其中第2串、第3串、第6串为完整串,第1串、第5串为不完整串,第2串为线线串,第3串、第6串串为线变串。

110kV系统采用单母线接线,主要提供站用电及用于接入系统调压用的低压电抗器和低压电容器,1、2号站用变压器及由站外35kV电源仿真3562线供电的0号站用变作

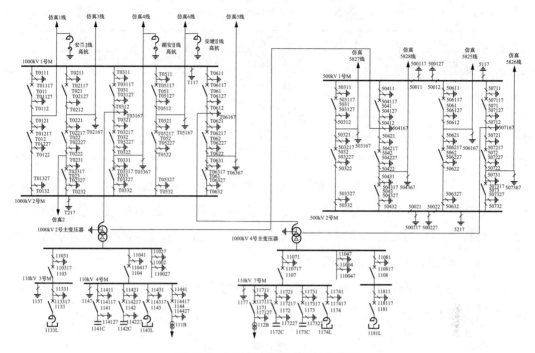

图 10-2　1000kV 仿真变电站主接线

为站用电源。

2. 调度关系

整个变电站的设备由国调中心、国调华东分中心、县调分别管辖，站用电系统由站调管辖，具体划分为：

（1）国调中心管辖设备：1000kV 线路及断路器、1000kV 母线及母线设备、主变压器及三侧设备，上述设备委托国调华东分中心调度；

（2）国调华东分中心管辖设备：500kV 线路及断路器、500kV 母线及母线设备；

（3）县调管辖设备：仿真 3562 线路、线路电压互感器、线路接地开关，其中仿真 3562 断路器操作需经县调许可；

（4）站调管辖设备：1、2、0 号站用变压器及高压开关、隔离开关，380V 站用电系统，由站内当值值长下令操作，其中 11441 隔离开关、11711 隔离开关操作前需经国调华东分中心许可。

3. 正常运行方式

（1）1000kV 系统运行方式。本站 1000kV 系统采用 3/2 断路器接线方式共五串，三个完整串和两个不完整串，1000kV 主变压器 2 台，1000kV 出线 6 回，分别为仿真 3 线、仿真 4 线、仿真 5 线、仿真 6 线、仿真 1 线、仿真 2 线。另外 T0132、T0532 隔离开关为基建预留，始终保持在合闸位置并退出操作电源，T01327、T05327 接地开关为基建预留，始终保持在分闸位置并退出操作电源，正常运行时不操作。接线方式如表 10-1 所示。

279

表 10-1   仿真站 1000kV 系统正常运行方式

串编号	Ⅰ母侧	Ⅱ母侧
第一串	仿真 1 线	备用
第二串	仿真 3 线	仿真 2 线
第三串	2 号主变压器	仿真 4 线
第五串	仿真 6 线	备用
第六串	4 号主变压器	仿真 5 线

（2）500kV 系统运行方式。本站 500kV 系统采用 3/2 接线方式共四串，两个完整串和两个不完整串，500kV 出线 4 回，分别为仿真 5825 线、仿真 5826 线、仿真 4 线、仿真 4 线运行。另外 50322、50632、50011、50012、50021、50022 隔离开关为基建预留，始终保持在合闸位置并退出操作电源，503327、506327、500117、500127、500217、500227 接地开关为基建预留，始终保持在分闸位置并退出操作电源，正常运行时不操作。接线方式如表 10-2 所示。

表 10-2   500kV 系统正常运行方式

串编号	Ⅰ母侧	Ⅱ母侧
第三串	仿真 4 线	备用
第四串	2 号主变压器	仿真 4 线
第六串	仿真 5825 线	备用
第七串	4 号主变压器	仿真 5826 线

（3）110kV 系统运行方式。2、4 号主变压器 110kV 母线本期均为两段母线接线。2 号主变压器带 110kV 3 母线及 110kV 4 母线，4 号主变压器带 110kV 7 母线及 110kV 8 母线。正常运行时，2 号主变压器 1103 断路器、2 号主变压器 1104 断路器、4 号主变压器 1107 断路器、4 号主变压器 1108 断路器运行、2、4 号主变压器低压侧电容器、电抗器按系统运行情况进行投切。

（4）站用电系统运行方式。站用电系统有三路电源，其中第一路电源引自本站 110kV 4 母线，经 1 号高压站用变压器 111B 和 1 号低压站用变压器对 400V Ⅰ段母线供电；第二路电源引自本站 110kV 7 母线，经 2 号高压站用变压器 112B 和 2 号低压站用变压器对 400V Ⅱ段母线供电；第三路电源为备用电源，引自 220kV 变电站仿真 3562 线，经 0 号站用变压器对 400V Ⅲ段母线供电。正常运行时 400V Ⅰ、Ⅱ段母线分裂运行，400V Ⅲ段母线带电，400V（Ⅰ/Ⅲ）母分段开关 4DL、400V（Ⅱ/Ⅲ）母分段开关 5DL 热备用，1 号、2 号备用电源自动投入装置投入运行。

（5）低压直流系统运行方式。仿真站共有两套低压直流系统，分别为 220V 第一套直流系统、220V 第二套直流系统，每套直流系统均配置三组充电机、两组蓄电池。两套直流系统的正常运行方式相同，均为直流Ⅰ、Ⅱ段母线分列运行，1号充电机带直流Ⅰ段母线运行并给1号蓄电池组浮充电；2号充电机带直流Ⅱ段母线运行并给2号蓄电池组浮充电；0号充电机备用。

三、主要一次设备

1. 主变压器

1000kV仿真变电站现有2号、4号两组主变压器，均采用单相变压器组，如图10-3所示。2号主变压器1000kV侧接于1000kV第3串，500kV接于500kV第4串，4号主变压器1000kV侧接于1000kV第6串，500kV接于500kV第7串，其主要参数如表10-3所示。

图 10-3　1000kV仿真变电站主变压器外观图

调压补偿主变压器主要参数如表10-4所示。

表 10-3 　　　　　　　　　　　　　　　主体变压器技术参数

序号	项　　目		参　　数
1	型号		ODFPS-1000000/1000（单相）
2	结构		单相、油浸、无励磁调压自耦变压器
3	调压方式		中性点无励磁调压
4	额定容量		1000/1000/334MVA
5	额定电压		$(1050/\sqrt{3})/(520/\sqrt{3}\pm4\times1.25\%)/110kV$
6	联结组标号		$I_{a0}I_0$（单相）；YNa0d11（三相）
7	冷却方式		强迫油循环风冷（OFAF）
8	油面温升（顶层油温）		55K
9	线圈温升		65K
10	短路阻抗 （1000MVA）	高压-中压	18%
		高压-低压	62%
		中压-低压	40%

表 10-4 调压补偿变压器技术参数

序号	项　目	参　数
1	型号	ODFPS-1000000/1000
2	相数	单相
3	额定容量	1000/1000/334MVA
4	冷却方式	自然油循环空气冷却（ONAN）
5	油面温升	顶层油温：55K
6	线圈温升	65K
7	调压变压器最大容量	56991kVA
8	补偿变压器最大容量	16773kVA

2. 断路器

仿真变电站的断路器有 AIS 和 GIS 两类。

（1）GIS 断路器。1000kV GIS 断路器（见图 10-4）分为双断口、四断口两类，其中双断口断路器采用液压氮气储能结构、四断口断路器采用液压碟簧储能结构，其主要参数及型号如表 10-5 和表 10-6 所示。

图 10-4 1000kV 仿真变电站 1000kV GIS 断路器外观图

表 10-5 1000kV GIS 双断口断路器技术规范

序号	项　目	参　数
1	额定电压	1100kV
2	额定电流	8000A
3	额定开断电流	63kA
4	操动机构额定操作压力	32.5MPa

序号	项 目	参 数
5	重合闸闭锁油压	31.5MPa
6	合闸报警压力	29.5MPa
7	合闸闭锁油压	28.5MPa
8	分闸闭锁油压	27MPa
9	SF$_6$ 气体额定压力	0.6MPa
10	SF$_6$ 气体报警压力	0.55MPa
11	SF$_6$ 气体闭锁压力	0.5MPa
12	断口数量	2

表 10-6 **1000kV GIS 四断口断路器技术规范**

序号	项 目	参 数
1	额定电压	1100kV
2	额定电流	6300A
3	额定短路开断电流	63kA
4	额定 SF$_6$ 气体压力（20℃表压）	(0.6±0.02)MPa
5	压力降低报警压力	(0.52±0.02)MPa
6	压力降低报警解除压力	(0.52±0.02)MPa
7	压力降低闭锁压力	(0.50±0.02)MPa
8	压力降低闭锁解除压力	(0.50±0.02)MPa
9	每极断口数	4
10	额定压力（油泵停止压力及最高操作压力）	(1170+3)mm
11	合闸闭锁压力	[710+3(A2)]mm
12	合闸闭锁报警压力	B2mm
13	重合闸闭锁压力	[1130+3(A1)]mm
14	重合闸闭锁报警压力	B1mm
15	分闸闭锁压力	[55.50+3(A3)]mm
16	分闸闭锁报警压力	B3mm
17	安全阀开启压力	(1180+3)mm
18	安全阀关闭压力	<118mm

500kV GIS 断路器（见图 10-5）均为双断口结构，采用液压碟簧结构，型号及主要参数如表 10-7 所示。

图 10-5　1000kV 仿真变电站 500kV GIS 断路器外观图

表 10-7　　　　　　　　　　　　500kV GIS 断路器技术规范

序号	项　目	基　本　参　数
1	额定电压	550kV
2	额定电流	4000A
3	额定短路开断电流	63kA
4	额定短路开断电流下不需检修开断次数	≥20 次
5	额定充气压力（20℃）	0.60MPa
	压力降低报警压力（20℃）	（0.52±0.02）MPa
	压力降低报警解除压力（20℃）	（0.52±0.02）MPa
	压力降低闭锁压力（20℃）	（0.50±0.02）MPa
	压力降低闭锁解除压力（20℃）	（0.50±0.02）MPa

（2）AIS 断路器（支柱式断路器）。目前仿真变电站安装了 14 组 110kV 断路器，共有 2 种型号，均为弹簧结构，相应开关型号及主要参数如表 10-8 和表 10-9 所示。

表 10-8　　　　　　　　　　　　LW25A-145 型断路器技术规范

序号	项　目	参　数	
1	型号	LW25-145	
2	额定电压	145kV	
3	额定电流	3150A	1600A
4	额定短路开断电流	40kA	
5	操作机构型号	弹簧机构 CT20	
6	SF_6 额定压力（20℃）	0.50MPa	
7	SF_6 补气报警压力（20℃）	（0.45±0.03）MPa	
8	SF_6 开关闭锁压力（20℃）	（0.40±0.03）MPa	

表 10-9 　　　　　　　　　　　HPL170B9-1P 型断路器技术规范

序号	项　目	参　数
1	型号	HPL170B9-1P
2	额定电压	170kV
3	额定电流	4000A
4	额定短路开断电流	40kA
5	操动机构型号	弹簧机构 BLG1002A
6	最高工作气压	0.8MPa
	SF_6 额定压力（20℃）	0.70MPa
	报警压力（20℃）	0.62MPa
	SF_6 开关闭锁压力（20℃）	0.60MPa
7	每台充 SF_6 气体	$3\times9kg$

3. 隔离开关

仿真变电站隔离开关主要有两类，GIS 隔离开关、AIS 隔离开关。

（1）GIS 隔离开关。1000、500kV 均为 GIS 隔离开关，采用直流电机，具体型号及参数如表 10-10 和表 10-11 所示。

表 10-10 　　　　　　　　　　　1000kV GIS 隔离开关技术规范

序号	项　目	基　本　参　数
1	额定电压	1100kV
2	额定电流	6300A
3	额定短时耐受电流	63kA
4	额定短路持续时间	2s
5	额定峰值耐受电流	171kA
6	工频 1min 耐压	1100kV
7	雷电冲击耐受电压	2400kV
8	额定操作冲击耐受电压（峰值）（250/2500μs）	1800kV

表 10-11 　　　　　　　　　　　500kV GIS 隔离开关技术规范

序号	项　目	基　本　参　数
1	型式/型号	ZF15-550（TV3 型转角隔离开关）
2	额定电压	550kV
3	额定电流	4000A
4	SF_6 气体额定压力值（20℃）	0.5MPa
	SF_6 气体压力降低报警压力值（20℃）	0.45MPa
	SF_6 气体最低功能压力（20℃）	0.4MPa
5	操动机构型号	电动机 DH3 型

（2）AIS 隔离开关。110kV 均为支柱式 AIS 隔离开关，型号及主要参数如表 10-12～表 10-14 所示。

表 10-12　　　　GW23A-126D(W)Ⅲ / GW23A-126DD(W)Ⅲ型隔离开关技术规范

序号	项　目	参　数	
1	型号	GW23A-126D（W）Ⅲ	GW23A-126DD（W）Ⅲ
2	额定电压	126kV	
3	额定电流	3150A	1600A
4	额定短时耐受电流	50kA（3s）	40kA（4S）
5	开合小电容电流	2A	
6	开合小电感电流	1A	
7	开合母线感应电流能量（母线转换电压 100V）	2500A	

表 10-13　　　　SSBⅡ-AM-145(CS)型隔离开关技术规范

序号	项　目	参　数
1	型号	SSBⅡ-AM-145(CS)
2	额定电压	145kV
3	额定电流	3150A
4	额定端子静态机械负荷	1250N
5	质量	786.8kg
6	机械操作寿命	10 000 次
7	电动机电压	380V
8	控制回路电压	220V

表 10-14　　　　GW4A-126DW 型隔离开关技术规范

序号	项　目	参　数
1	型号	GW4A-126DW
2	额定电压	126kV
3	额定电流	3150A
4	额定短时耐受电流	50kA

4. 高压电抗器

1000kV 线路共配置 9 组并联高压电抗器如图 10-6 所示，型号及主要参数如表 10-15、表 10-16 所示。

图 10-6　1000kV 仿真变电站高压电抗器外观图

表 10-15　　　　　　　　　　　　　　并联电抗器技术规范

序号	项　　目	参　　数
1	型号	BKD-240000/1100
2	额定容量	240 000kvar
3	额定电压	1100/√3 kV
4	最高运行电压	1100/√3 kV
5	额定电流	377.8A
6	冷却方式	ONAF（自然油循环风冷）
7	使用条件	户外
8	相数	单相
9	联结组标号	I
10	绝缘水平	高压侧 SI/LI/AC1800/2250/1100(5min)kV 中性点侧 LI/AC　650/275kV
11	损耗	≤440kW
12	额定阻抗	1680Ω

表 10-16　　　　　　　　　　　　　　中性点电抗器技术规范

序号	项目	仿真 1 线	仿真 4 线	仿真 6 线
1	型号	JKDK-630/170	JKDK-540/170	JKDK-630/170
2	额定容量	630kvar	540kvar	630kvar
3	额定电压	170kV		
4	最高运行电压	170kV		
5	额定持续电流	30A		
6	额定短时电流	300A（10s）		
7	冷却方式	ONAN（油浸自冷）		

序号	项目		仿真1线	仿真4线	仿真6线
8	电抗	X1	774.1Ω	652Ω	773.2Ω
		X2	711.2Ω	614.9Ω	713.2Ω
		X3	650.3Ω	558.5Ω	652.6Ω
9	使用条件		户外		
10	相数		单相		
11	联结组标号		Ⅰ		
12	绝缘水平		线路端子 LⅠ/AC 750/325kV 中性点 LⅠ/AC 200/85kV		

四、主要二次设备

1. 计算机监控系统

（1）微机监控系统，如图 10-7 所示。

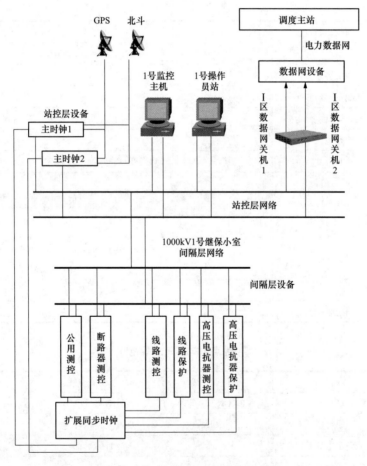

图 10-7 仿真站监控系统网络示意图

（2）微机监控系统概述。

1）监控系统主要用于完成全站设备的监视、控制、测量和运行管理。

2）仿真变电站监控系统为 CJK-8506B 智能一体化监控系统。

3）微机监控系统控制对象：除 400V 馈线断路器外全站各电压等级的断路器、隔离开关、接地开关。

4）微机监控系统采集信号：全站各电压等级的断路器、隔离开关、接地开关位置信号、机构信号，各电压等级变压器非电量信号、调压分接断路器位置，全站继电保护及安全自动装置故障动作信息，以及其他公共、辅助设备信号。

5）微机监控系统测量信息包括全站电压、电流量，变压器油温、绕组温度等。

6）微机系统从硬件上主要分为站控层和间隔层。采用分层分布式、开放式网络结构。系统网络分为站控层的计算机网络和间隔层的数据通信网络。站控层采用 IEC-61850 通信协议集成一体化平台。间隔层采用以太网。保护装置通过光口接入间隔层交换机，测控装置通过电口接入间隔层交换机。

7）间隔层设备按一次设备间隔配置，布置在相应继保小室内，由测控单元、网络设备和交换机构成。各测控单元相对独立，通过双以太网互联。

8）间隔测控单元装置为 FCK-851 测控装置。

2. 1000kV 变压器保护概述

（1）仿真变电站共有 1000kV 变压器 2 组，保护配置相同，每组主变压器的主体变压器及调压补偿变压器分别配置两套电气量保护及一套非电量保护装置，组成 5 面保护屏。

（2）主体变压器第一套电气量保护采用 PCS-978GC-U 变压器电气量保护装置、断路器失灵开入重动继电器箱 CJX。第二套电气量保护采用 WBH-801A 变压器电气量保护装置。非电气量保护采用 PCS-974FG 变压器非电量保护装置、主变压器低压侧断路器操作箱 CJX。

（3）调压补偿变压器第一套电气量及非电量保护装置共同组屏，采用 PCS-978C-UB 变压器电气量保护装置以及 PCS-974FG 变压器非电量保护装置。第二套电气量保护装置单独组屏，采用 WBH-801A 变压器电气量保护装置。

（4）主体变压器电气量保护以差动保护作为主保护，包括纵差差动、差动速断、分相差动、分侧差动、零序差动等，高中压侧后备保护均配置多段式的相间距离和接地距离保护、复合电压闭锁方向过流和零序方向过流保护、过负荷保护、失灵联跳等功能。另外高压侧还配置定时限过励磁告警及反时限过励磁保护。低压侧及低压分支配置复合电压闭锁方向过流及过负荷保护，公共绕组配置零序方向过流及过负荷保护。

（5）调压变压器、补偿变压器电气量保护类型均为纵差差动保护，根据实际运行档位的不同，差动保护分别有 9 个定值区与分接档位一一对应。

（6）主体变压器及调压补偿变压器非电量保护采用冷却器全停、重瓦斯、压力释放、轻瓦斯、油温高、绕温高、油位异常等保护。正常情况下，冷却器全停及重瓦斯保护投跳闸，其余非电量保护投信号状态。

（7）两套电气量保护使用独立直流电源，独立交流电流、电压信号回路，分别作用于断路器的两个跳闸线圈。非电气量保护动作出口后同时作用于开关的两个跳闸线圈。

3.1000kV 高压电抗器保护概述

（1）仿真变电站 1000kV 高压电抗器共 3 组，每组高压电抗器均配置两套电气量保护及一套非电量保护装置，组成两面保护屏。

（2）仿真 4 线、仿真 6 线高压电抗器第一套电气量保护与非电量保护装置共同组屏，采用 CSC-330A 高压电抗器电气量保护和 CSC-336C1_B 高压电抗器非电量保护装置。第二套电气量保护采用 PCS-917G-U 高压电抗器电气量保护装置。

（3）仿真 1 线高压电抗器第一套电气量保护采用 WKB-801A 高压电抗器电气量保护装置，第二套电气量保护与非电量保护共同组屏，采用 SGR751 高压电抗器电气量保护装置及 PST-1210UA 非电量保护装置。

（4）两套电气量保护采用主电抗器差动保护和匝间保护作为主保护，后备保护采用主电抗器及中性点小电抗过流及过负荷保护，非电量保护采用主电抗器及中性点小电抗重瓦斯、压力释放、轻瓦斯、油温高、绕温高、油位异常等保护。正常情况下，重瓦斯保护投跳闸，其余非电量保护投信号状态。

（5）两套电气量使用独立直流电源，独立交流电流、电压信号回路，分别作用于断路器的两个跳闸线圈。非电量保护动作出口后同时作用于断路器的两个跳闸线圈。

4.1000kV 线路保护概述

（1）仿真变电站 1000kV 线路有 6 回，均配置两套保护装置，仿真 5 线、仿真 6 线、仿真 3 线、仿真 4 线第一套保护采用 PCS-931GMM-U 线路保护装置、PCS-925G 过电压及远方跳闸就地判别装置；第二套保护采用 CSC-103B 线路保护装置、CSC-125A 过电压及远方跳闸就地判别装置。仿真 1 线、仿真 2 线第一套保护采用 PCS-931GMM-U 线路保护装置、PCS-925G 过电压及远方跳闸就地判别装置；第二套保护采用 WXH-803A/B6/HD 线路保护装置、WGQ-871A/P 过电压及远方跳闸就地判别装置。

（2）分相电流差动为主保护，后备保护均采用多段式的相间距离和接地距离保护，为反应高阻接地故障，每套装置内还配置一套反时限或定时限的零序电流方向保护。每套分相电流差动保护均具有远方跳闸功能，为了保证远方跳闸的可靠性，配置就地故障判别装置，装置分别装于两面保护屏内，按"一取一"加就地判别逻辑配置。根据系统工频过压的要求，每回 1000kV 线路保护还配置双套过电压保护，每回线的两套保护分别独立成柜，所配置的 2 套过电压保护分别与相应的 2 套线路保护合并组屏，过电压保护功能含在相应的线路保护远方跳闸装置内。过电压保护动作启动远方跳闸出口跳对侧断路器，不跳本侧断路器。

（3）1000kV 线路的两套线路保护，分别由不同的直流电池组供电，双重化配置的线路主保护、后备保护、过电压保护的交流电压回路、电流回路、直流电源、开关量输入、跳闸回路、远方跳闸和远方信号传输通道均彼此完全独立，且相互间无电气联系。双重化配置的线路保护每套保护具有独立的分相跳闸出口，且仅作用于断路器的一组跳闸线圈。

5. 500kV 线路保护概述

本站 500kV 线路有 4 回，均配置两套保护装置，分相电流差动为主保护，后备保护均采用多段式的相间距离和接地距离保护，为反应高阻接地故障，每套装置内还配置一套反时限或定时限的零序电流方向保护。每套分相电流差动保护均具有远方跳闸功能，为了保证远方跳闸的可靠性，配置就地故障判别装置，装置分别装于两面保护屏内，按"一取一"加就地判别逻辑配置。

500kV 4 回线路的两套线路保护，分别由不同的直流电池组供电，双重化配置的线路主保护、后备保护、远方跳闸就地判别装置的交流电压回路、电流回路、直流电源、开关量输入、跳闸回路、远方跳闸和远方信号传输通道均彼此完全独立，且相互间无电气联系。双重化配置的线路保护每套保护具有独立的分相跳闸出口，且仅作用于断路器的一组跳闸线圈，线路保护跳闸经断路器操作箱出口跳相应的断路器。

仿真 5825 线、仿真 5826 线配置相同，第一套采用 PCS-931GMM-HD 线路保护装置，配以 PCS-925G-HD 远方跳闸就地判别装置；第二套采用 WXH-803A/B6/HD 线路保护装置，配以 WGQ-871A/P 远方跳闸就地判别装置。仿真 5827 线、仿真 5828 线配置相同，第一套采用 CSC-103A 线路保护装置，配以 CSC-125A 远方跳闸就地判别装置；第二套采用 PSL603UW 线路保护装置，配以 SSR530U 远方跳闸就地判别装置。

6. 母线保护概述

本站 1000、500kV 母线均配置双重化保护，第一套保护为 WMH-800A/P 母线保护装置、ZFZ-811/F 继电器箱，第二套保护为 BP-2CS-H 母线保护装置、PRS-789 继电器箱。

WMH-800A/P 和 BP-2CS-H 母线保护装置具备母线差动保护功能和失灵经母差跳闸功能，使用独立直流电源，独立交流电流信号回路，并分别作用于断路器的两个跳闸线圈。

110kV 4、7 母线均配置单套保护，采用 WMH-800A/P 母线保护装置。

110kV 3、8 母线均配置双重化保护，第一套保护采用 CSC-150 母线保护装置，第二套保护采用 BP-2CS 母线保护装置。

110kV 母线保护装置除具备母线差动保护功能外，还特殊的增加了差动保护动作后主变压器低压侧断路器失灵时启动主变压器联跳三侧功能。

7. 1000kV 断路器保护概述

本站共有 1000kV 断路器 13 组，每组断路器各配置一套保护装置，T021、T022、T031、T032、T033、T051、T052、T061、T062、T063 断路器采用 WDLK-862A/P 断路器保护装置、ZFZ-822/B 操作箱。T011、T012、T023 断路器保护采用 PRS-721S 断路器保护装置、WBC-22E 操作箱。断路器保护主要功能为失灵保护、充电保护、重合闸等功能。

8. 110kV 电容器保护概述

本站共有四组 110kV 电容器，2 号主变压器低压侧两组，1141 低压侧电容器、1142 低压侧电容器；4 号主变压器低压侧两组，1172 低压侧电容器、1173 低压侧电容器。每组电容器配置一面保护屏，全站共配置四面 110kV 电容器保护屏。1141 低压侧电容器、1142 低压侧电容器保护屏安装于主变压器及 110kV 1 号继保小室；1172 低压侧电容器、1173 低压侧电容器保护屏安装于主变压器及 110kV 2 号继保小室。

全站所有 110kV 电容器均配置一套保护，保护的配置和型号相同，采用 WDR-851/P 保护装置、ZFZ-811/B 分相操作箱、F236 选相分合闸装置及打印机。保护装置使用电流Ⅰ段保护、电流Ⅱ段保护、过电压保护、低电压保护和双桥差不平衡电流保护功能。

低压侧电容器保护屏还配有选相分合闸装置 F236，在手动操作低压侧电容器断路器分合闸时起到选相作用。

9. 110kV 电抗器保护概述

本站共有四组 110kV 电抗器，即 2 号主变压器 1143、1133 低压侧电抗器，4 号主变压器 1174、1181 低压侧电抗器。每组电抗器保护配置和型号相同，均采用 WKB-851/P 保护装置、ZFZ-811/B 分相操作箱、F236 选相分闸装置及打印机。110kV 电抗器保护采用过电流Ⅰ、Ⅱ保护功能。选相分闸装置在手动操作低压侧电抗器分闸时起到选相作用。

10. 站用电系统保护概述

1 号站用电系统包括 1 号高压站用变压器及 1 号低压站用变压器高、低压侧部分；2 号站用电系统包括 2 号高压站用变压器及 2 号低压站用变压器高、低压侧部分；0 号站用电系统包括 35kV 站内 0 号站用变压器高、低压侧部分。

站用电系统共配置三面站用变压器保护屏，即 1 号站用变压器保护屏、2 号站用变压器保护屏及 0 号站用变压器保护屏。1、0 号站用变压器保护屏安装于主变压器及 110kV 1 号继保小室；2 号站用变压器保护屏安装于主变压器及 110kV 2 号继保小室。1、2、0 号站用变压器保护均为 CSC-326FA 主后一体的保护装置、CSC-211 高压侧后备保护装置、CSC-336C3 数字式非电气量保护装置、CSC-246 备用电源自动投入装置及

JFZ-13TA 操作箱。1、2 号与 0 号站用变压器非电气量保护装置数量不同，1、2 号站用变压器保护为两套 CSC-336C3 数字式非电气量保护（110kV 站用变压器、35kV 站用变压器各一套），0 号站用变压器保护为一套 CSC-336C3 数字式非电气量保护（35kV 站用变压器），其余装置数量相同。

CSC-246 备用电源自动投入装置工作原理：当 400V Ⅰ 段电源为非母线故障时，备用电源自动投入装置 1 判别备用电源有电后动作，跳开 1 号站用电 400V 侧开关 1DL，自投 0 号站用变压器 Ⅰ 母分段开关 4DL；当 400V Ⅱ 段电源非母线故障时，备用电源自动投入装置 2 判别备用电源有电动作，跳开 2 号站用电 400V 侧开关 2DL，自投 0 号站用变 Ⅱ 母分段开关 5DL；此时无论 35kV 1 号、2 号站用电恢复与否，均不考虑备用电源自动投入装置的反投，而应由运行人员通过人机界面来改变运行方式。

五、站用电系统

1. 站用电系统概述

如图 10-8 所示，仿真变电站站用电源按两主一备用配置，共三回站用电。

1 号站用电引自 110kV 4 母线，站用变压器由一台 110/35kV 常规油浸式三相自冷有载调压变压器（1 号高压站用变压器）和一台 35/0.4kV 常规油浸式三相自冷无载调压变压器（1 号低压站用变压器）串接组成，接 400V Ⅰ 段母线。

2 号站用电引自 110kV 7 母线，站用变压器由一台 110/35kV 常规油浸式三相自冷有载调压变压器（2 号高压站用变压器）和一台 35/0.4kV 常规油浸式三相自冷无载调压变压器（2 号低压站用变压器）串接组成，接 400V Ⅱ 段母线。

0 号站用电为备用电源，通过仿真 3562 线引自附近一 220kV 变电站。站用变压器由一台 35/0.4kV 常规油浸式三相自冷无载调压补偿变压器（0 号站用变压器）组成，接 400V Ⅲ 段母线。昌浙 3562 开关柜位于站用电室。

另外，本站还配置一台 400kW 柴油发电机作为应急电源，接 400V Ⅲ 段母线。由于 0 号站用电与柴油发电机并联接于 400V Ⅲ 段母线，所以通过开关投切装置使二者不能并列运行。即 0 号低压站用变压器低压开关 3DL 与应急电源 400V 母线侧开关 6DL 不得同时合上。柴油发电机在全站交流失电的情况下手动启动，不考虑联锁。

站用电系统低压母线由 400V Ⅰ 段母线、400V Ⅱ 段母线、400V Ⅲ 段母线组成，位于站用电室。

0 号站用变压器低压侧与 Ⅰ、Ⅱ 段母线之间分别设置低压 Ⅰ 段断路器、低压 Ⅱ 断路器，当站用工作变压器失电时，实现 0 号站用变压器对站用电供电。380V 工作母线采用单母线分段接线方式。正常工作时两段工作母线分段运行，任何一回工作电源故障失电时，备用电源将代替故障电源自动接入工作母线。任何两回站用电源不会并列运行。

1000kV 动力箱引入交流 Ⅰ 段或 Ⅱ 段电源（仅引入其中一路），然后接入 GIS 汇控

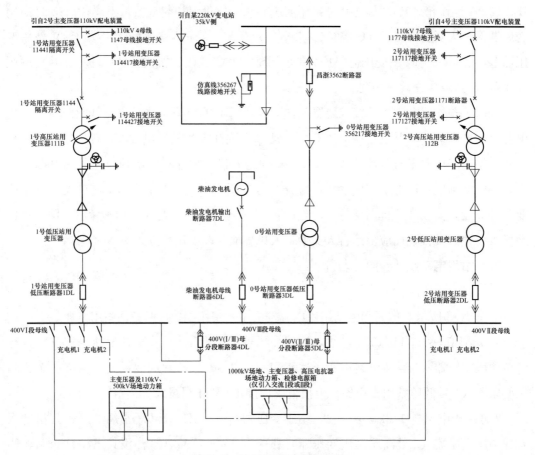

图 10-8　站用交流系统接线图

柜，由汇控柜内自动切换装置实现两路电源互为备用；500kV 动力箱、主变压器 110kV 动力箱引入交流Ⅰ、Ⅱ段电源，需手动选择Ⅰ段或Ⅱ段作为工作电源，一路电源失去后，需要手动切至另一路电源供电；主变压器、高压电抗器动力箱、全站检修动力箱均仅引入一路交流电源。

站内一般不采取 1（2）号站用变压器同时带Ⅰ、Ⅱ段工作母线运行的方式。若紧急情况下，需要采用此方式，必须事先确保 0 号站用变压器低压侧隔离开关在"断开"位置，再利用 0 号站用变压器低压Ⅰ段开关、低压Ⅱ开关来实现。

2. 直流系统概述

仿真变电站 220V 直流系共 2 套，即 1 号直流系统、2 号直流系统，每套直流系统分别由 2 组蓄电池、3 套高频开关电源及两路直流主馈电屏组成。1 号直流系统安装于 1000kV 1 号继保小室，为 1000kV 断路器及线路的继电保护及自动装置、测控装置、控制回路以及 UPS 等设备提供直流电源。2 号直流系统安装于主变压器及 110kV 2 号继保小室，为主变压器及 110kV 侧电气设备、500kV 断路器及线路的继电保护及自动装置、测控装置、控制回路以及 UPS 等设备提供直流电源。

220V 蓄电池组采用阀控式密封铅酸蓄电池，放电时间为 2h，每组蓄电池容量为 500Ah，数量 104 只，不设端电池，额定电压 234V。正常时按浮充电方式运行，浮充电压 2.23～2.25V，均衡充电电压 2.35～2.4V。

每台高频断路器电源配置 5 个整流模块，额定输出电流 100A（20A×5），输出电压调节范围 198～260V。

第二节　仿真变电站故障案例分析

案例一：1000kV 仿真 4 线故障

一、设备配置及主要定值

（一）仿真 4 线相关一次设备配置

（1）T032 断路器、T033 断路器：GIS 组合电器，型号 ZF15-1100，带合闸电阻，两断口，额定电压 $1100/\sqrt{3}\,$kV，额定开断电流 63kA；

（2）T033 断路器：GIS 组合电器，型号 ZF15-1100，带合闸电阻，四断口，额定电压 $1100/\sqrt{3}\,$kV，额定开断电流 63kA；

（3）2 号主变压器：ODFPS-1000000/1000（单相）；

（4）5041 断路器、5042 断路器、5043 断路器：ZF15-550；

（5）1104 断路器：LW25A-145。

（二）仿真 4 线相关间隔二次设备配置

（1）仿真 4 线第一套线路保护屏：PCS-931GM 线路保护装置＋PCS-925G 过电压及远跳就地判别装置；

（2）仿真 4 线第二套线路保护屏：CSC-103B 线路保护装置＋CSC-125A 过电压及远跳就地判别装置；

（3）T032、T033 断路器保护屏：WDLK-862A/P 保护装置＋ ZFZ-822/B 操作箱；

（4）主体变压器第一套电气量保护：PCS-978GC-U；

（5）主体变压器第二套电气量保护：WBH-801A；

（6）主体变压器非电气量保护：PCS-974FG；

（7）调压补偿变压器第一套电气量保护：PCS-978C-UA；

（8）调压补偿变压器第二套电气量保护：WBH-801A；

（9）调压补偿变压器非电气量保护：PCS-974FG；

（10）1000kV 3 号故障录波器：ZH-5；

（11）5041 断路器、5042 断路器保护采用单套相同配置，采用的 WDLK-862A/P、

ZFZ-822/B 操作继电器箱。

（三）主要定值

（1）T033 断路器、T032 断路器保护 WDLK-862A 中的充电保护、三相不一致保护均停用，失灵投跳，T032 断路器重合闸停用。

（2）仿真 4 线第一套线路保护 PCS-931GM 差动动作电流定值为 0.28A，反时限零流为 0.13A，距离一、二段经振荡闭锁，TA 变比为 3000A/1A。线路全长 162.6km。

（3）仿真 4 线第二套线路保护 CSC-103B 差动动作电流定值为 0.4A，零序差动定值为 0.28A，反时限零流为 0.13A，距离一、二段经振荡闭锁，TA 变比为 3000A/1A。

（4）T033 断路器保护仅采用断路器失灵保护（包含跟跳本断路器功能）、重合闸功能；断路器失灵保护动作，瞬时再跳本断路器三相，经 200ms 延时三跳本断路器及相邻断路器，T033 断路器保护置单重方式，时间为 1.3s。

（5）T032 断路器保护仅采用断路器失灵保护（包含跟跳本断路器功能）功能；断路器失灵保护动作，瞬时再跳本断路器故障相，经 200ms 延时三跳本断路器及相邻断路器；重合闸置停用方式。

（6）主体变压器第一、二套差动保护：主变压器各侧断路器失灵时相应断路器失灵联跳主变压器开入第一、二套差动保护，经主变压器保护启动判据判别后出口联跳主变压器其余各侧。

（7）1000kV 断路器压力值：油压低闭锁重合闸：31.5MPa；闭锁合闸：28.5MPa；闭锁分闸：27MPa；SF_6 低告警：0.55MPa；SF_6 低闭锁分合闸：0.5MPa。

（8）500kV 断路器压力值：SF_6 低告警：0.52MPa；SF_6 低闭锁分合闸：0.5MPa。

（9）110kV 断路器压力值：SF_6 低告警：0.45MPa；SF_6 低闭锁分合闸：0.4MPa。

（10）1000kV 线路保护以分相电流差动作为主保护，后备保护均采用多段式的相间距离和接地距离保护，为反应高阻接地故障，每套装置内还配置一套反时限或定时限的零序电流方向保护。两套线路保护，分别由不同的直流电池组供电，双重化配置的线路主保护、后备保护、远方跳闸就地判别装置的交流电压回路、电流回路、直流电源、开关量输入、跳闸回路、远方跳闸和远方信号传输通道均彼此完全独立，且相互间无电气联系。双重化配置的线路保护每套保护具有独立的分相跳闸出口，且仅作用于断路器的一组跳闸线圈，线路保护跳闸经断路器操作箱出口跳相应的断路器。

（11）每套分相电流差动保护均具有远方跳闸功能，为了保证远方跳闸的可靠性，配置就地故障判别装置，装置分别装于两面保护屏内。仿真 4 线第一套远方跳闸就地判别采用低功率判据，通道一投入，通道二退出，收信逻辑采用"二取一"方式。第二套远方跳闸就地判别装置采用低有功加过电流判据，收信采用单通道收信方式。

二、前置要点分析

(一)差动保护

(1)分相电流差动。光纤分相电流差动保护的基本原理是借助光纤通道,实时地向对侧传递每相电流的采样信息,同时接收对侧的电流采样数据,根据基尔霍夫电流定律,以两端电流的相量和作为继电器的动作电流,相量差作为制动电流,根据一定公式计算来判断线路是否存在故障。

差动保护可以保护线路的全长,但不能作为相邻线路的后备保护,具有天然的选相能力,同时不受系统振荡、非全相运行的影响,可以反映各种类型的故障。

(2)工频变化量差动。利用线路两端工频变化量的相电流构成差动继电器,不反应负荷电流,只反应故障分量。

(3)零序差动。利用线路两端的零序电流构成差动继电器,由于反应的是两端零序电流的关系,没有选相功能。零序电流受过渡电阻的影响较小,对于经高过渡电阻接地故障,采用零序差动继电器具有较高的灵敏度。

(4)保护通信(CSC-103A 为例),如图 10-9 所示。

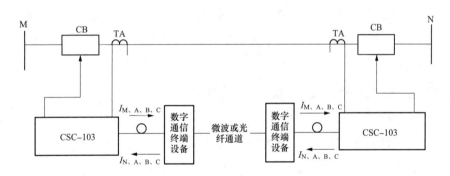

图 10-9 保护通信

图 10-9 中 M、N 为两端均装设 CSC-103A 线路保护装置,保护与通信终端设备间采用光缆连接。保护侧光端机装在保护装置的背板上。

CSC-103A 线路保护采用先算后送的方式,两侧电流差动保护对输入的各相电流模拟量,经过同步采样和变换后进行双向传输。

(1)差动保护投入指屏上"主保护压板"、压板定值"投主保护压板"和定值控制字"投纵联差动保护"同时投入。

(2)"A 相差动元件""B 相差动元件""C 相差动元件"包括变化量差动、稳态量差动Ⅰ段或Ⅱ段、零序差动,只是各自的定值有差异。

(3)三相断路器在跳开位置或经保护启动控制的差动继电器动作,则向对侧发差动动作允许信号。

（4）TA 断线瞬间，断线侧的启动元件和差动继电器可能动作，但对侧的启动元件不动作，不会向本侧发差动保护动作信号，从而保证纵联差动不会误动。TA 断线时发生故障或系统扰动导致启动元件动作，若"TA 断线闭锁差动"整定为"1"，则闭锁电流差动保护；若"TA 断线闭锁差动"整定为"0"，且该相差流大于"TA 断线差流定值"，仍开放电流差动保护。

（5）本侧跳闸分相联跳对侧功能：本侧任何保护动作元件动作后立即发对应相远跳信号给对侧，对侧收到联跳信号后，启动保护装置，结合差动允许信号联跳对应相。

（二）距离保护

距离保护是反应线路单端电气量变化的保护，是反应故障点至保护安装地点之间的距离，并根据距离的远近确定动作时间的一种保护装置。主要元件为距离（阻抗）继电器，它可根据其端子上所加的电压和电流的比值，确定故障位置。

由于阻抗继电器的测量阻抗可以反应短路点的远近，所以可以做成阶梯形的时限特性。短路点越近，保护动作的越快；短路点越远，保护动作的越慢。距离Ⅰ段保护按躲过本线路末端短路整定，它只能保护本线路的一部分，其动作时间是保护的固有时间，不带延时。第Ⅱ段保护应该可靠保护线路的全长，它的保护范围将延伸到相邻线路上，其定值一般与相邻元件的Ⅰ段进行配合。Ⅲ段保护作为本线路Ⅰ、Ⅱ段的后备，在本线路末端短路要有足够的灵敏度。

（三）重合闸

重合闸为一次重合闸方式，采用单相重合闸。

（四）失灵保护

断路器失灵保护可以实现两级跳闸或三级跳闸，当失灵保护收到跳闸信号时，先跟跳本断路器对应相（"跟跳本断路器"功能投入），再判断本断路器是否失灵。若本断路器失灵，则先经延时联跳本断路器三相，如果仍未跳开本断路器则跳开周围相关的所有断路器。

（五）重合闸充、放电逻辑

3/2 断路器接线方式下一条线路相邻两个断路器，通常设定边断路器为先合断路器，中断路器为后合断路器，在边断路器重合到故障线路时保证后中断路器不再重合。断路器先、后合的次序由现场通过重合闸时间定值整定来决定；当先合断路器合于故障线路时，线路保护加速跳闸，后合断路器在延时未到前收到三相跳闸开入时重合闸立即放电，如图 10-10 所示。

（六）重合闸出口逻辑

重合闸出口逻辑如图 10-11 所示。沟通三跳逻辑，如图 10-12 所示。

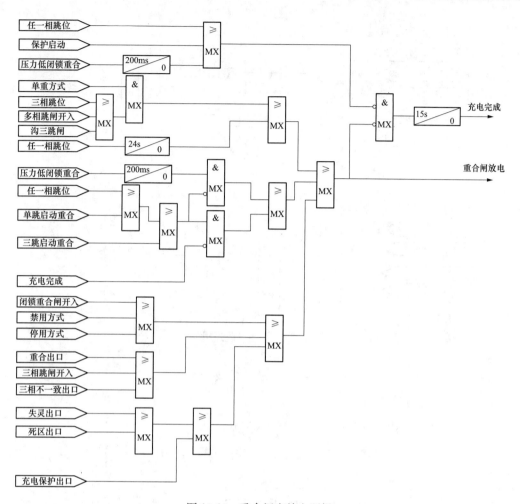

图 10-10　重合闸充放电逻辑

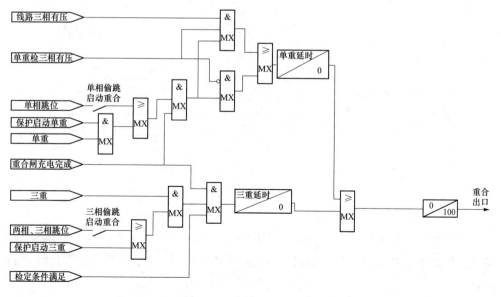

图 10-11　重合闸出口逻辑

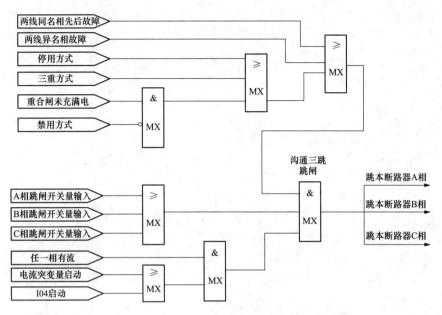

图 10-12　沟通三跳逻辑

（七）"××××保护动作"光字上传通道简要分析

以主变压器保护为例（PCS978）。

（1）保护装置硬件工作原理，如图 10-13 所示。

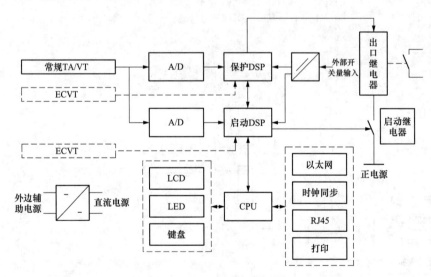

图 10-13　保护装置硬件结构图

来自于传统 TA/VT（TV）的电流电压被转换为标准的二次电压信号，滤波后被送到保护计算 DSP 插件，经 AD 采样后分别送到保护 DSP 和起动 DSP 用于保护计算和故障检测。

启动 DSP 负责故障检测，当检测到故障时开放出口继电器正电源。保护 DSP 负责保护逻辑计算，当达到动作条件时，驱动出口继电器动作。

（2）保护装置软件工作原理

保护装置的程序运行流程图如图 10-14 所示。正常运行时，主程序按固定的周期响应外部中断，在中断服务程序中进行模拟量采集与滤波，开关量采集、装置硬件自检、外部异常情况检查、起动逻辑的计算，根据是否满足起动条件而进入正常运行程序或故障计算程序（主变压器保护的启动条件一般有：稳态差流起动、工频变化量差流起动、分侧差动/零序差动保护启动、相电流起动、零序电流起动、工频变化量相间电流启动等）。

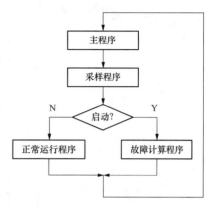

图 10-14　保护程序结构框图

正常运行程序进行装置的自检，装置不正常时发告警信号，信号分两种，一种是运行异常告警，这时不闭锁装置，提醒运行人员进行相应处理；另一种为闭锁告警信号，告警同时将装置闭锁，保护退出。

故障计算程序中进行各种保护的算法计算，跳闸逻辑判断。装置的启动和保护 DSP 独立运行各自的故障计算程序，只有两者同时判断出现故障，装置才会出口动作。

（3）保护装置动作光字上传路径，如图 10-15 所示。保护装置启动后，进入故障计算程序，经故障计算程序判断故障为区内故障还是区外故障；若为区外故障，则经相应启动延时后，保护装置自动返回；若为区内故障，则保护功能经其整定延时后动作出口跳相应断路器。

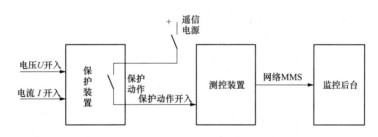

图 10-15　动作光字上传路径图

保护装置动作出口时，一般同时完成以下功能：跳相应断路器、启动或闭锁重合闸、启动失灵、发出装置动作告警信号（软报文、硬接点）。

监控后台的所有光字牌一般均由硬接点信号点亮；其具体上传路径为：如图 10-15 所示，保护装置动作后，"保护装置动作"告警硬接点闭合，测控装置屏来的"遥信电源"开入到相应测控装置，测控装置监测到该信号后，将电信号转换为网络数字信号，经过 MMS 网络（监控系统网络）上传至监控后台，监控后台收到该信号后，点亮相应

"保护装置动作"光字牌。

（八）失灵联跳主变压器三侧介绍

特高压变压器电气量保护设有高、中压侧失灵联跳功能，用于母线差动或其他失灵保护装置通过变压器保护跳主变压器各侧的方式；当外部保护动作接点经失灵联跳开入接点进入装置后，经过装置内部灵敏的、不需整定的电流元件并带 50ms 延时后跳变压器各侧断路器，如图 10-16 所示。

失灵联跳的电流元件判据为：高压侧相电流大于 1.1 倍额定电流，或零序电流大于 0.1 倍 I_n，或负序电流大于 0.1 倍 I_n，或电流突变量判据。

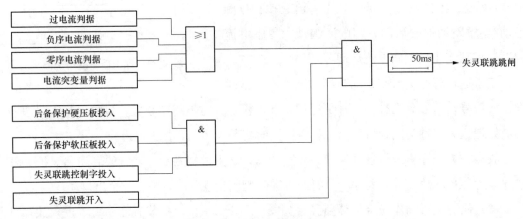

图 10-16 失灵联跳逻辑框图

失灵联跳开入超过 3s 或双开入不一致超过 3s 后，装置报"失灵联跳开入报警"，并闭锁失灵联跳功能，失灵联跳电流判据满足超过 3s 后，装置报"失灵联跳电流判据报警"，不闭锁失灵联跳功能，如图 10-17 所示。

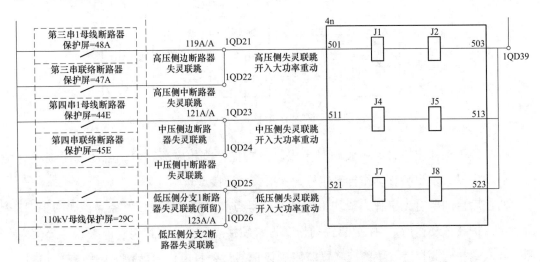

图 10-17 失灵联跳保护开关量输入图

断路器失灵保护动作后，相应触点开关量输入到主变压器保护的继电器箱，经大功率继电器重动后开关量输入变压器保护，经变压器保护电流判据判别后，出口跳主变压器三侧断路器。

三、事故前运行工况

天气雷雨，气温 22℃，设备健康状况良好，正常运行方式，所用电Ⅰ段备用电源自动投入因检修退出。

四、故障设置

1000kV 仿真 4 线路故障（A 相永久接地），T032 断路器拒动（SF_6 压力低闭锁），400V 备用电源自动投入退出。

五、主要事故现象

（一）监控后台现象

1. 监控系统事故音响、预告音响响

2. 在主接线及间隔监控分画面上，事故涉及断路器状态发生变化

（1）在主接线图上，T031、T033、5041、5042、1104 断路器三相跳闸，绿灯闪光；T032 断路器合位。

（2）在站用电分画面上，1 号站用变压器低压开关 1DL 合位，0 号站用变压器低压开关 3DL 分位；所用电 380V Ⅰ段母线电压为 0。

3. 潮流发生变化

（1）2 号主变压器 1000、500、110kV 三侧电压、频率、潮流为 0；

（2）4 号主变压器三侧潮流增大。

4. 在相关间隔的光字中，有光字牌被点亮

（1）仿真 4 线路间隔光字窗点亮的主要光字牌：

1）仿真 4 线第一套保护动作；

2）仿真 4 线第二套保护动作。

（2）T032 断路器间隔光字窗点亮的主要光字牌：

1）间隔事故总信号；

2）032 断路器保护跳闸；

3）T032 断路器失灵保护动作；

4）T032 断路器 SF_6 压力低闭锁 1；

5）T032 断路器 SF_6 压力低闭锁 2；

6）T032 断路器第一组控制回路断线；

7）T032 断路器第二组控制回路断线。

（3）T033 断路器间隔光字窗点亮的主要光字牌：

1) 间隔事故总信号；

2) T033 断路器保护跳闸。

（4）T031 断路器间隔光字窗点亮的主要光字牌：

1) 间隔事故总信号；

2) T031 断路器保护跳闸。

（5）5041 断路器间隔光字窗点亮的主要光字牌：

1) 间隔事故总信号；

2) 5041 断路器失灵保护（跟跳）动作；

（6）5042 断路器间隔光字窗点亮的主要光字牌：

1) 间隔事故总信号；

2) 5042 断路器失灵保护（跟跳）动作。

（7）2 号主变压器间隔光字窗点亮的主要光字牌：

1) 1000kV 3 号故障录波器动作；

2) 冷却器交流电源Ⅰ端故障。

（8）1104 断路器间隔光字窗点亮的主要光字牌：

1) 间隔事故总信号；

2) 1104 断路器失灵保护（跟跳）动作。

5. 重要报文信息

（1）T032 断路器失灵保护动作；

（2）仿真 4 线第一套纵联差动 A 相动作；

（3）仿真 4 线第二套差动保护 A 相动作；

（4）仿真 4 线第一套接地距离Ⅰ段 A 相动作；

（5）仿真 4 线第二套接地距离Ⅰ段 A 相动作；

（6）仿真 4 线第一套线路保护三相跳闸；

（7）仿真 4 线第二套线路保护三相跳闸；

（8）仿真线 T033 断路器保护闭锁重合闸；

（9）仿真线 T033 断路器保护沟通三跳；

（10）仿真线 T033 断路器 A/B/C 三相分；

（11）仿真线 T031 断路器 A/B/C 三相分；

（12）仿真线 5041 断路器 A/B/C 三相分；

（13）仿真线 5042 断路器 A/B/C 三相分；

（14）仿真线 1104 断路器 A/B/C 三相分；

（15）全站几乎所有保护启动。

（二）一次设备现场设备动作情况

（1）T031 断路器、T033 断路器、5041 断路器、5042 断路器、1104 断路器处于分闸位置，相关压力正常；T032 断路器合位，A 相 SF$_6$ 压力 0.45MPa，其他正常；

（2）1 号站用变压器低压开关 1DL 处于合闸位置；0 号站用变压器低压开关 3DL 处于分闸位置，站用电 I 段母线电压为 0；

（3）仿真 4 线路保护范围内所有一次设备外观检查情况正常，无明显放电痕迹。

（三）保护动作情况

（1）仿真 4 线第一套线路保护屏。PCS-931 保护装置如下：

1）纵联差动保护动作。

2）分相差动动作。

3）跳 A 相。

4）跳 ABC 相。

5）保护远跳发信。

6）故障测距：40.9km。

7）故障相别：A 相。

（2）仿真 4 线第二套线路保护屏。CSC-103A 保护装置如下：

1）纵联差动保护动作。

2）分相差动动作。

3）跳 A 相。

4）跳 ABC 相。

5）保护远跳发信。

6）故障测距：42.1km。

7）故障相别：A 相。

（3）仿真线 T033 断路器保护屏。WDLK-862A 保护装置：瞬时跟跳 A 相。

（4）仿真线 T032 断路器保护屏。WDLK-862A 保护装置如下：

1）瞬时跟跳 A 相；

2）失灵保护动作。

（5）仿真线 T031 断路器保护屏。WDLK-862A 保护装置：瞬时跟跳 ABC 相。

（6）2 号主变压器主体变压器第一套差动保护屏：

1）PCS978 保护装置面板上跳闸红灯亮，自保持。

2）装置液晶面板上主要保护动作信息有：①高压侧失灵联跳主变压器动作；②A

相、B 相、C 相跳闸。

（7）2 号主变压器主体变压器第二套差动保护屏：

1）WBH-801A 保护装置面板上跳闸红灯亮，自保持。

2）装置液晶面板上主要保护动作信息有：①高压侧失灵联跳主变压器动作；②A 相、B 相、C 相跳闸。

（8）T031 断路器保护屏、T033 断路器保护屏、5041 断路器保护屏、5042 断路器保护屏、1104 断路器保护屏

1）WDLK-862A 保护装置面板上跳闸红灯亮，自保持；ZFZ822 操作箱 A 相、B 相、C 相跳闸Ⅰ红灯亮，A 相、B 相、C 相跳闸Ⅱ红灯亮，A 相跳闸位置、B 相跳闸位置、C 相跳闸位置红灯亮，自保持。

2）装置液晶面板上主要保护动作信息有：①瞬时跟跳 A 相；②瞬时跟跳 B 相；③瞬时跟跳 C 相。

（9）T032 断路器保护屏。

1）WDLK-862A 保护装置面板上跳闸红灯亮、失灵动作红灯亮，自保持；ZFZ822 操作箱 A 相、B 相、C 相跳闸Ⅰ红灯亮，A 相、B 相、C 相跳闸Ⅱ红灯亮，A 相跳闸位置、B 相跳闸位置、C 相跳闸位置红灯亮，自保持。

2）装置液晶面板上主要保护动作信息有：①瞬时跟跳 A 相；②失灵保护动作。

（10）1000kV 线路故障录波器屏。故障录波装置动作，故障分析报告为仿真 4 线 A 相故障，第一、二套线路保护均正确动作。T032 断路器失灵保护动作；故障波形显示 A 相电流突增，故障电流明显大于 B、C 相负荷电流；A 相电压突减，故障电压明显低于 B、C 相电压；故障测距 41.4km。

六、主要处理步骤

1. 监控后台检查

（1）主画面检查断路器变位情况（T031、T032、T033、5041、5042、1104 断路器分开），并清闪。

（2）检查光字牌及告警信息，记录关键信息（T032 断路器控制回路断线、仿真 4 线两套套线路保护动作出口、T032 断路器失灵保护动作、失灵联跳 2 号主变压器三侧动作出口、失灵远跳仿真 4 线对侧；2 号主变压器失电，110kVⅠ母失电，400VⅠ母线失电）。

（3）检查遥测信息（4 号主变压器负荷、2 号主变压器电流电压、110kVⅠ母线电压、仿真 4 线电流电压等）。

2. 运维人员立即检查备用电源自动投入装置状态（备用电源自动投入投退出），分开 401 断路器、合上 410 断路器，恢复 400V Ⅰ 母线供电（改由 0 号站用变压器供 400V Ⅰ 母线）

3. 运维人员 5min 向网调调度员初次汇报

我是特高压仿真变电站××，××时×分，仿真 4 线第一套、第二套主保护动作，T032 断路器 SF$_6$ 压力低闭锁，T032 断路器失灵保护动作，T031、T033、5041、5042、1104 断路器跳闸。2 号主变压器失电，110kV Ⅰ 母失电，400V Ⅰ 母失电，相关潮流、负荷正常，现场天气雷雨。

4. 一、二次设备检查

（1）二次设备检查。检查仿真 4 线第一套、第二套线路保护屏，T031、T032、T033、5041、5042 断路器保护屏，2 号主变压器第一套、第二套电气量保护屏。

记录仿真 4 线线路保护装置及故障录波装置中故障信息（故障相别、故障电流及测距），检查装置后及时复归信号。

（2）一次设备检查。

1）检查跳闸断路器实际位置（T031、T032、T033、5041、5042、1104），外观及压力指示是否正常；

2）全面检查拒动断路器（T032），包括一次设备本体、二次保护装置、测控装置及操作电源等，查出拒动原因（SF$_6$ 压力低）。

3）2 号主变压器三相本体检查正常。

4）站内保护动作范围设备（T032、T033 断路器电流互感器至线路设备）情况检查，故障点查找。

5）拉开 2 号主变压器 110kV 母线失电断路器。

5. 15min 内详细汇报调度

特高压仿真变电站××，××时×分，仿真 4 线 A 相跳闸，第一套差动保护动作，故障相 A 相，测距××km，故障电流××A（二次值），第二套差动保护动作，故障相 A 相，故障电流××A（二次值），测距××km。T032 断路器三相 SF$_6$ 压力低闭锁分闸，断路器拒动，失灵保护动作联跳 2 号主变压器三侧 T031、5041、5042、1104 断路器及 T031 断路器，2 号主变压器失电、110kV Ⅰ 母线失电，400V 备用电源自动投入未动作，400V Ⅰ 母失电，已经手动恢复至由 0 号站用变压器供电；失电断路器 1143、1144 已经拉开。现场其他一、二次设备检查无明显异常，现场无人工作；申请隔离故障 T032 断路器，解锁拉开两侧隔离开关。

6. 隔离异常断路器

拉开 T032 断路器操作电源，解锁拉开 T0321、T0322 隔离开关。操作结束后汇报。

7. 线路试送

T032 断路器已经隔离后，求对仿真 4 线进行试送

(1) 接到调度发令后，将 T033 断路器由热备用转运行对仿真 4 线试送。

(2) 试送不成检查光字牌、断路器变位、告警信息，现场检查一、二次设备（检查保护装置动作情况并复归信号，检查跳闸断路器位置及压力指示），并汇报调度。

8. 故障线路改冷备用，2 号主变压器恢复送电

(1) 拉开 T0331、T0332 隔离开关，将仿真 4 线 T033 断路器由热备用转冷备用。

(2) 合上 T031 断路器，对 2 号主变压器进行充电，检查 2 号主变压器充电正常（检查相关遥信、主变压器三侧电压等正常，主变压器三侧避雷器泄漏电流表指示正常）。

(3) 合上 1104 断路器，检查 110kV I 母线充电正常，遥测量正常。

(4) 合上 5041 断路器、5042 断路器。

(5) 合上 2 号站用变压器 1144 断路器，检查站用变压器充电正常后，恢复站用变压器正常运行方式。检查交直流系统、主变压器风冷运行正常。

(6) 按照 2 号主变压器高压侧电压情况，调整主变压器低压无功补偿设备运行方式。操作结束后汇报。

9. 将故障设备转检修

(1) 将仿真 4 线转检修（验电后合上线路侧接地开关，分开线路电压互感器低压侧空气开关）；

(2) 将仿真 4 线 T032 断路器转检修（间接验电后合上 T032 断路器两侧接地开关）。操作结束后汇报。

10. 做好记录，填报故障快报及汇报缺陷等

11. 检修人员到达现场，做好相应安措，并许可相应故障抢修工作票

案例二：4 号主体变压器故障

一、设备配置及主要定值

1. 一次设备配置

(1) 4 号主变压器：ODFPS-1000000/1000（单相）；

(2) T061 断路器、T062 断路器：ZF15-1100；

(3) 5071 断路器、5072 断路器：ZF15-550；

（4）1107 断路器：LW25A-145。

2. 二次设备配置表

（1）主体变压器第一套电气量保护：PCS-978GC-U；

（2）主体变压器第二套电气量保护：WBH-801A；

（3）主体变压器非电气量保护：PCS-974FG；

（4）1000kV 3 号故障录波器：ZH-5。

3. 主要定值

（1）主体变压器第一、二套差动保护（含第一、二套 1000kV 后备保护、500kV 后备保护、110kV 后备保护）投跳闸的功能有：差动保护、1000kV 相间距离（2s，正方向指向主变压器，反方向指向母线）、1000kV 接地距离（2s，正方向指向主变压器，反方向指向母线）、1000kV 零序过流（7.6s）、过励磁保护、500kV 相间距离（2s，正方向指向主变压器，反方向指向母线）、500kV 接地距离（2s，正方向指向主变压器，反方向指向母线）、500kV 零序过流、110kV 分支 2 过流保护 t_1（1.5s）延时跳 110kV 断路器/t_2（2s）延时跳各侧、110kV 绕组过流保护 t_1（1.5s）延时跳 110kV 断路器/t_2（2s）延时跳各侧、主变压器各侧断路器失灵时通过本保护联跳主变压器其余各侧。

主体变压器第一、二套差动保护投信号的保护功能为：第一、二套差动保护 1000kV 侧、500kV 侧、公共绕组过负荷元件，110kV 绕组电流和两分支和电流过负荷元件，由保护装置内部取 1.1 倍各侧额定电流，时间固定为 6s。第一套差动保护装置无 110kV 侧电压偏移告警功能，第二套差动保护装置 110kV 侧电压偏移告警功能采用 110kV TV 开口三角电压、TA 断线不闭锁差动保护。

（2）主体变压器非电量保护投跳闸的保护功能为：重瓦斯保护、冷却器全停跳闸（60min，经 75℃闭锁 20min）。

主体变压器非电量保护投信号的保护功能为：压力释放、油温高、绕组温度高、轻瓦斯保护、油位异常。

（3）断路器三相不一致保护采用断路器本体保护，母线侧断路器本体三相不一致保护时间整定 2s，中间断路器本体三相不一致保护时间整定为 3.5s。

T061 断路器保护仅采用断路器失灵保护（包含跟跳本断路器功能）；断路器失灵保护动作，瞬时再跳本断路器三相，经 200ms 延时三跳本断路器及相邻断路器。

T062 断路器保护仅采用断路器失灵保护（包含跟跳本断路器功能）和重合闸功能；断路器失灵保护动作，瞬时再跳本断路器故障相，经 200ms 延时三跳本断路器及相邻断路器；重合闸置单重方式，重合闸时间为 1.3s。

5071 断路器保护仅采用断路器失灵保护（包含跟跳本断路器功能）；断路器失灵保护动作，瞬时再跳本断路器三相，经 200ms 延时三跳本断路器及相邻断路器。

5072断路器保护仅采用断路器失灵保护（包含跟跳本断路器功能）和重合闸功能；断路器失灵保护动作，瞬时再跳本断路器故障相，经200ms延时三跳本断路器及相邻断路器。

二、前置要点分析

1. 变压器各类差动保护范围（见图10-18）

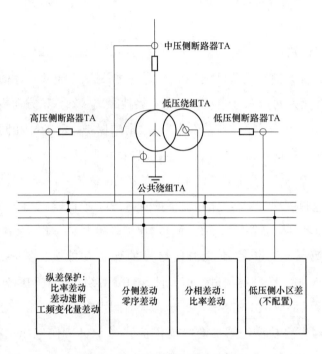

图10-18　差动保护配置示意图

（1）纵差保护：基于变压器磁平衡原理，电流取自主变压器高压、中压、低压侧断路器TA，可以保护变压器各侧断路器之间的相间故障、接地故障及匝间故障。

（2）分侧差动及零序差动保护范围：基于电流基尔霍夫定律的电平衡，电流取自主变压器高压断路器、中压断路器、公共绕组套管TA，可以反应自耦变压器高压侧、中压侧断路器到公共绕组之间的各种相间故障，接地故障，无法反应主变压器低压侧的任何故障。

（3）分相差动保护范围：基于变压器磁平衡原理，电流取自主变压器高压断路器、中压断路器、低压绕组套管TA，可以反应高压侧、中压侧断路器到低压绕组之间的各种相间故障，接地故障及匝间故障。

（4）低压侧小区差保护范围：基于电流基尔霍夫定律的电平衡，电流取自主变压器低压断路器、低压绕组套管TA，可以反应低压绕组到低压断路器之间的各种相间故障及多相接地故障。

（5）分相差动保护和低压侧小区差动保护共同构成和纵差保护相同的保护范围。纵差保护和分相差动保护在实现过程中除了电流调整方式不同，其他原理基本相同，因此相应保护说明书中如无特殊声明，比率差动保护的说明内容同时适用于纵差差动保护和分相差动保护。

满足图 10-19"稳态比率差动保护"动作逻辑条件时，主变压器差动保护动作，三跳主变压器各侧断路器，同时启动相应断路器失灵保护，闭锁相应断路器重合闸。

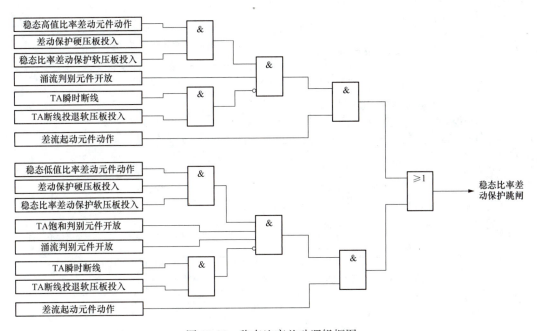

图 10-19　稳态比率差动逻辑框图

"分侧差动保护动作"逻辑如图 10-20 所示。

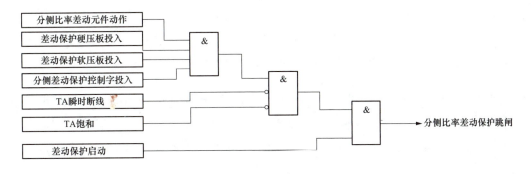

图 10-20　分侧比率差动逻辑框图

满足图 10-20"分侧比率差动保护"动作逻辑条件时，主变压器分侧差动保护动作，三跳主变压器各侧断路器，同时启动相应开关失灵保护，闭锁相应断路器重合闸。特别注意主变压器分侧差动保护的保护范围为高压开关、中压开关、公共绕组套管 TA 间的各类故障，因此可以更加明确的分配故障查找范围。

2. 重瓦斯保护动作、压力释放保护动作逻辑

如图 10-21～图 10-23 所示，主变压器非电量保护跳闸逻辑为本体非电量保护相应继电器（重瓦斯、压力释放、压力突变、低油位等）动作后，开入到主变压器非电量保护屏，经主变压器非电量保护 PCS974FG 重动继电器 J1A-J20A 重动后，开入到对应非电量保护屏，经 TJ 继电器节点接入对应断路器保护屏的操作箱，实现断路器跳闸，如图 10-24 所示。

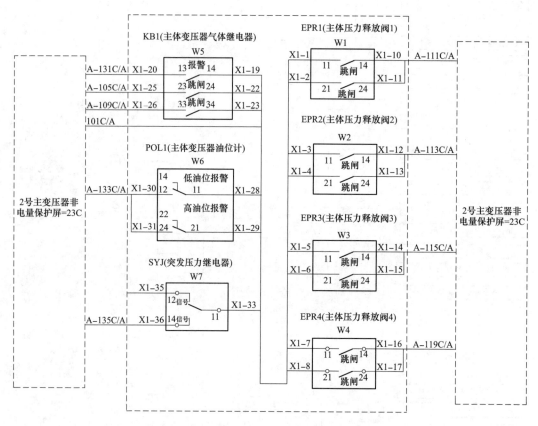

图 10-21 主变压器非电量保护测量接线图

同时，经主变压器非电量保护 PCS-974FG 重动继电器 J1A-J20A 重动后，经出口继电器 TJ，出口跳主变压器三侧断路器双跳圈。

注意主变压器非电量保护动作后，闭锁相应断路器重合闸，但不启动断路器失灵保护。

三、事故前运行工况

天气雷雨，气温 22℃，设备健康状况良好，正常运行方式。

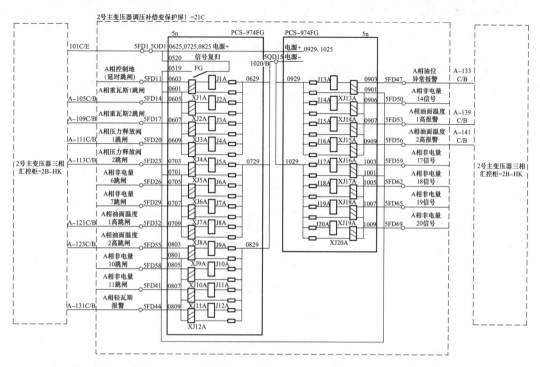

图 10-22　主变压器非电量保护输入回路接点联系图

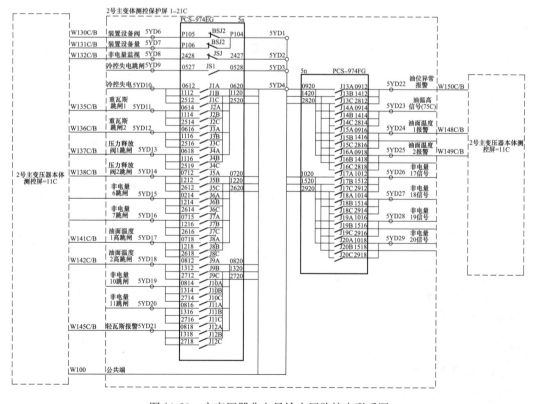

图 10-23　主变压器非电量输出回路接点联系图

图 10-24 主变压器非电量输出回路触点联系图

四、故障设置

4号主变压器高压侧 B 相套管破裂，T062 断路器 SF$_6$ 压力低，T0622 隔离开关遥控压板退出。

五、主要事故现象

1. 后台监控现象

（1）监控系统事故音响、预告音响。

（2）主接线画面状态变化：

1）T061、T063、5071、5072、1107 断路器三相绿色闪光；T062 断路器合位。

2）2 号站用变压器低压断路器 2DL 绿闪，0 号站用变压器低压开关 4DL 红闪。

（3）潮流变化：4 号主变压器 1000、500、110kV 三侧电压、频率、潮流为零。仿真 5 线三相电压、频率、潮流为零。

（4）光字牌状态变化：

1）4 号主变压器间隔光字牌点亮：①4 号主变压器第一套差动保护动作；②4 号主变压器第二套差动保护动作；③1000kV 3 号故障录波器动作。

2）T061 断路器间隔光字牌点亮：①间隔事故总信号动作；②T061 断路器失灵保护（跟跳）动作。

3）T062 断路器间隔光字牌点亮：①间隔事故总信号；②T062 断路器失灵保护（跟跳）动作；③T062 断路器 SF_6 压力低闭锁 1；④T062 断路器 SF_6 压力低闭锁 1；⑤T062 断路器控制回路 1 断线；⑥T062 断路器控制回路 2 断线。

4）5071 断路器间隔光字牌点亮：间隔事故总信号、5071 断路器失灵保护（跟跳）动作。

5）5072 断路器间隔光字牌点亮：①间隔事故总信号；②5072 断路器失灵保护（跟跳）动作；③5072 断路器闭锁重合闸。

6）1107 断路器间隔光字牌点亮：①间隔事故总信号；②1107 断路器失灵保护（跟跳）动作。

（5）重要报文信息。

1）4 号主变压器 B 相第一套差动保护动作；

2）其他无任何保护启动。

2. 一次现场设备动作情况

（1）T061、5071、5072、1107 断路器分闸位置，相关压力正常，T062 断路器 SF_6 压力 0.49MPa。

（2）1 号站用变压器低压开关 2DL 分闸位置；0 号站用变压器低压开关 4DL 合闸位置，站用电运行情况正常。

（3）2 号主变压器 B 相高压裂纹，现场有明火。

（4）2 号主变压器差动保护范围内其他一次设备外观检查情况正常，无明显放电痕迹。

3. 保护动作情况

（1）2 号主变压器主体变压器第一套差动保护屏：PCS978 保护装置面板上跳闸红灯亮，自保持；液晶面板显示 B 相差动保护动作。

(2) 2号主变压器主体变压器第二套差动保护屏：WXH801保护装置面板上跳闸红灯亮，自保持；液晶面板显示B相差动保护动作。

(3) 2号主变压器主体变压器非电量保护屏：无信号。

(4) 2号主变压器调压补偿变压器第一套保护屏：无信号。

(5) 2号主变压器调压补偿变压器第二套保护屏：无信号。

(6) 1号站用变压器保护屏：备用电源自动投入动作。

(7) T061断路器保护屏：WDLK-862A保护装置瞬时跟跳ABC相。

(8) T062断路器保护屏：WDLK-862A保护装置：①瞬时跟跳ABC相；②失灵保护动作。

(9) T062断路器保护屏：无信号。

(10) 仿真五线第一套线路保护：PCS931远跳发信。

(11) 仿真五线第二套线路保护：CSC103远跳发信。

(12) 5071断路器保护屏：WDLK-862A保护装置瞬时跟跳ABC相。

(13) 5072断路器保护屏：WDLK-862A保护装置瞬时跟跳ABC相。

(14) 1104断路器保护屏：WDLK-862A保护装置瞬时跟跳ABC相。

(15) 1000kV3号故障录波器屏（4号主变压器）：故障录波装置动作，故障分析报告为主变压器无故障；故障波形显示主变压器三侧开关跳闸前，B相电流突增，B相电压突然降低；2号主变压器第一、二套电气量保护动作跳闸；T061、5071、5072、1107断路器分闸位置。

六、主要处理步骤

1. 监控后台检查

(1) 主画面检查断路器变位情况（T061、T063、5071、5072、1107断路器分位，T062断路器合位）；

(2) 检查光字及告警信息，记录关键信息（T062断路器SF$_6$压力低闭锁，T062断路器控制回路断线，4号主变压器第一套、第二套主体变压器差动保护动作，T062断路器失灵保护动作，仿真五线两套线路保护远传发信，400V备用电源自动投入动作，仿真五线线路无压，4号主变压器失电，110kV Ⅶ母失电）；

(3) 检查遥测信息（2号主变压器负荷正常、4号主变压器三侧电流电压、仿真五线线路电流电压、110kV Ⅶ母线电压）。

2. 运维人员5min向调度员初次汇报

仿真变电站值班员××，××时×分，4号主变压器第一套、第二套主体变压器差动保护动作，T061、5071、5072、1107断路器跳闸，T062断路器SF$_6$压力低闭锁，T062断路器失灵保护动作，仿真五线两套线路保护远传发信，T063断路器跳闸，400V

备用电源自动投入正确动作，站用电系统正常；2号主变压器负荷正常，仿真五线线路无压，4号主变压器失电，110kV Ⅷ母失电，其他相关潮流、负荷正常，现场天气晴。

3. 一、二次设备检查

（1）二次设备检查。

1）检查4号主体变压器第一套、第二套保护屏，记录故障信息（故障相B，故障电流××A），并复归信号；

2）检查仿真五线第一套、第二套线路保护屏，复归信号；

3）检查T061、T063、5071、5072断路器保护屏，复归信号。

（2）一次设备检查。

1）故障点判断及查找（4号主变压器高压侧B相套管破裂，现场有明火）；

2）检查拒动断路器（T062断路器SF_6压力低闭锁，分开T062断路器操作电源）；

3）检查跳闸断路器实际位置（T061、T063、5071、5072、1107），外观及压力指示是否正常。

4. 立即组织控制火势

（1）立即安排人员手动开启4号主变压器B相泡沫灭火装置开展灭火。并组织人员对外围火情进行控制，严防波及其他运行设备。

（2）立即安排人员报119火警，报清楚着火地点、着火设备特性、报警联系人电话等信息。

（3）立即安排防油污外泄措施，做好排水口油迹监控。

5. 15min内详细汇报调度

仿真变值班员××，××时×分，4号主变压器第一套、第二套主体变压器差动保护动作出口，故障相别B相，故障电流××A，T061、50571、5072、1107断路器跳闸，T0562断路器SF_6压力××，闭锁分闸，T0562断路器失灵保护动作，仿真五线两套线路保护远传发信，T0563断路器跳闸，400V备用电源自动投入装置正确动作，站用电系统正常；1号主变压器负荷正常，仿真五线线路无压，4号主变压器失电，110kV Ⅷ母失电，现场无人工作；已手动拉开失电断路器1171、1174，现场检查4号主变压器B相高压侧套管破裂，有明火，现场正在组织灭火，其他一、二次设备检查正常。申请隔离4号主变压器、解锁隔离T062断路器。

6. 隔离故障点

（1）申请解锁，依次拉开T0621、T0622隔离开关，T0622隔离开关拉不开，检查发现测控装置上T0622隔离开关遥控出口压板退出，投入该压板后拉开T0622隔离开关（操作结束后恢复联锁状态）。

（2）拉开T0612、T0611、11071、50712、50711、50721、50722隔离开关，分开4

号主变压器 110kV 电压互感器二次空气开关后，拉开 11004 隔离开关。

7. 试送仿真五线

合上 T063 隔离开关，对仿真五线进行送电，检查送电正常。

8. 故障设备转检修

（1）合上 T06217、T06227 接地开关，将仿真五线两套线路保护中断路器切至检修位置。

（2）主变压器三侧验电后，合上 T06117 接地开关，分开 4 号主变压器 1000kV 侧电压互感器二次空气开关；合上 507117 接地开关，分开 4 号主变压器 500kV 侧电压互感器二次空气开关；合上 11047 接地开关。

9. 故障分析

4 号主变压器 B 相高压侧套管破裂，主变压器差动保护动作，跳开三侧断路器，由于 T062 断路器 SF_6 压力低闭锁分闸，T062 断路器拒动，故障点未切除，T062 断路器失灵保护动作，跳开 T063 断路器，同时向仿真五线对侧发远跳，跳开线路对侧断路器。

在隔离故障点过程中，发现 T0622 隔离开关遥控出口连接片退出，投入后，隔离 T062 断路器，恢复仿真五线线路送电，最后将 T062 断路器和 4 号主变压器转为检修。

案例三：2 号主变压器调压补偿变压器故障

一、设备配置及主要定值

1. 保护配置

（1）调压补偿变压器第一套电气量保护：PCS-978C-UA；

（2）调压补偿变压器第二套电气量保护：WBH-801A；

（3）调压补偿变压器非电气量保护：PCS-974FG。

2. 主要定值

（1）调压补偿变压器第一、二套差动保护投跳闸的保护功能为：本保护共有 9 组定值区，调压补偿变压器差动保护每个运行档位均有对应的一组定值区，现场根据调压变压器的实际运行档位置相应的定值区；补偿变压器差动保护 9 组定值区完全相同；差动保护动作跳主变压器三侧开关，TA 断线闭锁差动保护。

（2）调压补偿变压器非电量保护投跳闸的保护功能为：重瓦斯保护、冷却器全停跳闸（60min、经 75℃闭锁 20min）。调压补偿变压器非电量保护投信号的保护功能为：压力释放、油温高、绕组温度高、轻瓦斯保护、油位异常。

3. 其他一、二次设备配置及定值同案例二

（略）

二、前置要点分析

1. 调压补偿变压器保护配置

调压补偿变压器相对于整个特高压变压器而言，绕组匝数很少，当发生轻微匝间故障时，故障电流折算到主体变压器来计算故障影响非常微小，主体变压器纵差保护灵敏度不够，很难准确动作，因此需要单独配置调压变压器和补偿变压器差动保护功能，并配置在单独的电气量保护装置内，另外还需要配置单独的非电量保护装置。配置调压变压器和补偿变压器保护的主要目的是用来提高调压变压器和补偿变压器内部匝间故障的灵敏度，因此调压变压器和补偿变压器不再单独配置后备保护。

2. 调压补偿变压器纵差动保护电流回路及动作逻辑

保护装置电流回路一般采用图10-25所示接线方式：调压变压器差动取主体变压器公共绕组尾端套管电流互感器、补偿变压器励磁绕组首端套管电流互感器、调压变压器励磁绕组首端套管电流互感器；补偿变压器差动取调压变压器差动取主体变压器低压绕组首端套管电流互感器、补偿变励磁绕组首端套管电流互感器、调压变压器励磁绕组首端套管电流互感器。

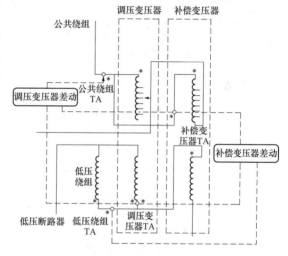

当调压补偿变压器差动保护整定控制字、压板均按照规定正常投入，

图 10-25 调压补偿变压器电流回路典型接线原理图

若调压补偿变压器内部发生匝间短路，相应差动原件启动，稳态差动元件动作后保护装置出口跳相应变压器三侧断路器。

3. 调压补偿变压器"重瓦斯保护动作""压力释放保护动作"回路及动作逻辑（图10-26～图10-29）

变压器本体气体继电器、压力释放阀相应动作接点通过电缆接入变压器非电量保护屏，经相应重动继电器 J 重动后，经过相应瓦斯保护投入压板、气体继电器保护投入压板启动大功率继电器 TJ，变压器内部故障后，相应回路接通，TJ 继电器励磁，联跳变压器三侧断路器，并将保护动作信息通过变压器本体测控装置上传监控系统。

三、事故前运行工况

天气雷雨，气温 22℃，设备健康状况良好，正常运行方式。

四、故障设置

2 号主变压器 B 相调压补偿变压器调压绕组发生匝间短路接地故障。

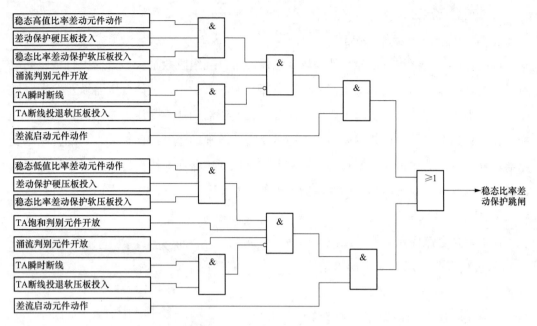

图 10-26　稳态比率差动逻辑框图

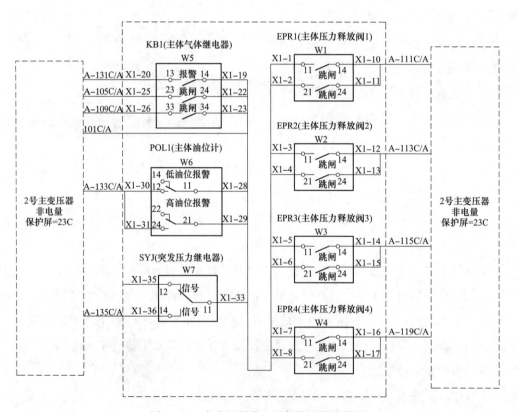

图 10-27　主变压器非电量保护测量接线图

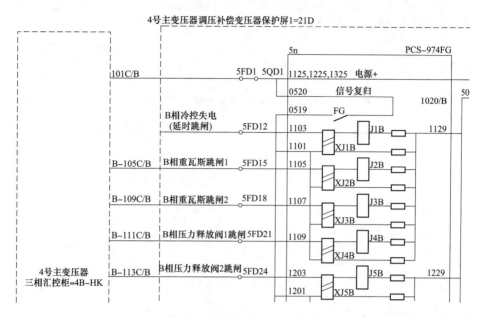

图 10-28 主变压器非电量保护输入回路接点联系图

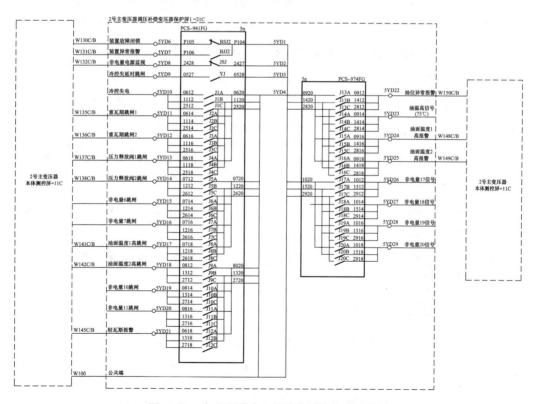

图 10-29 主变压器非电量输出回路接点联系图

五、主要事故现象

1. 后台监控现象

（1）监控系统事故音响、预告音响。

（2）在主接线及间隔监控分画面上，事故涉及断路器状态发生变化。

1）在主接线图上，T031、T032、5041、5042、1104 断路器三相跳闸，绿灯闪光；

2）在站用电分画面上，1 号站用变压器低压开关 1DL 跳闸，绿灯闪光，0 号站用变压器低压开关 3DL 备用电源自动投入装置动作合闸成功，红色闪光。

（3）潮流变化：

1）2 号主变压器 1000、500、110kV 三侧电压、频率、潮流为 0；

2）4 号主变压器三侧潮流增大。

（4）在相关间隔的光字中，有光字牌被点亮。

1）2 号主变压器间隔光字窗点亮的主要光字牌：①2 号主变压器调压补偿变压器第一套差动保护动作；②2 号主变压器调压补偿变压器第二套差动保护动作；③2 号主变压器调压补偿变压器重瓦斯保护动作；④1000kV 3 号故障录波器动作。

2）T031 断路器间隔光字窗点亮的主要光字牌：①间隔事故总信号；②T031 断路器失灵保护（跟跳）动作。

3）T032 断路器间隔光字窗点亮的主要光字牌：①间隔事故总信号；②T032 断路器失灵保护（跟跳）动作；③T032 断路器闭锁重合闸。

4）5041 断路器间隔光字窗点亮的主要光字牌：①间隔事故总信号；②5041 断路器失灵保护（跟跳）动作。

5）5042 断路器间隔光字窗点亮的主要光字牌：①间隔事故总信号；②5042 断路器失灵保护（跟跳）动作；③5042 断路器闭锁重合闸。

6）1104 断路器间隔光字窗点亮的主要光字牌：①间隔事故总信号；②1104 断路器失灵保护（跟跳）动作。

7）站用电间隔光字窗点亮的主要光字牌：0 号站用变压器 1 号备用分支断路器备用电源自动投入装置动作。

（5）重要报文信息。

1）2 号主变压器调压补偿变压器 A 相第一套差动保护动作；

2）2 号主变压器调压补偿变压器 A 相第二套差动保护动作；

3）2 号主变压器调压补偿变压器 A 相重瓦斯保护动作；

4）全站部分保护同时启动。

2. 一次现场设备动作情况

（1）T031、T032、5041、5042、1104 断路器处于分闸位置，相关压力正常；

（2）1 号站用变压器低压开关 1DL 处于分闸位置；0 号站用变压器低压开关 3DL 处

于合闸位置，站用电运行情况正常；

（3）2号主变压器B相调压补偿变压器油温明显比A、C相高，现场外观检查情况正常，气体继电器内有明显气体，其他无异常；

（4）2号主变压器差动保护范围内所有一次设备外观检查情况正常，无明显放电痕迹。

3. 保护动作情况

（1）2号主变压器主体变压器第一套差动保护屏：保护启动。

（2）2号主变压器主体变压器第二套差动保护屏：保护启动。

（3）2号主变压器主体变压器非电量保护屏：无信号。

（4）2号主变压器调压补偿变压器第一套保护屏：

1）PCS978保护装置面板上跳闸红灯亮，自保持。

2）装置液晶面板上主要保护动作信息有：①B相差动保护动作；②A相、B相、C相跳闸。

（5）2号主变压器调压补偿变压器第二套保护屏：

1）WBH-801A保护装置面板上跳闸红灯亮，自保持；

2）装置液晶面板上主要保护动作信息有：①B相差动保护动作；②B相差动速断保护动作；③A相、B相、C相跳闸。

（6）2号主变压器调压补偿变压器非电量保护屏：瓦斯保护动作。

（7）1号站用变压器保护屏：

1）CSC-246保护装置面板上出口5（跳1号站用变压器低压开关1DL出口）、出口2（合400V Ⅰ/Ⅲ母线分段开关3DL出口）红灯亮，自保持。

2）装置液晶面板上主要保护动作信息有：0号站用变压器分支1备用电源自动投入装置动作。

（8）T031断路器保护屏、T032断路器保护屏、5041断路器保护屏、5042断路器保护屏、1104断路器保护屏：

1）WDLK-862A保护装置面板上跳闸红灯亮，自保持；ZFZ822操作箱A相、B相、C相跳闸Ⅰ红灯亮，A相、B相、C相跳闸Ⅱ红灯亮，A相、B相、C相跳闸位置红灯亮，自保持。

2）装置液晶面板上主要保护动作信息有：①瞬时跟跳A相；②瞬时跟跳B相；③瞬时跟跳C相；④沟三跳闸。

（9）1000kV 3号故障录波器屏（2号主变压器）：故障录波装置动作，故障分析报告为主变压器B相故障；故障波形显示B相电流增大，故障电流明显大于A、C相负荷电流；A、B、C 相电压变化较小；2 号主变压器调压补偿变压器第一套电气量保护 B 相动作，2 号主变压器调压补偿变压器第二套电气量保护 B 相动作、2 号主变压器调压补偿变压器 B 相重瓦斯保护动作；T031、T032、5041、5042、1104 断路器分闸位置。

六、主要处理步骤

(1) 记录故障时间，清除音响。

(2) 详细记录跳闸断路器编号及位置（可以拍照或记录），记录相关运行设备潮流，现场天气情况。

(3) 在故障后 5min 内当值值长将收集到的故障发生的时间、发生故障的具体设备及其故障后的状态、故障跳闸断路器及位置，相关设备潮流情况、现场天气等信息简要汇报调度；并安排人员将上述情况汇报设备管理单位、站部管理人员。

(4) 当值值长组织运维人员，分析监控后台重要光字、重要报文，初步判断故障性质及范围，并进行清闪、清光字。

(5) 当值值长为事故处理的最高指挥，负责和当值调度、联系；同时合理分配当值人员，安排 1~2 名正值现场检查保护、故录动作情况，并打印相关报告，重点检查主变压器保护、主变压器故录动作情况；安排 1~2 名副值现场检查一次设备情况，重点检查主变压器差动保护范围内的一次设备外观情况、相应断路器实际位置、外观情况；所有现场检查人员需带对讲机以方便信息及时沟通。

(6) 当值值长继续分析监控后台光字、报文（重要光字、报文需要全面，无遗漏），并和现场检查人员及时进行信息沟通，确保双方最新信息能够及时的传递到位，并负责和相关部门联系。

(7) 运维人员到一次现场实地重点检查：主变压器三侧相应断路器位置、压力情况，主变压器差动保护范围内的设备外观情况，站用电切换情况，并将检查情况及时通过对讲机汇报当值值长。

(8) 运维人员到二次现场检查保护动作情况，记录保护动作报文，现场灯光指示，并核对正确后复归各保护及跳闸出口单元信号，打印保护动作及故障录波器录波波形并分析；现场检查时，注意合理利用时间，同时将现场检查情况，特别是故障相别及时通过对讲机汇报当值值长，以方便现场一次设备检查人员更精确地进行故障设备排查和定位。

(9) 当值值长汇总现场运维人员一、二次设备检查情况，根据保护动作信号及现场一次设备外观检查情况，判断故障原因为 2 号主变压器主体变压器 A 相内部故障，相应保护、故障录波器正确动作，三跳 2 号主变压器三侧断路器；站用电 I 段失电，0 号站用变压器备用电源自动投入装置正确动作，站用电Ⅰ段电源恢复。

（10）在故障后 15min 内，值长将上述一、二次设备检查、复归情况，站用电恢复情况及故障原因判断情况障详情汇报调度及站部管理人员。

（11）隔离故障点及处理：

1）2 号主变压器 T031 断路器从热备用改为冷备用；

2）2 号主变压器/仿真线 T032 断路器从热备用改为冷备用；

3）2 号主变压器 5041 断路器从热备用改为冷备用；

4）2 号主变压器/安和线 5042 断路器从热备用改为冷备用；

5）2 号主变压器 1104 断路器从热备用改为冷备用；

6）2 号主变压器从冷备用改为主变压器检修；

7）2 号主变压器调压补偿变压器 B 相取油样进行色谱分析，判断确为主变压器内部故障。

（12）做好记录，填报故障快报及汇报缺陷等。

（13）检修人员到达现场，做好相应安措，并许可相应故障抢修工作票。

案例四：1000kV Ⅱ 母线故障

一、设备配置及主要定值

1. 设备配置

仿真变电站 1000kV 母线均配置双重化保护，第一套保护为 GMH800A-108S 母线保护屏，包含 WMH-800A/P 母线保护装置、ZFZ-811/F 继电器箱，第二套保护为长园深瑞 BP 系列母线保护屏，包含 BP-2CS-H 母线保护装置、PRS-789 继电器箱。

WMH-800A/P 和 BP-2CS-H 母线保护装置具备母线差动保护功能和失灵经母线差动跳闸功能，使用独立直流电源，独立交流电流信号回路，并分别作用于断路器的两个跳闸线圈。

2. 主要定值

（1）1000kVⅡ母线第一套母线差动保护 WMH-800A/P 中的差动保护、失灵保护正常投跳。失灵开入重动继电器箱 ZFZ-811/F 正常运行方式；

（2）1000kVⅡ母线第二套母线差动保护 BP-2CS-H 中的差动保护、失灵保护正常投跳。失灵开入重动继电器箱 PRS-789 正常运行方式；

（3）1000kVⅡ母线连接的断路器 T022、T033、T052、T063 断路器保护都为 GLK862A-221，失灵投入，跟跳投入，各个软压板、硬压板正常投入。

二、前置要点分析

1. 母线气室分隔多，故障点定位难

仿真站 1000kV II 母线每相都有 14 个气室，加上与之相连的（未经过断路器的连接部分）隔离开关等气室，数量较多。当母线差动保护动作时，母线差动保护范围之内设备众多，有别于 AIS（空气绝缘设备，即敞开式设备）母线，GIS 的故障点巡查难度大。

2. 检测措施

由于故障时电弧对 SF_6 其他的放电作用，会产生相应的氟化物等其他杂质气体，因此分解物检测是目前 GIS 故障定位行之有效的方法，如图 10-30 所示。针对本次故障，对 1000kV II 母线各相关气室开展 SF_6 分解物测试工作，在 T0522 隔离开关 C 相与预留 T0532 隔离开关 C 相间的气室内检测出异常分解物。基本确定故障点位于 T0522 隔离开关 C 相与预留 T0532 隔离开关 C 相间的气室。

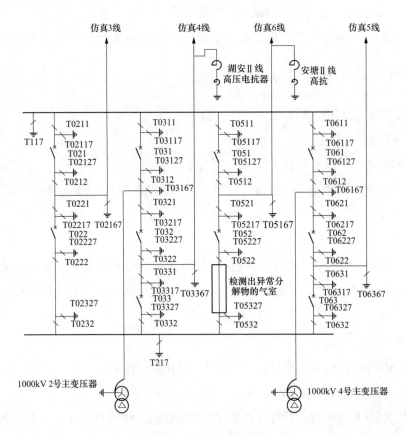

图 10-30　故障电流分布图

初步判断，T0522 隔离开关 C 相与预留 T0532 隔离开关 C 相间气室内存在故障点，如表 10-17 所示。

表 10-17 T0522 隔离开关 C 相与预留 T0532 隔离开关 C 相间气室 SF$_6$ 分解物检测结果

分解物检测仪器厂家	分解物成分及含量（μL/L）		
	SO$_2$	H$_2$S	CO
泰普联合	10.3	3.5	1.3
厦门加华	11.72	0	4.0
兴泰	11.24	0	1.5
忆榕	13.1	0	0

3. 其他检测方法

红外测温检测。由于故障时大电流产生的高温，GIS 筒体短时间内温度都会较高。如果及时用红外测温仪进行测量，条件较好时能够发现故障点，该方法特别适合于范围较小的设备间隔 GIS 内部故障点定位，如图 10-31 所示。

局部放电信号推测。局部放电在线监测能够对放电产生的高频信号进行监测，离故障点越近，局部放电信号越强。利用局部放电信号也能推导出故障点。

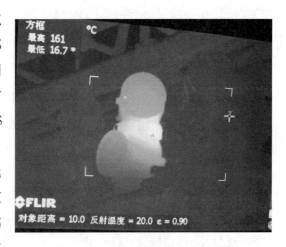

图 10-31 红外测温定位 GIS 故障点

三、事故前运行工况

（1）天气情况：阴天，气温 20℃，设备健康状况良好，正常运行方式。

（2）故障前运行方式。

仿真站 1000kV 仿真 I 线、仿真 4 线、仿真 5 线、仿真 6 线运行，T021、T022、T031、T032、T033、T051、T052、T061、T062、T063 断路器运行；仿真 I 线、仿真 4 线负荷分别为 1085MW 和 1090MW，仿真 5 线、仿真 6 线负荷分别为 256MW 和 230MW。

四、主要事故现象

1. 后台监控现象

（1）监控系统事故音响、预告音响。

（2）在主接线及间隔监控分画面上，事故涉及断路器状态发生变化：T022、T033、T052、T063 断路器三相绿色闪光。

（3）潮流变化：

1）1000kV II 母电压、频率为 0。

2）1000kV 线路、主变压器 1000kV 侧潮流未发生明显变化。

（4）在相关间隔的光字中，有光字牌被点亮：

1）1000kVⅡ母线间隔光字窗点亮的主要光字牌：①1000kVⅡ母线第一套母线差动保护动作；②1000kVⅡ母线第二套母线差动保护动作。

2）仿真Ⅰ线 T022 断路器间隔光字窗点亮的主要光字牌：①间隔事故总信号；②T022 断路器失灵保护（跟跳）动作。

3）仿真 4 线 T033 断路器间隔光字窗点亮的主要光字牌：①间隔事故总信号；②T033 断路器失灵保护（跟跳）动作。

4）仿真 6 线 T052 断路器间隔光字窗点亮的主要光字牌：①间隔事故总信号；②T052 断路器失灵保护（跟跳）动作。

5）仿真 5 线 T063 断路器间隔光字窗点亮的主要光字牌：①间隔事故总信号；②T063 断路器失灵保护（跟跳）动作。

6）其他间隔光字窗点亮的主要光字牌：①1000kV 1 号故障录波器启动；②1000kV 2 号故障录波器启动。

（5）重要报文信息：

1）1000kVⅡ母线第一套母线差动保护动作；

2）1000kVⅡ母线第一套母线差动保护动作；

3）全站几乎所有保护启动。

2. 一次现场设备动作情况

T022、T033、T052、T063 断路器三相在断开位置，断路器 SF_6 压力、油压均正常。一次设备外观检查、红外测温正常。

3. 保护动作情况

（1）1000kVⅡ母第一套母线差动保护屏：

1）WMH-800A/P 保护装置面板上跳闸红灯亮，自保持。

2）装置液晶面板上主要保护动作信息有：①19ms 后差动保护动作；②A 相差动电流为 0.003A；③B 相差动电流为 0.003A；④C 相差动电流为 6.88A。

（2）1000kVⅡ母第二套母线差动保护屏：

1）BP-2CS 保护装置面板上跳闸红灯亮，自保持。

2）装置液晶面板上主要保护动作信息有：①5ms 差动保护动作；②相别 C 相；③差动电流 2.33A。

（3）T022、T033、T052、T063 断路器保护屏：

1）WDLK-862A 保护装置面板上跳闸红灯亮，自保持；ZFZ822 操作箱 A、B、C 相跳闸Ⅰ红灯亮，A、B、C 相跳闸Ⅰ红灯亮，A、B、C 相跳闸位置红灯亮，自保持。

2）装置液晶面板上主要保护动作信息有：①瞬时跟跳 A 相；②瞬时跟跳 B 相；③瞬时跟跳 C 相；④沟三跳闸。

4. 故障录波器及局放在线监测动作情况

故障录波装置动作，故障分析报告为 1000kV Ⅱ 母线 C 相故障；故障波形显示 C 相电流增大，故障电流明显大于 A、B 相负荷电流；A、B 相电压变化较小，C 相电压明显减小；1000kV Ⅱ 母线第一套差动保护动作、第二套差动保护动作；T022、T033、T052、T063 断路器分闸位置。1000kV GIS 局部放电在线监测装置检查无异常告警。

五、主要处理步骤

（1）记录时间，清除音响。

（2）在故障后 5min 内值长将收集的各断路器跳闸等情况简要汇报调度、领导。

（3）记录光字牌并核对正确后复归。

（4）根据所跳断路器及监控后台信号等，初步判断故障范围。

（5）派一组运维人员到一次现场实地检查：1000kV Ⅱ 母相关设备、仿真 Ⅰ 线 T022 断路器、仿真 4 线 T033 断路器、仿真 6 线 T052 断路器、仿真 5 线 T063 断路器的实际位置及外观检查、SF_6 气体压力、机构储能情况等，检查汇控柜内电气指示等信号。对 1000kV Ⅱ 母线红外测温，同时检查 1000kV Ⅱ 母线局放有无告警。

（6）派另一组运维人员到二次现场检查保护动作情况，记录保护动作信号并核对正确后复归各保护及跳闸出口单元及其信号，打印故障录波并分析。

（7）根据保护动作信号及现场一次设备检查情况，判断为 1000kV Ⅱ 母 C 相发生接地故障，相关保护正确动作，断路器跳开，切除故障。

（8）安排人员开展 GIS 红外测温。

（9）在故障后 15min 内，值长将故障详情汇报调度及站部管理人员。

（10）隔离故障点及处理：

1）将仿真 Ⅰ 线 T022 断路器、仿真 4 线 T033 断路器、仿真 6 线 T052 断路器、仿真 5 线 T063 断路器从热备用改为冷备用。

2）1000kV Ⅱ 母线从冷备用改为检修。

3）对 1000kV Ⅱ 母线进行红外测温及局部放电信息查询，对母线相关气室取 SF_6 气体进行组分分析。

4）最终确定出故障点存在于 T0522 隔离开关 C 相与预留 T0532 隔离开关 C 相间气室内。拉开预留 T0532 隔离开关，将故障气室隔离。

5）1000kV Ⅱ 母线从检修改为冷备用。

6）将仿真 Ⅰ 线 T022 断路器、仿真 4 线 T033 断路器、仿真 5 线 T063 断路器从冷备用改为运行，恢复 1000kVⅡ母线运行。

（11）做好记录及汇报缺陷等。

（12）对故障气室进行分解检查。

案例五：110kV 电抗器断路器故障联跳主变压器

一、设备配置及主要定值

1. 一次设备配置

（1）1104 断路器：LW25A-145。

（2）1143 断路器：HBL170B1。

2. 二次设备配置

（1）主体变压器第一套电气量保护：PCS-978GC-U；

（2）主体变压器第二套电气量保护：WBH-801A；

（3）主体变压器非电气量保护：PCS-974FG；

（4）调压补偿变压器第一套电气量保护：PCS-978C-UA；

（5）调压补偿变压器第二套电气量保护：WBH-801A；

（6）调压补偿变压器非电气量保护：PCS-974FG；

（7）110kV 母线差动保护：WMH800A；

（8）110kV 电抗器保护：WKB851。

3. 主要定值

（1）本体变压器差动保护（含第一、二套 1000kV 后备保护、500kV 后备保护、110kV 后备保护），110kV 分支 2 过流保护 t_1（1.5s）延时跳 110kV 断路器/t_2（2s）延时跳各侧；110kV 绕组过流保护 t_1（1.5s）延时跳 110kV 断路器/t_2（2s）延时跳各侧。设有失灵联跳功能，用于母线差动或其他失灵保护装置通过主变压器保护跳主变压器各侧的方式，经装置内部灵敏的、不需整定的电流元件并带 50ms 延时后跳主变压器各侧断路器。

（2）110kV 母线差动保护主要功能有差动保护（常规差动、突变量差动）、失灵保护、复合电压闭锁、TA 断线、TV 断线等。主变压器支路变比 3000/1、其余支路变比为 1600/1，母线差动基准变比为 3000/1。失灵相电流 0.44A，失灵零序电流 20A（不接地系统，零序判据不用），失灵负序电流 0.3A，失灵动作延时 0.25s。

（3）110kV 电抗器保护主要采用电流Ⅰ段保护、电流Ⅱ段保护，其余功能不投。TA 变比为 1600/1，电流Ⅰ段定值 4.95A、时间 0.2s，电流Ⅱ段定值 1.24A、时间 0.5s。

（4）110kV 断路器压力值：SF_6 低告警：0.45MPa；SF_6 低闭锁分合闸：0.4MPa。

二、前置要点分析

1. 电抗器保护（许继 WKB851 电抗器保护测控装置）

（1）过流保护动作逻辑，如图 10-32 所示。

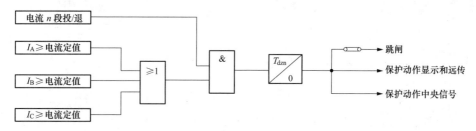

图 10-32　三段定时限电流保护

T_{dzn}—电流 n 段时限（$n=1, 2, 3$）

保护通过判断 I_A、I_B、I_C 电流是否达到定值，并且相应段电流功能控制字投入，经过整定延时后出口跳闸、发信。

（2）装置操作插件原理，如图 10-33、图 10-34 所示。

2. 母线差动保护（许继 WMH800A 母线差动保护装置）

（1）差动保护，如图 10-35 所示。

母线差动保护经差动保护硬压板、差动保护软压板、差动保护控制字三者"与"逻辑控制。

母线差动保护为分相式比率制动差动保护，差流采用具有比率制动特性的分相电流差动算法，其动作方程为

$$I_d > I_s$$
$$I_d > k \cdot I_r$$

$$I_d = \left| \sum_{j=1}^{n} \dot{I}_j \right| \qquad I_r = \sum_{j=1}^{n} | \dot{I}_j | \tag{10-1}$$

式中：I_d 为差动电流，I_r 为制动电流，k 为比率制动系数，内部固定为 0.5，I_s 为差动电流定值，I_j 为各回路电流。

如果满足以上的动作方程，判为母线内部故障，母线差动保护瞬时动作。

（2）失灵保护。

1000kV 特高压系统低压侧母线上连接的设备包含主变压器低压侧、电抗器、电容器、站用变压器等。当变压器内部故障低压侧断路器失灵时，需要启动母线保护装置上的断路器失灵保护跳开母线上所连接的断路器；此外，当电抗器、电容器等无功补偿设备有故障时，若故障电流比较大，该设备的负荷开关的开断能力可能不足以支持跳开故障设备的断路器，此时要通过失灵保护动作跳开母线上所连接的有源设备以隔离故障点。

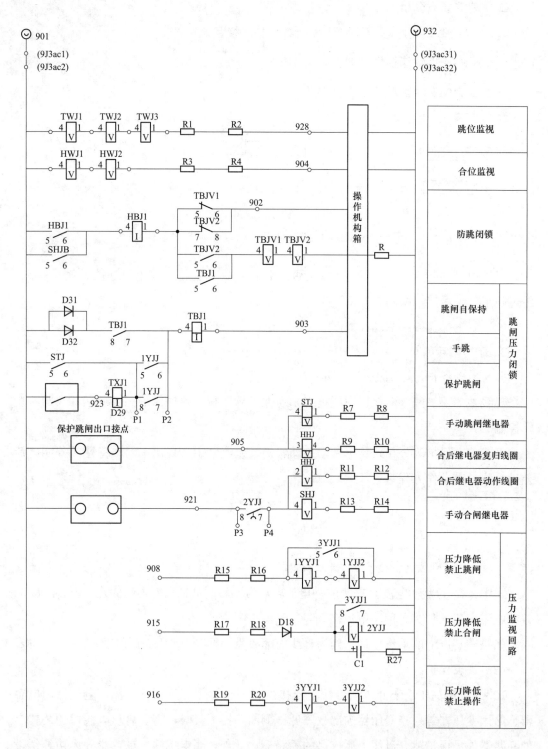

图 10-33 操作插件原理图（一）

失灵保护的投入经失灵保护硬压板、失灵保护软压板、失灵保护控制字"与"逻辑控制。失灵保护按照支路设置启失灵开入，每个间隔仅接入三跳启失灵开入。任一断路

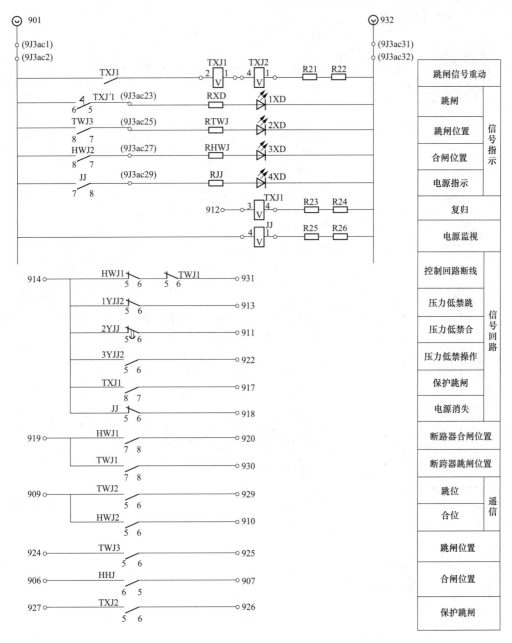

图 10-34　操作插件原理图（二）

器失灵时，该元件的启失灵开入启动断路器失灵保护，经过电流判据判别后启动断路器失灵保护，并经设定跳母线延时来跳开失母线上所连接的支路。

若某支路启失灵开入保持 10s 不返回，装置发告警信号，报"失灵开入告警"，并闭锁该失灵开入，该失灵开入告警返回 1s 后再解除对该间隔失灵保护的闭锁。

失灵动作逻辑按间隔判别，任一间隔的失灵动作条件均满足时均置失灵保护动作标志。失灵电流判别采用相电流、零序电流、负序电流逻辑"或"设计，且失灵开入满足

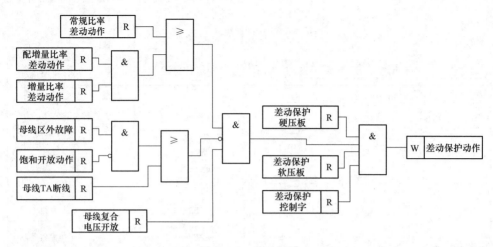

图 10-35　差动保护

且该间隔的相电流（或零序电流、或负序电流）满足后经母线的失灵复合电压闭锁把关后失灵保护动作。失灵保护动作后跳开母线上所有的连接支路如图 10-36 所示。

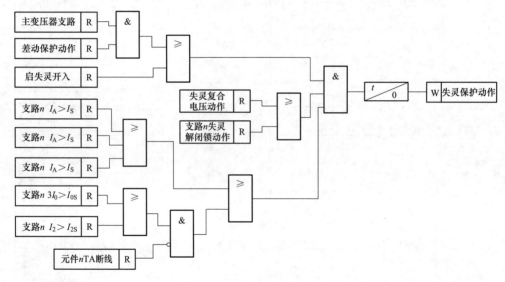

图 10-36　失灵保护动作逻辑

母线差动保护失灵联跳。由于母线差动保护动作时需要跳开母线上的有源支路，若特高压变压器低压侧断路器失灵需要触发其相应的失灵联跳开出接点以跳开变压器的其他侧断路器。

为防止母线故障主变压器支路断路器失灵时其他侧继续提供故障电流，软件内部设计了差动保护动作时自动启动主变压器支路失灵的逻辑，失灵保护动作后驱动主变压器支路的联跳接点以跳开主变压器支路的其他电源侧，差动动作启动断路器失灵保护时的电流判据与启失灵开入启动的电流判据相同。

主变压器低压侧模拟量和开关量固定接入保护的支路 1，其失灵联跳逻辑包含两个逻辑：

母线差动保护动作（母线保护软件内部固定启动）和主变压器保护低压侧断路器启动母线保护装置上的失灵保护动作，延时 t_{zd}（经整定的失灵保护动作时间）联跳主变压器三侧；

失灵保护动作（其他支路失灵启动母线保护装置上的失灵保护动作），延时 $2t_{zd}$（经整定的失灵保护动作时间）联跳主变压器三侧。

上面两个逻辑为启动逻辑，当启动条件满足且主变压器低压侧电流满足整定的失灵电流定值（相电流定值、零序电流定值、负序电流定值）时，失灵联跳动作，启动主变压器失灵联跳保护，详细逻辑图如图 10-37 所示。

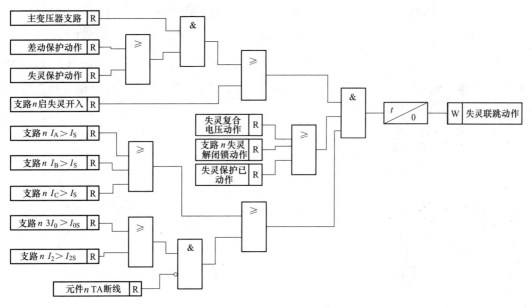

图 10-37　失灵联跳逻辑

3. 主变压器低压侧过流（许继 WBH-801A 主变压器保护）

过流保护的过流元件接于本侧电流互感器二次三相回路中，当任一相电流满足下列条件时，过流元件动作，经 T1 延时跳本侧断路器，经 T2 延时跳主变压器三侧。

$$I > I_{op}$$

式中：I_{op} 为动作电流整定值。

主变压器失灵联跳保护（许继 WBH-801A 主变压器保护）满足变压器某侧断路器失灵保护动作后跳开各侧断路器功能。断路器失灵保护动作触点开入后，经启动元件后延时 50ms 跳开变压器各侧断路器。电流取本侧三相电流，零序电压取本侧三相 TV 组成的自产零序电压。1000kV 变压器高压侧、中压侧、低压侧都配置了失灵跳闸保护。

高压侧和中压侧失灵跳闸的启动元件由电流突变量元件、负序电流元件、零序电流元件和零序电压元件"或门"组成。因低压侧为不接地系统，低压侧失灵跳闸的启动元件取消零序电流和零序电压元件，由电流突变量元件、负序电流元件"或门"组成。

动作方程为

$$\begin{cases} \Delta I > 1.25\Delta I_{\text{T}} + 0.1I_{\text{e}} \\ \text{或 } I_2 > 0.2I_{\text{e}} \\ \text{或 } 3I_0 > 0.2I_{\text{e}} \\ \text{或 } 3U_0 > 5\text{V} \end{cases} \tag{10-2}$$

式中：ΔI 为电流突变量；ΔI_{T} 为浮动门槛，随着变化量输出增大而逐步自动提高，取 1.25 倍可保证门槛电流始终略高于不平衡输出；I_{e} 为变压器本侧二次额定负荷电流。

满足图 10-38 所示"失灵联跳保护"动作逻辑条件时，主变压器 1000kV 侧、500kV 侧，或 110kV 侧失灵联跳保护动作，三跳主变压器各侧断路器，同时启动相应断路器失灵保护，闭锁相应断路器重合闸。

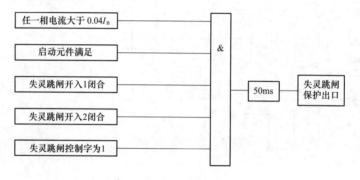

图 10-38 失灵联跳逻辑框图

注意：失灵联跳开入超过 12s 后装置报开入长期存在，并闭锁保护。

三、事故前运行工况

天气雷雨，气温 22℃，设备健康状况良好，正常运行方式。

四、故障设置

110kV 电抗器断路器故障后跳主变压器。

五、主要事故现象

1. 后台监控现象

(1) 监控系统事故音响、预告音响。

(2) 主接线画面状态变化：

1) T031、T032、5041、5042、1143、1144 断路器三相绿色闪光；1104 断路器合位。

2）1 号站用变压器低压断路器 1DL 绿闪，0 号站用变压器低压断路器 3DL 红闪。

（3）潮流变化：2 号主变压器 1000、500、110kV 三侧电压、频率、潮流为 0。

（4）在相关间隔的光字中，有光字牌被点亮。

1）1143 低抗间隔光字窗点亮的主要光字牌：①1143 断路器控制回路断线；②1143 断路器 C 相 SF$_6$ 压力低闭锁。

2）110kV 4 母间隔光字窗点亮的主要光字牌：母线差动保护动作。

3）2 号主变压器间隔光字窗点亮的主要光字牌：①第一套差动保护动作；②第二套差动保护动动作；③第一套主变压器保护中性点电压偏移动作；④1000kV 3 号故障录波器动作。

4）T031 断路器间隔光字窗点亮的主要光字牌：①间隔事故总信号；②T031 断路器失灵保护（跟跳）动作。

5）T032 断路器间隔光字窗点亮的主要光字牌：①间隔事故总信号、T032 断路器失灵保护（跟跳）动作；②T032 断路器闭锁重合闸。

6）5041 断路器间隔光字窗点亮的主要光字牌：①间隔事故总信号；②5041 断路器失灵保护（跟跳）动作。

7）5042 断路器间隔光字窗点亮的主要光字牌：①间隔事故总信号；②5042 断路器失灵保护（跟跳）动作；③5042 断路器闭锁重合闸。

8）1104 断路器间隔光字窗点亮的主要光字牌：①1104 断路器 A 相 SF$_6$ 压力低闭锁；②1104 断路器控制回路断线。

9）1 号站用电间隔光字窗点亮的主要光字牌：①间隔事故总信号；②备用电源自动投入保护动作。

（5）重要报文信息。

1）1143 低压电抗器开关分闸动作；

2）1143 低压电抗器开关 C 相 SF$_6$ 压力低闭锁；

3）1143 低压电抗器开关控制回路断线；

4）2 号主变压器第一套电气量保护中性点电压偏移动作；

5）1104 断路器 A 相 SF$_6$ 压力低闭锁；

6）1104 断路器控制回路断线；

7）2 号主变压器第一套差动保护动作；

8）2 号主变压器第二套差动保护动作；

9）T031 断路器分闸；

10）T032 断路器分闸；

11）5041 断路器分闸；

12）5042 断路器分闸；

13）所用备用电源自动投入保护动作；

14）全站几乎所有保护启动。

2. 一次现场设备动作情况

（1）1143 断路器 C 相爆炸、1104 断路器 A 相灭弧室被 1143 断路器碎片击中导致炸裂，均有放电痕迹；1143 断路器 A、B 相分闸位置；1104 断路器三相合闸位置，A 相 SF_6 压力为零。

（2）T031 断路器、T032 断路器、5041 断路器、5042 断路器、1144 断路器分闸位置。

（3）1 号站用变压器低压开关 1DL 分闸位置；0 号站用变低压断路器 3DL 合闸位置，站用电运行情况正常。

（4）站内其余一次设备部分瓷套被损坏，修复后可以正常运行，其他设备外观检查情况正常，无明显放电痕迹。

3. 保护动作情况

（1）2 号主体变压器第一套差动保护屏：

1）PCS978 保护装置面板上跳闸红灯亮，自保持。

2）液晶面板显示：①中性点电压偏移动作；②A 比例差动；③A 工频变化量差动；④最大纵差电流：$2.44I_e$。

（2）2 号主变压器主体变压器第二套差动保护屏：

1）A 比例差动；

2）A 工频变化量差动；

3）最大纵差电流 $2.44I_e$。

（3）1 号站用变压器保护屏：备用电源自动投入动作。

（4）T031 断路器保护屏：

1）WDLK-862A 保护装置面板上跳闸红灯亮，自保持；

2）液晶面板显示 A、B、C 相跟跳。

（5）T032 断路器保护屏：

1）WDLK-862A 保护装置面板上跳闸红灯亮，自保持；

2）液晶面板显示 A、B、C 相跟跳。

（6）5041 断路器保护屏：

1）WDLK-862A 保护装置面板上跳闸红灯亮，自保持；

2）液晶面板显示 A、B、C 相跟跳。

（7）5042 断路器保护屏：

1）WDLK-862A 保护装置面板上跳闸红灯亮，自保持；

2）液晶面板显示 A、B、C 相跟跳。

（8）4 母母线差动保护屏：

1）WMH800A 保护装置面板上失灵动作红灯亮，自保持。

2）液晶面板显示：①A 相差动保护动作；②C 相差动保护动作。

（9）1000kV 3 号故障录波器屏（2 号主变压器）：故障录波装置动作，故障分析报告为主变压器 A、C 相故障；故障波形显示 A、C 相电流突增，故障电流明显大于 B 相负荷电流；A、C 相电压突减，故障电压明显低于 B 相电压；2 号主变压器第一套电气量保护动作，2 号主变压器第二套电气量保护动作；T031、T032、5041、5042 断路器分闸位置，1104 断路器合闸位置。

六、主要处理步骤

（1）记录故障时间，清除音响。

（2）详细记录跳闸断路器编号及位置（可以拍照或记录），记录相关运行设备潮流，现场天气情况。

（3）在故障后 5min 内当值值长将收集到的故障发生的时间、发生故障的具体设备及其故障后的状态、故障跳闸断路器及位置，相关设备潮流情况、现场天气等信息简要汇报调度；并安排人员将上述情况汇报、站部管理人员。

（4）当值值长组织运维人员，分析监控后台重要光字、重要报文，初步判断故障性质及范围，并进行清闪、清光字。

（5）当值值长为事故处理的最高指挥，负责和当值调度、联系；同时合理分配当值人员，安排 1~2 名正值现场检查保护、故录动作情况，并打印相关报告，重点检查主变压器保护、主变压器故录动作情况；安排 1~2 名副值现场检查一次设备情况，重点检查主变压器差动保护范围内的一次设备外观情况、相应断路器实际位置、外观情况；所有现场检查人员需带对讲机以方便信息及时沟通。

（6）当值值长继续分析监控后台光字、报文（重要光字、报文需要全面，无遗漏），并和现场检查人员及时进行信息沟通，确保双方最新信息能够及时的传递到位，并负责和相关部门联系。

（7）运维人员到一次现场实地重点检查：现场是否有火情，主变压器三侧相应断路器位置、压力情况，1000、500kV GIS 局放在线检测数据、SF_6 压力情况，主变压器、母线、电容、电抗、站用变压器等一次设备外观情况，站用电切换情况，并将检查情况及时通过对讲机汇报当值值长。

（8）运维人员到二次现场检查保护动作情况，记录保护动作报文，现场灯光指示，并核对正确后复归各保护及跳闸出口单元信号，打印保护动作及故障录波器录波波形并分析；现场检查时，注意合理利用时间，同时将现场检查情况，特别是故障相别及时通过对讲机汇报当值值长，以方便现场一次设备检查人员更精确地进行故障设备排查和定位。

（9）当值值长汇总现场运维人员一、二次设备检查情况，根据保护动作信号及现场一次设备外观检查情况，判断故障原因为 1143 低压电抗器断路器分闸过程中，C 相断路器因故爆炸，引起 2 号主变压器 110kV C 相接地持续存在，同时断路器爆炸碎片击中 1104 断路器 A 相灭弧室，导致 1104 断路器 A 相 SF$_6$ 灭弧室炸裂，引起 A 相开关接地，因 A 相故障点在变压器差动保护范围内，A、C 相故障点在 110kV 母线差动保护范围内，因此 2 号主变压器第一、二套分相电流差动 A 相动作，110kV 母线差动保护 A、C 相差动动作，相应保护、故障录波器正确动作；站用电 I 段失电，0 号站用变备用电源自动投入正确动作，站用电 I 段电源恢复。

（10）立即组织控制火势。

1）立即组织人员开展火情进行控制，开展灭火工作，严防波及其他运行设备；

2）立即安排人员报 119 火警，报清楚着火地点、着火设备特性、报警联系人电话等信息；

3）立即安排防油污外泄措施，做好排水口油迹监控。

（11）在故障后 15min 内，值长将上述一、二次设备检查、复归情况，站用电恢复情况及故障原因判断情况障详情汇报调度、及站部管理人员。

（12）隔离故障点及处理。

1）2 号主变压器 T031 断路器从热备用改为冷备用；

2）2 号主变压器/仿真线 T032 断路器从热备用改为冷备用；

3）2 号主变压器 5041 断路器从热备用改为冷备用；

4）2 号主变压器/安和线 5042 断路器从热备用改为冷备用；

5）2 号主变压器从冷备用改为主变压器检修；

6）110kV 4 母改检修；

7）1141 电容器断路器从热备用改为冷备用；

8）1142 电容器断路器从热备用改为冷备用；

9）1143 电抗器断路器从热备用改为冷备用；

10）1143 电抗器从冷备用改检修；

11）1144 站用变压器断路器从热备用改为冷备用。

（13）做好记录，填报故障快报及汇报缺陷等。

（14）检修人员到达现场，许可相应故障抢修工作票，并做好相应安措。

案例六：特高压变电站复杂故障综合仿真案例

为提升现场运维人员综合故障事故处理技能，在前面单设备故障仿真处理的基础上，设置复杂仿真故障，探究复杂故障情况下，故障处理方式、方法。本故障主要分为四个阶段，第一阶段为仿真 6 线 A 相电压互感器冒烟、T051 断路器 SF_6 压力低闭锁分合闸；第二阶段为处理异常过程中，仿真 5828 线第一套线路保护发生 TA 断线（线路保护屏后 5042 断路器电流端子烧损）；第三阶段为 T061 断路器 SF_6 压力低闭锁分合闸，且有进一步下降趋势，需立即申请将 T061 断路器隔离；第四阶段为拉开 T061 断路器时，T061 断路器电流互感器交叉区故障引起 1000kV Ⅰ 母线、4 号主变压器故障跳闸，同时由于仿真 5828 第一套线路保护 TA 断线尚未来的及处理，T061 断路器故障时，差流较大引起仿真 5828 第一套线路保护动作跳闸。

一、设备配置及主要定值

1. 一次设备配置

（1）1000kV 线路电压互感器：TYD4 $1000/\sqrt{3}$-0.005H；

（2）1000kV GIS 组合电器，型号 ZF15-1100，带合闸电阻，两断口，额定电压 $1100/\sqrt{3}$ kV，额定开断电流 63kA。

2. 二次设备配置

（1）1000kV 母线差动保护：

第一套母线差动保护屏：GMH800A-108S 母线保护屏，包含 WMH-800A/P 母线保护装置、ZFZ-811/F 继电器箱。第二套母线差动保护屏：长园深瑞 BP 系列母线保护屏，包含 BP-2CS-H 母线保护装置、PRS-789 继电器箱。WMH-800A/P 和 BP-2CS-H 母线保护装置具备母线差动保护功能和失灵经母线差动跳闸功能，使用独立直流电源，独立交流电流信号回路，并分别作用于断路器的两个跳闸线圈。

（2）仿真 4 线线路保护：

第一套线路保护屏：PCS-931GM 线路保护装置 ＋ PCS-925G 过电压及远跳就地判别装置。仿真 4 线第二套线路保护屏：CSC-103B 线路保护装置 ＋ CSC-125A 过电压及远跳就地判别装置。

（3）T011、T021、T031、T051、T061 断路器保护屏：WDLK-862A/P 保护装置 ＋ ZFZ-822/B 操作箱。

（4）仿真 5828 线第一套线路保护、远方就地判别装置：CSC-103A、CSC-125A、JFZ-511J Lockout 操作箱。

（5）仿真 5828 线第二套线路保护、远方就地判别装置：PSL603UW、SSR530U、PCX Lockout 继电器。

(6) 仿真线 5041 断路器和仿真线 5042 断路器保护采用单套相同配置，采用的 WDLK-862A/P、ZFZ-822/B 操作继电器箱、ZFZ-811/D Lockout 继电器箱，用于断路器失灵保护延时段出口保持。

3. 主要定值

(1) 1000kV Ⅱ 母线第一套母线差动保护 WMH-800A/P 中的差动保护、失灵保护正常投跳。失灵开入重动继电器箱 ZFZ-811/F 正常运行方式。

(2) 1000kV Ⅱ 母线第二套母线差动保护 BP-2CS-H 中的差动保护、失灵保护正常投跳。失灵开入重动继电器箱 PRS-789 正常运行方式。

(3) 1000kV Ⅱ 母线连接的 T022、T033、T052、T063 断路器保护都为 GLK862A-221，失灵投入，跟跳投入，各个软压板、硬压板正常投入。

(4) 1000kV 断路器保护 WDLK-862A 中的充电保护、三相不一致保护均停用，失灵投跳，线路边断路器重合闸置单重方式，中断路器重合闸停用，边断路器时间为 1.3s。

(5) 仿真 6 线第一套线路保护 PCS-931GM 差动动作电流定值为 0.28A，反时限零流为 0.13A，距离一、二段经振荡闭锁，TA 变比为 3000A/1A。线路全长 162.6km。

(6) 仿真 6 线第二套线路保护 CSC-103B 差动动作电流定值为 0.4A，零序差动定值为 0.28A，反时限零流为 0.13A，距离一、二段经振荡闭锁，TA 变比为 3000A/1A。

(7) 500kV 线路保护以分相电流差动作为主保护，后备保护均采用多段式的相间距离和接地距离保护，为反应高阻接地故障，每套装置内还配置一套反时限或定时限的零序电流方向保护。

(8) 每套分相电流差动保护均具有远方跳闸功能，为了保证远方跳闸的可靠性，配置就地故障判别装置，装置分别装于两面保护屏内。仿真 5828 线第一套远方跳闸就地判别采用低功率判据，通道一投入，通道二退出，收信逻辑采用"二取一"方式。第二套远方跳闸就地判别装置采用低有功加过电流判据，收信采用单通道收信方式。

(9) 仿真线 5042 断路器和仿真线 5043 断路器保护仅采用断路器失灵保护（包含跟跳本断路器功能）和重合闸功能，不一致保护、死区保护、充电过流保护均不用。断路器失灵保护动作，瞬时再跳本断路器故障相，经 200ms 延时三跳本断路器及相邻断路器。重合闸置单重方式，5043 断路器重合闸时间为 1.3s，5042 断路器重合闸停用。

二、事故前运行工况

晴天，气温 32℃，正常运行方式。设备健康状况良好，正常运行方式。

三、第一阶段仿真故障处理

（一）主要事故现象

1. 后台监控现象

(1) 监控系统事故音响、预告音响。

（2）在相关间隔的光字中，有光字牌被点亮。仿真 4 线间隔光字窗点亮的主要光字牌：

1）第一套线路保护 TV 断线；

2）第二套线路保护 TV 断线；

3）第一套就地判别装置 TV 断线；

4）第二套就地判别装置 TV 断线。

（3）潮流变化：仿真 4 线 A 相电压为 0，B、C 相电压正常。

2. 保护动作情况

（1）第一套线路保护屏动作信息：

1）PCS-931GM、PCS-925G 保护装置面板上保护告警灯亮，自保持。

2）装置液晶面板上主要保护动作信息有保护装置 TV 断线。

（2）第二套线路保护屏动作信息：

1）CSC-103B、CSC-125A 保护装置面板上保护告警灯亮，自保持。

2）装置液晶面板上主要保护动作信息有保护装置 TV 断线。

3. 一次现场设备动作情况

仿真 4 线线路电压互感器 A 相电磁单元冒烟。

（二）主要处理步骤

（1）记录异常发生时间，清除音响。

（2）在异常发生 5min 内当值值长将收集到的异常发生的时间、发生异常的具体设备，监控后台相关异常信息简要汇报调度、运维管理单位、站部管理人员。

（3）当值值长合理分配当值人员，安排 1～2 名正值现场检查线路保护、测控装置相关信息；安排 1～2 名副值现场检查一次设备情况。

（4）运维人员到一次现场发现仿真 4 线电压互感器 A 相冒烟后，立即将检查情况及时通过对讲机汇报当值值长。

（5）运维人员到二次现场检查保护相关异常现象后，立即将检查情况及时通过对讲机汇报当值值长。

（6）当值值长立即向网调汇报：仿真 4 线 A 相电压互感器电磁单元冒烟，导致相关线路保护 TV 断线，需立即将仿真 4 线两侧断路器拉开，同时拉开线路对侧断路器，隔离异常电压互感器。

（7）当值值长根据调度口令，执行：

1）拉开 2 号主变压器/仿真 4 线 T032 断路器；

2）拉开仿真 4 线 T033 断路器。

四、第二阶段仿真故障处理

处理仿真 4 线 TV 断线异常时，触发第二阶段异常，仿真 5828 线第一套线路保护发生 TA 断线（线路保护屏后 5042 断路器电流端子烧损）。

（一）主要事故现象

1. 后台监控现象

（1）监控系统事故音响、预告音响响；

（2）在相关间隔的光字中，有光字牌被点亮。

仿真 5828 线间隔光字窗点亮的主要光字牌：仿真 5828 线第一套线路保护发生 TA 断线。

（3）重要报文信息。

仿真 5828 线第一套线路保护发生 TA 断线动作。

2. 保护动作情况

第一套线路保护屏动作信息：

（1）PCS-931GM、PCS-925G 保护装置面板上保护告警灯亮，自保持；

（2）装置液晶面板上主要保护动作信息有 TA 断线；

3. 设备故障点实际情况

第一套线路保护屏后电流端子烧损。

（二）主要处理步骤

（1）记录异常发生时间，清除音响。

（2）在异常发生 5min 内当值值长将收集到的异常发生的时间、发生异常的具体设备，监控后台相关异常信息简要汇报调度、运维管理单位、站部管理人员。

（3）当值值长合理分配当值人员，安排 1～2 名正值现场检查线路保护相关信息；安排 1～2 名副值现场检查一次设备情况。

（4）运维人员到二次现场检查保护相关异常现象后，立即将第一套线路保护 TA 断线、屏后电流端子烧损等检查情况通过对讲机汇报当值值长。

（5）当值值长立即向网调汇报：仿真 5828 线第一套线路保护发生 TA 断线，需立即将仿真 5828 线第一套线路保护改为信号，进行第一套线路 TA 回路短接处理。

五、第三阶段仿真故障处理

处理仿真 5828 线 TA 断线过程中，保护还没有来的及改信号。触发第三阶段异常，T061 断路器 SF$_6$ 压力低闭锁分合闸，且有进一步下降趋势，需立即申请将 T061 断路器隔离。

（一）主要事故现象

1. 后台监控现象

（1）监控系统预告音响响。

（2）在相关间隔的光字中，有光字牌被点亮。

4 号主变压器 T061 断路器间隔光字窗点亮的主要光字牌：

1）4 号主变压器 T061 断路器 SF_6 压力低闭锁分合闸；

2）4 号主变压器 T061 断路器第一套控制回路断线；

3）4 号主变压器 T061 断路器第八套控制回路断线。

（3）重要报文信息。

1）4 号主变压器 T061 断路器 SF_6 压力低闭锁分合闸；

2）4 号主变压器 T061 断路器第一套控制回路断线；

3）4 号主变压器 T061 断路器第八套控制回路断线。

2. 一次现场设备动作情况

T061 断路器压力 A 相 0.45MPa、B 相、C 相 0.6MPa。

（二）主要处理步骤

（1）记录异常发生时间，清除音响。

（2）在异常发生 5min 内当值值长将收集到的异常发生的时间、发生异常的具体设备，监控后台相关异常信息简要汇报调度、运维管理单位、站部管理人员。

（3）当值值长合理分配当值人员，安排 1～2 名正值现场检查线路保护相关信息；安排 1～2 名副值现场检查一次设备情况。

（4）一次设备检查人员将 T061 断路器 A 相 SF_6 压力低于闭锁值汇报值长。

（5）当值值长立即向网调汇报：T061 断路器压力 A 相 0.45MPa 低于闭锁分合闸压力值，需要立即申请拉开 T061 断路器相邻断路器，隔离 T061 断路器。

（6）调度下令：

1）拉开仿真 1 线 T011 断路器；

2）拉开仿真 3 线 T021 断路器；

3）拉开 2 号主变压器 T031 断路器；

4）拉开仿真 6 线 T051 断路器；

5）拉开 4 号主变压器/仿真 5 线 T062 断路器；

6）拉开 4 号主变压器 5071 断路器；

7）拉开 4 号主变压器 5072 断路器；

8）拉开 4 号主变压器 1107 断路器；

9）拉开 4 号主变压器 1108 断路器。

六、第四阶段仿真故障处理

处理仿真 5828 线 TA 断线、T061 断路器分合闸闭锁过程中，保护还没有来的及改信号。触发第四阶段异常，拉开 T011 断路器时 T0511 电流互感器 A 相气室对地发生放电。T061 断路器失灵保护动作联跳 4 号主变压器三侧断路器，同时由于仿真 5828 第一套线路保护 TA 断线尚未来的及处理，T051 断路器故障时，差流较大引起仿真 5828 第一套线路保护动作跳闸。

（一）主要事故现象

（1）监控系统事故音响、预告音响。

（2）在主接线及间隔监控分画面上，事故涉及断路器状态发生变化：T011、T021、T031、T051、T052、T062、5042、5071、5072、1107、1108 断路器三相绿色闪光，5043 断路器红闪，T061 断路器合位。

（3）潮流变化：

1）1000kV Ⅰ母电压、频率为 0。

2）1000kV 线路、主变压器 1000kV 侧潮流未发生明显变化。

（4）在相关间隔的光字中，有光字牌被点亮：

1）1000kV Ⅰ母线间隔光字窗点亮的主要光字牌：①1000kV Ⅰ母线第一套母线差动保护动作；②1000kV Ⅰ母线第二套母线差动保护动作。

2）仿真 4 线间隔光字窗点亮的主要光字牌：①仿真 6 线第一套线路保护动作；②仿真 6 线第二套线路保护动作。

3）T061 断路器间隔光字窗点亮的主要光字牌：①间隔事故总信号；②T061 断路器失灵保护（跟跳）动作；③T061 断路器 SF₆ 压力低闭锁分合闸；④T061 断路器第一组控制回路断线；⑤T061 断路器第二组控制回路断线。

4）T011、T021、T031、T051、T052、T062、5042、5071、5072、1107、1108 开关相应间隔光字窗点亮的主要光字牌：①间隔事故总信号；②断路器失灵保护（跟跳）动作。

5）仿真 5828 线 5043 断路器间隔光字窗点亮的主要光字牌：①间隔事故总信号；②5043 断路器失灵保护（跟跳）动作；③5043 断路器重合闸动作。

6）仿真 5828 线间隔光字窗点亮的主要光字牌：第一套线路保护动作。

7）其他间隔光字窗点亮的主要光字牌：①1000kV 1 号故障录波器启动；②1000kV 2 号故障录波器启动。

（5）重要报文信息：

1）1000kV Ⅰ母线第一套母线差动保护动作；

2）1000kV Ⅰ母线第一套母线差动保护动作；

3）T061 断路器失灵保护动作；

4）仿真 5828 线第一套线路保护动作；

5）5043 断路器重合闸动作；

6）站用电Ⅱ段备用电源自动投入动作；

7）全站几乎所有保护启动。

1. 一次现场设备动作情况

T011、T021、T031、T051、T052、T062、5042、5071、5072、1107、1108 断路器三相分位，5043 断路器三相合位，断路器 SF$_6$ 压力、油压均正常。T061 断路器三相合位，A 相 0.45MPa、B 相、C 相 0.6MPa；站用电备用电源自动投入成功，站用电运行正常。

2. 保护动作情况

（1）1000kV Ⅰ母第一套母线差动保护屏。

1）WMH-800A/P 保护装置面板上跳闸红灯亮，自保持。

2）装置液晶面板上主要保护动作信息有：①19ms 后差动保护动作；②A 相差动电流为 0.003A；③B 相差动电流为 0.003A；④C 相差动电流为 6.88A。

（2）1000kV Ⅰ母第二套母线差动保护屏。

1）BP-2CS 保护装置面板上跳闸红灯亮，自保持。

2）装置液晶面板上主要保护动作信息有：①5ms 差动保护动作；②相别 A 相；③差动电流 2.33A。

（3）仿真 6 线第一套线路保护屏。

1）PCS-931 保护装置面板上跳闸红灯亮，自保持。

2）PCS-931 装置液晶面板上主要保护动作信息有：①纵联差动保护动作；②分相差动动作；③跳 A 相；④故障测距：0.1km；⑤故障相别：A 相。

（4）仿真 6 线第二套线路保护屏。

1）CSC-103A 保护装置面板上跳闸红灯亮，自保持。

2）CSC-103A 装置液晶面板上主要保护动作信息有：①纵联差动保护动作；②分相差动动作；③跳 A 相；④故障测距：0.1km；⑤故障相别：A 相。

（5）T061 断路器保护屏。

1）WDLK-862A/P 保护装置面板上跳闸红灯亮、失灵保护动作红灯亮，自保持。

2）WDLK-862A/P 装置液晶面板上主要保护动作信息有：①保护跟跳；②失灵保护动作。

（6）2 号主变压器主体变压器第一套差动保护屏：PCS 978 保护装置面板上跳闸红灯亮，自保持；液晶面板显示 B 相差动保护动作。

（7）2号主变压器主体变压器第二套差动保护屏：WXH801保护装置面板上跳闸红灯亮，自保持；液晶面板显示B相差动保护动作。

（8）2号主变压器主体变压器非电量保护屏：无信号。

（9）1号站用变压器保护屏：备用电源自动投入动作。

（10）仿真5828线第一套线路保护屏：

1）CSC-103A保护装置面板上跳闸红灯亮，自保持。

2）CSC-103A装置液晶面板上主要保护动作信息有：①纵联差动保护动作；②分相差动动作；③跳A相；④故障测距：0.1km；⑤故障相别：A相。

（11）仿真5828线第二套线路保护屏：无动作信号。

（12）5043断路器保护屏：

1）WDLK-862A/P保护装置面板上跳闸红灯亮，自保持。

2）WDLK-862A/P装置液晶面板上主要保护动作信息有：①保护跟跳；②重合闸动作。

3. 故障录波器及局放在线监测动作情况

故障录波装置动作，故障分析报告为1000kV Ⅰ母线A相故障；故障波形显示A相电流增大，故障电流明显大于B相、C相负荷电流；B相、C相电压变化较小，A相电压明显减小；1000kV Ⅰ母线第一套差动保护动作、第二套差动保护动作。

4. 一次现场设备动作情况

T011、T021、T031、T051、T052、T062、5042、5071、5072、1107、1108断路器三相分位，5043断路器三相合位，断路器SF_6压力、油压均正常。T061断路器三相合位，A相0.45MPa，B相、C相0.6MPa；T0511电流互感器A相气室有气体泄漏；站用电备用电源自动投入成功，站用电运行正常。

（二）主要处理步骤

（1）记录异常发生时间，清除音响。

（2）在故障发生5min内当值值长将收集到的故障发生的时间、发生故障的具体设备，监控后台相关异常信息简要汇报调度、运维管理单位、站部管理人员。

（3）当值值长为事故处理的最高指挥，负责和当值调度、联系；同时合理分配当值人员，安排1~2名正值现场检查保护、故录动作情况，并打印相关报告，重点检查母线差动保护、T061断路器保护、4号主变压器保护、仿真6线路保护、5043断路器保护、仿真5828线路保护动作情况。

（4）当值值长安排1~2名副值现场检查一次设备情况，重点检查1000kV Ⅰ母线保护范围、仿真6线间隔、4号主变压器间隔，特别是T051、T061断路器间隔是重中之重。所有现场检查人员需带对讲机以方便信息及时沟通。

（5）当值值长继续分析监控后台光字、报文（重要光字、报文需要全面，无遗漏），并和现场检查人员及时进行信息沟通，确保双方最新信息能够及时的传递到位，并负责和相关部门联系。

（6）运维人员到一次现场实地重点检查发现 T0511 断路器电流互感器 A 相气室故障，现场有 SF_6 明显的泄漏声音；T061 断路器 A 相 0.45MPa、B/C 相 0.6MPa，闭锁分合闸，T061 断路器三相合位。T011、T021、T031、T051、T052、T062、5042、5071、5072、1107、1108 断路器三相分位，5043 断路器三相合位，断路器 SF_6 压力、油压均正常。并将检查情况及时通过对讲机汇报当值值长。

（7）运维人员到二次现场检查保护动作情况，记录保护动作报文，现场灯光指示（可以拍照或记录），并核对正确后复归各保护及跳闸出口单元信号，打印保护动作及故障录波器录波波形并分析；现场检查时，注意合理利用时间，同时将现场检查情况，特别是故障相别及时通过对讲机汇报当值值长，以方便现场一次设备检查人员更精确地进行故障设备排查和定位。

（8）当值值长汇总现场运维人员一、二次设备检查情况，根据保护动作信号及现场一次设备外观检查情况，判断故障原因为 T0511 电流互感器 A 相气室对地发生放电。T061 断路器失灵保护动作联跳 4 号主变压器三侧断路器，同时由于仿真 5828 第一套线路保护 TA 断线尚未来的及处理，T051 断路器故障时，差流较大引起仿真 5828 第一套线路保护动作跳闸。

（9）在故障后 15min 内，值长将上述一、二次设备检查、复归情况及故障原因初步判断情况汇报调度、运维管理单位及站部管理人员。

（10）现场向调度申请仿真 5828 线第一套线路保护改为信号，由检修人员各类保护二次电流回路。

（11）现场向调度申请 T051 断路器、T061 断路器改为冷备用，隔离故障设备。

（12）待上述操作完毕后，向调度申请 1000kV I 母线、仿真 6 线、4 号主变压器恢复运行。

（13）做好记录，填报故障快报。

参 考 文 献

[1] 舒印彪，胡毅. 特高压交流输电线路的运行维护与带电作业 [J]. 高电压技术，2007 (06)：1-5.

[2] 汤广福，庞辉，贺之渊. 先进交直流输电技术在中国的发展与应用 [J]. 中国电机工程学报，2016，36 (07)：1760-1771.

[3] 李明节. 大规模特高压交直流混联电网特性分析与运行控制 [J]. 电网技术，2016，40 (04)：985-991.

[4] 刘振亚. 中国特高压交流输电技术创新 [J]. 电网技术，2013，37 (03)：567-574.

[5] 梁旭明，张平，常勇. 高压直流输电技术现状及发展前景 [J]. 电网技术，2012，36 (04)：1-9.

[6] 舒印彪，张文亮. 特高压输电若干关键技术研究 [J]. 中国电机工程学报，2007 (31)：1-6.

[7] 张文亮，于永清，李光范，范建斌，宿志一，陆家榆，李博. 特高压直流技术研究 [J]. 中国电机工程学报，2007 (22)：1-7.

[8] 刘卫东，汪林森，陈维江，戴敏，李志兵，岳功昌. 特高压 GIS 特快速暂态过电压试验重复击穿过程研究 [J]. 高电压技术，2011，37 (03)：644-650.

[9] 李志兵，陈维江，王浩，孙岗，张翠霞，刘洪涛，马国明，岳功昌，胡榕，时卫东，孙泽来，张建功. 特高压交流试验示范工程 GIS 隔离开关带电操作试验 [J]. 高电压技术，2012，38 (06)：1436-1444.

[10] 李鹏，李金忠，崔博源，董勤晓，时卫东，赵志刚. 特高压交流输变电装备最新技术发展 [J]. 高电压技术，2016，42 (04)：1068-1078.

[11] 刘泽洪，郭贤珊. 特高压变压器绝缘结构 [J]. 高电压技术，2010，36 (01)：7-12.

[12] 李光范，王晓宁，李鹏，孙麟，李博，李金忠. 1000kV 特高压电力变压器绝缘水平及试验研究 [J]. 电网技术，2008 (03)：1-6+40.

[13] 林集明，陈维江，韩彬，班连庚，项祖涛. 故障率计算与特高压断路器分闸电阻的取舍 [J]. 中国电机工程学报，2012，32 (07)：161-166+205.

[14] 陈维江，颜湘莲，王绍武，王承玉，李志兵，戴敏，李成榕，刘卫东，陈海波，张乔根，魏光林，张猛. 气体绝缘开关设备中特快速瞬态过电压研究的新进展 [J]. 中国电机工程学报，2011，31 (31)：1-11.

[15] 韩彬，林集明，陈维江，班连庚，项祖涛，陈国强. 隔离开关操作速度对特快速瞬态过电压的影响 [J]. 中国电机工程学报，2011，31 (31)：12-17.

[16] 谷定燮，周沛洪，修木洪，王森，戴敏，娄颖. 交流 1000kV 输电系统过电压和绝缘配合研究 [J]. 高电压技术，2006 (12)：1-6.

[17] 林赫，王元峰. 变压器高压套管故障原因分析 [J]. 电网技术，2008，32 (S2)：253-255.

[18] 邱涛，王攀峰，张克元，刘星. 一起二次回路两点接地引起母线保护误动的事故分析 [J]. 电力

系统保护与控制，2008，36（24）：110-112.

[19] 李凡，曹建伟 . 220kV 变电站主变压器泡沫喷淋灭火系统防误动控制方案研究［J］. 电气应用，2016，35（15）：45-49.

[20] 崔兴文 . 智能火灾自动报警系统的设计与实现［D］. 山东大学，2008.

[21] 杜长锋 . 浅谈微型消防站的特点及优势［J］. 低碳世界，2016（14）：247-248.

[22] 刘激扬 . 微型消防站可持续发展及建设探讨［J］. 消防科学与技术，2016，35（04）：579-581.

[23] 吴文霞 . 微型消防站发挥大作用［J］. 中国消防，2015（23）：41-43.

[24] 潘俊锐，曹俊生 . 特高压直流换流站消防系统分析［J］. 电气技术，2014（12）：95-97.

[25] 刘曲，张东英，刘燕华，高曙 . 变电站仿真培训系统的理论及其发展［J］. 现代电力，2002（05）：25-30.

[26] 王世阁 . 变压器套管故障状况及其分析［J］. 变压器，2002（07）：35-40.

[27] 张东英，杨以涵 . 变电站仿真培训综述［J］. 电力系统自动化，1999（23）：11-14.